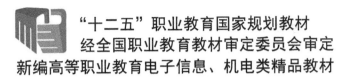

"十二五"职业教育国家规划教材

经全国职业教育教材审定委员会审定

新编高等职业教育电子信息、机电类精品教材

U0458443

音响设备技术

（第3版）

童建华　主　编

袁锡明　主　审

电子工业出版社

Publishing House of Electronics Industry

北京·BEIJING

内 容 简 介

本书是普通高等教育"十二五"国家级规划教材。

全书共分 10 章,主要讲述音响设备的基本知识,常用音响设备的结构组成与功能特点,工作过程与操作使用,音响工程的设计与应用等。书中较为系统地论述了传声器与扬声器系统、功率放大器、调谐器、调音台、家庭影院 AV 系统、MP3 播放器等常用音响设备的电路结构和工作原理,还对其中的数字调谐器、D 类数字功率放大器、数字式扬声器、数字环绕声系统、MP3 播放器等数字音响产品的技术与原理进行了较为详细的阐述。对专业音响产品中的频率均衡器、效果处理器、压限器、激励器、反馈抑制器、电子分频器等专业音频信号处理设备也进行了必要的介绍。各类音响设备都有典型的产品实例与应用技术。为进一步提高音响设备技术的综合应用能力,书中还对音响工程中所涉及的声场设计与设备的选择、扩声系统的组建与音质评价等进行了必要的阐述。

书后含有 7 个项目的实训指导,可根据工学结合的办学模式和理论与实践相结合的教学要求,配合各章节的学习来安排相应的实训内容,以提高应用与实践能力。各章附有小结与复习思考题,便于学生掌握主要内容和复习巩固各章节的相关知识。

本书注重理论联系实际,将音响设备的新知识、新技术、新工艺与典型产品的实际应用相结合,突出高等职业技术教育的特点,强调应用与实践。全书内容以定性分析为主,深入浅出、通俗易懂、易于理解。

本书采用模块式编写方式,各章之间既相对独立,又相互联系,可作为高职高专院校电子信息类的相关专业教材,也可供音响设备的专业人员和社会相关工种等级考核的培训使用。

图书在版编目(CIP)数据

音响设备技术 / 童建华主编. —3 版. —北京:电子工业出版社,2014.7(2024.8重印)
新编高等职业教育电子信息、机电类规划教材
ISBN 978-7-121-22756-1

Ⅰ. ①音… Ⅱ. ①童… Ⅲ. ①音频设备-高等职业教育-教材 Ⅳ. ①TN912.2

中国版本图书馆 CIP 数据核字(2014)第 059297 号

策　　划:陈晓明
责任编辑:郭乃明　　特约编辑:张晓雪
印　　刷:北京虎彩文化传播有限公司
装　　订:北京虎彩文化传播有限公司
出版发行:电子工业出版社
　　　　　北京市海淀区万寿路 173 信箱　邮编:100036
开　　本:787×1092　1/16　印张:17　字数:435 千字
版　　次:2004 年 9 月第 1 版
　　　　　2014 年 7 月第 3 版
印　　次:2025 年 2 月第 11 次印刷
定　　价:49.00 元

前　　言

本书是普通高等教育"十二五"国家级规划教材,是新编高等职业教育电子信息、机电类规划教材《音响设备技术》的第3版。

为了适应当前社会对电子信息类人才的素质要求,根据高职高专院校电子信息类专业的特点和需要,加强学生职业能力培养,建立以能力培养为主线的教学模式和教材体系,本次修订对原教材做了较大的改动与补充,并力图体现以下特点。

1. 突出教材内容的实用性。教材内容的组织以实用为依据,在教材的整体框架下,以电子信息类专业所需的实际能力为出发点来编排教材内容,将学生必须掌握的各个知识点和能力点有机地组合起来。在第 2 版的基础上,对逐渐退出市场的模拟调谐器、CD 唱机、家庭影院中的模拟环绕声系统、音响工程的声场设计标准等内容进行了较大幅度的删减;保留了电声器件、调音台、音频信号处理设备等相关内容。为学生毕业后从事专业音响设备的调音、维修等技术工作打下一定的基础。

2. 突出教材知识的新颖性。本教材的修订,突出了新知识、新技术、新技能、新产品的应用。如对数字式扬声器,数字式调谐器,D 类数字功率放大器,MP3 播放器等新技术与新产品均进行了必要的系统论述与补充;在专业音响设备中,对效果处理器、压限器、激励器、反馈抑制器等现代专业音频信号处理设备也进行了必要的介绍,使学生能够较好地掌握现代 Hi-Fi 音响的新技术和新产品。

3. 突出实践环节的重要性。为了使学生的理论学习能与实践训练紧密联系,进一步提高学生的专业实践技能,本教材含有实训指导,共设计了 7 个实训项目,供教学过程中选用。各实训项目依照工学结合的特点,以项目为导向、任务驱动的方式进行编写。理论教学与实践教学可以分开,但内容上应尽可能衔接,使理论与实践有机地结合起来。对所需课时较多的收音机装配与调试实训项目,除教师上课指导外,其余可由学生在课余时间完成。

4. 突出音响产品实例的典型性。音响设备的种类很多,电路繁杂,缺少相应的产品标准。在本教材的修订中,对各类音响设备均精选出最具典型的音响产品,作为实例进行分析与介绍,使学生能够举一反三;同时在电路分析过程中,将典型音响设备中各部分的局部电路分析与整机电路的结构组成密切联系起来,以局部电路围绕着整机电路而展开,避免音响课程内容的分散、繁杂、混乱,提高学生对音响课程的学习兴趣和学习效果。

5. 突出教材结构体系的灵活性。本教材在结构体系上,各章节相对独立。全书内容可以根据需要,采用模块组合方法,分别构建基础模块、专业模块、实践模块和选用模块,以供不同院校、专业和学生做弹性选择;同时针对现代音响设备所涵盖的新知识、新技术、新工艺、新技能、新产品发展比较快的特点,本教材的编写留有一定的机动学时,供教师根据社会上用人单位的信息反馈和企业产品的不断更新,做出相应的知识补充和强化相应的技能训练,以满足社会对人才的需求。教师在教材的使用过程中,可以做到既有章可循,又便于灵活选择,以体现新教材的实用、灵活的特色。

6. 突出教材内容表述的鲜明性。教材内容的组织与编排、实验和实训内容的设计,既符合知识逻辑的顺序，又着眼于符合专业岗位群的规范要求，更符合学生的思维发展规律。文字表述通俗易懂，语言精练，深入浅出，使学生容易理解、接收和掌握。此外，各章含有教学导航，包括教学目标、教学重点、教学难点、参考学时等，分别将教学内容的各个知识点明确分为了解、理解、掌握、熟悉这几个层次，将技能和能力点分为学会、懂得、熟练这几个层次，并对每个层次提出要求，以便于教师的教学与学生的学习，同时也便于不同地区、不同岗位群、不同生源的相关专业高职高专学生的选择和使用。

本书参考教学时间为 96 学时，分配方案如下表所示，各院校可根据具体情况在此基础上增减学时。

序号	课 程 内 容	参考学时	序号	课 程 内 容	参考学时
1	音响设备概述	4	7	家庭影院	6
2	电声器件	10	8	MP3 播放器	6
3	功率放大器	10	9	音响工程	8
4	调谐器	10	10	实训指导	14
5	调音台	8		机 动	8
6	音频信号处理设备	12		合 计	96

本教材由无锡商业职业技术学院童建华老师主编，参与本书编写的还有杨国华、欧阳乔、程军武、袁锡明、唐瑞海、丁邦俊、曹钟林、徐祥珍、戴明、戴建华等多位老师，同时得到了音响专家唐道济，以及台湾 HAVA 海峡视听音响发烧协会的蔡连水、王炯声、杨希文、吴永光、周杰等多位音响人士的鼎力帮助。在此表示感谢。

由于编者学识和水平有限，书中难免存在不妥与疏漏之处，恳请各位读者批评指正。

编者的电子邮箱地址是：tjh555@163.com

编者

2014 年 3 月

目　　录

第1章　音响设备概述 ·· (1)

1.1　音响技术的基本概念 ·· (1)

1.1.1　高保真（Hi-Fi）及高保真音响系统的属性 ··· (2)

1.1.2　音响技术的现状 ··· (2)

1.2　高保真音响系统的基本组成 ··· (3)

1.2.1　高保真音源系统 ··· (4)

1.2.2　音频放大器 ··· (5)

1.2.3　扬声器系统 ··· (5)

1.3　音响设备的基本性能指标 ·· (6)

1.4　声音的基本知识 ·· (8)

1.4.1　声音的基本性质 ··· (8)

1.4.2　人耳听觉的基本特性 ·· (10)

1.4.3　立体声基本知识 ·· (13)

1.4.4　环绕立体声 ··· (16)

1.5　室内声学 ··· (17)

1.5.1　室内声学特性 ·· (17)

1.5.2　混响时间 ·· (18)

1.5.3　吸声材料 ·· (19)

本章小结 ··· (19)

习题1 ··· (20)

第2章　电声器件 ·· (21)

2.1　传声器 ·· (21)

2.1.1　传声器的分类与主要技术指标 ··· (21)

2.1.2　传声器的结构与工作原理 ·· (24)

2.1.3　传声器的使用与维护 ·· (29)

2.2　扬声器 ·· (30)

2.2.1　扬声器的分类 ·· (31)

2.2.2　扬声器的主要技术指标 ··· (33)

2.2.3　电动式扬声器的结构与原理 ··· (35)

2.2.4　扬声器的选用原则 ··· (37)

2.3　分频器 ·· (38)

2.3.1　分频器的作用与种类 ·· (38)

2.3.2　分频器的电路形式与工作原理 ·· (40)

2.4 音箱 ………………………………………………………………………………… （43）
    2.4.1 音箱的作用 …………………………………………………………………… （43）
    2.4.2 音箱的分类 …………………………………………………………………… （44）
    2.4.3 超低音音箱 …………………………………………………………………… （46）
    2.4.4 音箱的选择与检修 …………………………………………………………… （48）
2.5 监听耳机 ……………………………………………………………………………… （51）
    2.5.1 监听耳机的特点与技术指标 ………………………………………………… （52）
    2.5.2 监听耳机的结构与使用 ……………………………………………………… （52）
*2.6 数字式扬声器 ……………………………………………………………………… （53）
    2.6.1 数字式扬声器的特点 ………………………………………………………… （53）
    2.6.2 数字式扬声器的工作原理 …………………………………………………… （53）
    2.6.3 数字式扬声器的应用 ………………………………………………………… （56）
本章小结 …………………………………………………………………………………… （56）
习题2 ……………………………………………………………………………………… （57）

第3章 功率放大器 …………………………………………………………………………… （58）
3.1 功率放大器概述 ……………………………………………………………………… （58）
    3.1.1 功率放大器的要求与组成 …………………………………………………… （58）
    3.1.2 功率放大器的主要性能指标 ………………………………………………… （60）
3.2 前置放大器 …………………………………………………………………………… （61）
    3.2.1 前置放大器的电路组成 ……………………………………………………… （61）
    3.2.2 音源选择电路 ………………………………………………………………… （61）
    3.2.3 前置放大电路 ………………………………………………………………… （62）
    3.2.4 音质控制电路 ………………………………………………………………… （63）
3.3 功率放大器 …………………………………………………………………………… （66）
    3.3.1 OTL 功放电路 ………………………………………………………………… （67）
    3.3.2 OCL 功放电路 ………………………………………………………………… （68）
    3.3.3 BTL 功放电路 ………………………………………………………………… （69）
    3.3.4 功率放大器保护电路 ………………………………………………………… （71）
3.4 D 类数字功放 ………………………………………………………………………… （72）
    3.4.1 D 类功放的特点与电路组成 ………………………………………………… （73）
    3.4.2 D 类功放实例 ………………………………………………………………… （76）
本章小结 …………………………………………………………………………………… （80）
习题3 ……………………………………………………………………………………… （80）

第4章 调谐器 ………………………………………………………………………………… （81）
4.1 调谐器概述 …………………………………………………………………………… （82）
    4.1.1 无线电广播的发送与接收 …………………………………………………… （82）
    4.1.2 调谐器的基本组成 …………………………………………………………… （84）
    4.1.3 调谐器的主要性能指标 ……………………………………………………… （85）
4.2 调幅接收电路 ………………………………………………………………………… （86）

      4.2.1　AM 调谐器电路组成 ·· (86)

      4.2.2　AM 调谐器工作原理 ·· (87)

  4.3　调频接收电路 ·· (89)

      4.3.1　FM 调谐器电路组成 ·· (89)

      4.3.2　FM 调谐器工作原理 ·· (90)

  4.4　立体声解码电路 ·· (92)

      4.4.1　导频制立体声广播系统 ····································· (92)

      4.4.2　立体声解码电路 ··· (94)

  4.5　数字调谐器 ··· (95)

      4.5.1　数字调谐器的特点与电路组成 ·························· (95)

      4.5.2　数字调谐器的工作原理 ····································· (97)

      *4.5.3　数字调谐器电路实例 ······································· (99)

  本章小结 ··· (111)

  习题 4 ··· (112)

第 5 章　调音台 ·· (113)

  5.1　调音台的功能与种类 ·· (113)

      5.1.1　调音台的主要功能 ··· (113)

      5.1.2　调音台的种类 ·· (115)

      5.1.3　调音台的技术指标 ··· (115)

  5.2　调音台的组成与工作原理 ·· (116)

      5.2.1　调音台的组成 ·· (117)

      5.2.2　调音台的基本原理 ··· (119)

  5.3　调音台典型电路分析 ·· (127)

      5.3.1　输入通道电路 ·· (127)

      5.3.2　输出通道电路 ·· (132)

      5.3.3　其他电路 ··· (134)

  5.4　调音台的操作使用 ··· (134)

      5.4.1　话筒输入与线路输入通道部分的操作 ················ (135)

      5.4.2　立体声输入部分的操作 ····································· (137)

      5.4.3　主控输出部分的操作 ·· (138)

      5.4.4　混响效果控制部分及其他的操作 ······················ (138)

  本章小结 ··· (140)

  习题 5 ··· (141)

第 6 章　音频信号处理设备 ··· (142)

  6.1　频率均衡器 ·· (143)

      6.1.1　频率均衡器的作用与技术指标 ·························· (143)

      6.1.2　频率均衡器的原理 ··· (145)

  6.1.3 频率均衡器的应用 ···（148）

 6.2 效果处理器 ···（153）

  6.2.1 概述 ···（153）

  6.2.2 数字延时器 ···（154）

  6.2.3 数字混响器 ···（156）

  6.2.4 数字效果器（DSP 效果器）·····················（157）

 6.3 压限器 ···（162）

  6.3.1 压限器的用途 ·······································（162）

  6.3.2 压限器的基本原理 ·································（163）

  6.3.3 压限器实例 ···（165）

 6.4 激励器 ···（170）

  6.4.1 听觉激励器的基本原理 ·························（170）

  6.4.2 激励器实例 ···（171）

  6.4.3 激励器在扩声系统中的应用 ·················（172）

 6.5 反馈抑制器 ···（173）

  6.5.1 声反馈现象与产生啸叫的原因 ·············（173）

  6.5.2 反馈抑制器的基本原理 ·························（174）

  6.5.3 反馈抑制器实例 ···································（174）

 6.6 电子分频器 ···（176）

  6.6.1 电子分频器的功能与组成 ·····················（176）

  6.6.2 电子分频器的基本原理 ·························（177）

  6.6.3 电子分频器的选型 ·······························（179）

  6.6.4 电子分频器实例 ···································（179）

 6.7 其他处理设备 ···（182）

 本章小结 ···（183）

 习题 6 ···（183）

第 7 章 家庭影院 ··（184）

 7.1 家庭影院概述 ···（184）

  7.1.1 家庭影院的系统组成 ·····························（184）

  7.1.2 家庭影院系统中的音频接口 ·················（185）

 7.2 环绕声系统 ···（186）

  7.2.1 杜比数字 AC-3 系统 ····························（186）

  7.2.2 SRS 系统 ··（190）

 7.3 AV 功率放大器 ···（191）

  7.3.1 AV 功放的特点 ·····································（192）

  7.3.2 AV 功放的电路结构 ······························（192）

  7.3.3 AV 功放的声道分布与作用 ·················（193）

　　　　7.3.4　AV 功放实例 ……………………………………………………（194）

　7.4　家庭影院的系统配置 …………………………………………………（196）

　　　　7.4.1　AV 系统的配置方案 …………………………………………（196）

　　　　7.4.2　AV 系统的选配 ………………………………………………（198）

　本章小结 ……………………………………………………………………（200）

　习题 7 ………………………………………………………………………（201）

第 8 章　MP3 播放器 …………………………………………………………（202）

　8.1　MP3 播放器的特点与主要功能 ………………………………………（202）

　　　　8.1.1　MP3 播放器的特点 ……………………………………………（202）

　　　　8.1.2　MP3 播放器的功能 ……………………………………………（203）

　*8.2　MP3 机的工作原理 ……………………………………………………（204）

　　　　8.2.1　压缩音频数据的主要方法 ……………………………………（204）

　　　　8.2.2　MP3 编码技术 …………………………………………………（206）

　　　　8.2.3　MP3 解码技术 …………………………………………………（209）

　8.3　MP3 播放器 ……………………………………………………………（210）

　　　　8.3.1　MP3 播放器概述 ………………………………………………（210）

　　　　8.3.2　MP3 播放器实例 ………………………………………………（211）

　8.4　MP3 播放器的功能与技术指标 ………………………………………（214）

　　　　8.4.1　MP3 播放器的功能按键 ………………………………………（214）

　　　　8.4.2　MP3 的技术指标 ………………………………………………（216）

　　　　8.4.3　MP3 播放器的选购 ……………………………………………（217）

　　　　8.4.4　MP3 播放器的使用注意事项 …………………………………（218）

　本章小结 ……………………………………………………………………（218）

　习题 8 ………………………………………………………………………（218）

第 9 章　音响工程 ……………………………………………………………（220）

　9.1　音响工程概述 …………………………………………………………（220）

　　　　9.1.1　厅堂扩声系统的类型 …………………………………………（220）

　　　　9.1.2　厅堂扩声系统的声学特性 ……………………………………（222）

　9.2　音响工程设计要点 ……………………………………………………（223）

　　　　9.2.1　声学设计中需注意的几个问题 ………………………………（223）

　　　　9.2.2　音响工程的声场设计内容 ……………………………………（224）

　　　　9.2.3　音响设备的选择 ………………………………………………（228）

　　　　9.2.4　音箱的布置及其对音质的影响 ………………………………（231）

　9.3　音响工程设计举例 ……………………………………………………（234）

　　　　9.3.1　室内声场设计 …………………………………………………（234）

　　　　9.3.2　扩声系统设计 …………………………………………………（239）

　9.4　音响系统的音质主观评价 ……………………………………………（242）

本章小结 ·· （244）

习题 9 ··· （245）

第 10 章　实训指导 ··· （246）

实训 1　音响系统的连接与操作 ·· （246）

实训 2　调频无线话筒的制作 ··· （247）

实训 3　功率放大器电路读图 ··· （249）

实训 4　AM/FM 收音机的装配与调试 ··· （250）

实训 5　调音台的操作使用 ·· （255）

实训 6　家庭影院设备的连接与操作 ·· （257）

实训 7　音响设备的在机测量检查 ··· （258）

参考文献 ··· （261）

第1章　音响设备概述

 教学导航

教学目标	1. 了解音响的基本概念，Hi-Fi 音响系统的属性和音响技术的现状； 2. 理解音响设备的基本性能指标，立体声的概念、特点和环绕立体声知识； 3. 掌握人耳的听觉特性，包括听觉等响特性、听觉阈值特性和听觉掩蔽特性； 4. 熟悉音响设备的基本组成和声音的三要素。
教学重点	1. 音响系统的基本组成与主要性能指标； 2. 声音的三要素与人耳听觉的基本特性。
教学难点	人耳听觉特性的理解
参考学时	8学时

音响技术是专门研究声音信号的转换、传送、记录和重放的一门技术。音响技术的迅猛发展，使音频信号的处理方式，由模拟音频信号处理发展到数字信号处理以及如今的数字信号编码压缩处理；音频信号记录与重放的存储媒介，由使用磁性录放技术的磁带发展到使用激光刻录与播放技术的光盘以及如今的多媒体播放器的 FLASH 存储器和移动硬盘存储器；音频设备的种类，由调频/调幅收录机发展到数字激光（CD）唱机以及如今的 MP3、MP4 播放器、点歌机等现代数字音频播放设备；音响设备的控制方法，也由机械控制发展到电子控制以及如今的电脑控制和红外线遥控。

音响新技术的不断涌现与音响设备的频繁换代，使其品种日益增加、功能越来越多、性能越来越好、体积也越来越小。现在的音响技术已经渗透到广播、电视、电影、文化及娱乐等各个领域。随着音响技术的普及，渴望学习音响技术的人日益增多，有必要对音响的基本概念、声音的基本知识、高保真音响系统的基本组成、电声性能指标和现代音响技术等有一个基本的了解。

1.1　音响技术的基本概念

学习音响的基本概念是步入音响技术领域的开端。本节介绍在音响技术中经常遇到的几个基本概念，如音响、音响系统和高保真等。

音响（Sound）是一个通俗的名词。在物理学中，音响可理解为人耳能听到的声音。然而在音响技术中，音响是指通过放声系统重现出来的声音。如通过 MP3 播放器等音响设备播放出来的音乐、歌曲及其他声音，又如演出现场中通过扩音系统播放出来的歌声和音乐声

等，都属于音响范畴。能够重现声音的放声系统，称为音响系统。

1.1.1 高保真（Hi-Fi）及高保真音响系统的属性

音响系统若能如实地重现原始声音，重现原始声场，并能对音频信号进行适当的修饰加工（调音），使重现的音质优美动听，则可称为高保真音响系统。高保真的英文原词为High-Fidelity，简称 Hi-Fi。它反映了一个高质量的音响设备，如实地记录和重放、传输与重现原有声音信号的本来面貌、保持声音的原汁原味的基本能力。

高保真音响系统有 3 个重要的属性。

1．能够如实地重现原始声音

声音的基本特性在物理学中可用声压的幅度、频率和频谱 3 个客观参量来描述，而在人耳听觉中则用声音的音量、音调和音色 3 个主观参量来描述，称为声音三要素。如实地重现原始声音，就是要保持原有音质，使人感觉不到所反映的原始声音质量的三要素有何畸变。这是高保真的基本属性。

2．能够如实地重现原始声场

室内声场是由声源、直达声、反射声和混响声构成的。如在音乐厅欣赏音乐时，直达声可以帮助听众判断各种乐器的发声方位，反射声和混响声给人一种空间感和包围感，感受到现场的音响气氛。显然，原始声场反映的是一种立体声。如实地重现原始声场，就应该能够重现声源方位和现场音响气氛，使人感到如同身临其境。所以，高保真音响系统必须是立体声放声系统。立体声是高保真的重要属性之一。

3．能够对声音进行音效调控

音频信号在录制、传输和重放过程中，不可避免地会产生各种失真。因而，高保真音响系统应该采取适当的措施进行均衡补偿和加工处理，以恢复原有音质。另外，音响系统经常用来播放音乐。听音乐是一种艺术享受，但每个人的文化水平、艺术修养、欣赏习惯和追求爱好各不相同。如有人喜欢雄浑有力的中低音，有人追求明亮悦耳的中高音，有人爱好清脆纤细的最高音。所以，高保真音响系统还允许人们根据自己的爱好，对音频信号进行修饰美化，通过调音使声音更加优美动听。这也是高保真的重要属性。

1.1.2 音响技术的现状

今天的音响设备已成为人们生活、工作、学习的重要组成部分。从技术上讲，可以用高保真（Hi-Fi）化、立体声化、环绕声化、自动化、数字化来概括其特点。

1．高保真化

高保真（Hi-Fi）地进行声音的记录和重放，一直是人们不断追求的目标。人们把那些陶醉于 Hi-Fi 的音响爱好者称为发烧友。随着音响技术的发展和各种电声器件质量的不断提高，目前的高保真程度已经达到相当高的水平。

2．立体声化

双声道立体声音响设备早已十分普及。而真正的立体声——真实地再现三维空间声源方位的环绕立体声，在杜比实验室研制的杜比数字环绕立体声技术和雅马哈数字声场处理技术推动下，已经走进千家万户，在"家庭影院"中得到广泛应用。目前，杜比数字环绕立体声（Dolby AC-3），数字影院系统（DTS）等重放功能，已成为现代音响设备的重要标志。

3．自动化

得益于自动控制技术和微型电子计算机技术的飞速发展，现代音响设备的操作均已实现自动化或遥控化控制。如调谐器的自动搜索调谐和电台频率的存储记忆，放音设备的连续放音和编程放音等。

4．数字化

采用数字信号处理技术的数字音响设备，以其完美的音色和极高的电声性能指标赢得人们的青睐。CD 机、DVD 机等数字音视频设备，成为重要的 Hi-Fi 节目音源；MP3、MP4 播放器以其轻小、抗震、灵活、美观、无机械部件、便于携带、使用方便等特点成为当今的时尚和人们的最爱。

1.2　高保真音响系统的基本组成

高保真音响系统通常由高保真音源、音频放大器和扬声器系统这 3 大部分组成。其中，由音源部分送来的各种节目信号，经音频放大器进行加工处理并放大，取得足够的功率去推动扬声器工作，放出与原声源相同且响亮得多的声音。同时，由于声音还要经过所在场所的空间才能送给听众欣赏，所以其音响效果既与音响系统的配置有关，也与听音场所的室内声学特性有着密切联系。

Hi-Fi 双声道高保真音响系统的结构如图 1.1 所示。各组成部分的主要作用在下面分别予以介绍。

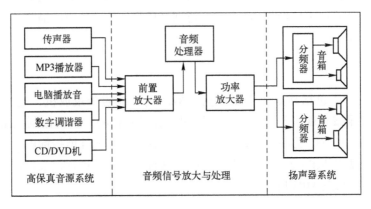

图 1.1　Hi-Fi 双声道高保真音响系统

1.2.1 高保真音源系统

高保真音源有传声器、MP3 播放器、调谐器、电脑中的音频信号、网络音频信号等。以前的录音座、CD 电唱机、VCD 影碟机、DVD 影碟机等现在已很少使用。

1．传声器

传声器又称麦克风，俗称话筒。传声器是一种换能器，它将声能转换为电能。在剧场、歌舞厅、卡拉 OK 厅、音乐厅及家庭娱乐中，都要利用传声器拾取音频信号。传声器的种类很多，有动圈式、电容式、驻极体式、有线式和无线式等。传声器的频率特性、信噪比和灵敏度等性能直接影响着重现声音的音质。

2．MP3 播放器

MP3 播放器，顾名思义也就是可以播放 MP3 格式的音频播放设备。MP3 格式的音频是一种数字化并经压缩处理后的数字音频信号，其数据压缩率可以达到 1∶12，但在人耳听起来却并没有什么失真，因为它将超出人耳听力范围的声音从数字音频中去掉，而不改变最主要的声音。此外，MP3 播放器也可以上传、下载其他任何格式的电脑文件，MP3 播放器具有移动存储功能。

MP3 播放器其实就是一个功能特定的小型电脑。在 MP3 播放器小小的机身里，拥有 MP3 播放器中央处理器（MCU，微控制器）、MP3 播放器存储器（存储卡）、MP3 播放显示器（LCD 显示屏）等。经过音频数据的压缩处理，一张 16GB 的存储卡，大约可以存储 4000 首左右的歌曲，播放 290 小时左右的双声道高保真音乐节目，是人们最喜爱的一种音频节目源。

3．调谐器

调谐器是一台不包括功率放大器和扬声器的高性能收音机，其功能是接收中波段和短波段的调幅（AM）广播及调频波段的调频（FM）立体声广播，并还原成音频信号。新型调谐器采用数字调谐和数字频率显示技术，具有存储、预选及定时等功能。调谐器是一种不需自备音响载体而又节目丰富的经济音源。特别是接收调频立体声广播时，可以提供高保真的双声道音频信号。

4．录音座

录音座是一台不包括功率放大器和扬声器的高性能磁带录放机，它根据电磁转换原理，利用磁带记录或重现音频信号。由于采用了轻触式机心、逻辑控制电路、杜比降噪系统、自动选曲电路和微处理器控制系统等新技术，使录音座的性能指标可以达到较高水平。但随着计算机磁盘与 MP3 播放器技术的发展，这种采用磁带进行记录、存储与播放的功能已基本被电脑的磁盘及 MP3 所取代。

5．CD 唱机与 DVD 机

CD 唱机又称为激光唱机。它利用激光束，以非接触方式将 CD 唱片上记录的声音信息的数字编码信号检拾出来，经解码器把数字信号还原并变换为模拟音频信号。

DVD 机是既有声音又有图像的高级影音信号源。DVD 盘片大小与 CD 盘片相同，但信息记录密度要高得多，也是采用激光技术与数字录放技术。但它的声音和图像数据在经过压缩处理之后，不仅可以输出接近于 CD 机质量的音频信号，同时还输出高清晰度的视频信号，而且声音采用杜比数码 5.1 声道系统，可以达到更加逼真的 3D 环绕立体声效果。

由于 CD 机与 DVD 机都是利用激光束来读取光盘上的信息的设备，使用不当或日久积聚灰尘均易出故障，故现在的高保真音源中也使用较少。

各种优质音源设备所提供的高保真音频信号，是取得高保真音响效果的源泉。

1.2.2 音频放大器

音频放大器是音响系统的主体，包括前置放大器和功率放大器两部分，必要时可以插入图示均衡器。音频放大器对音频信号进行处理和放大，用足够的功率去推动扬声器系统发声。

1．前置放大器

前置放大器具有双重功能，即选择音源并进行音频电压放大和音质控制。它将各种不同音源送来的不同电平的音频信号放大为大致相同的额定电平；通过加工处理，实现音质控制，以恢复原始声音，输出高保真音频信号。因此在前置放大器中除必要的放大外，还设置有音量控制、响度控制、音调控制、平衡控制、低频和高频噪声抑制等音质控制电路。所以，前置放大器被誉为音响系统的音质控制中心。

2．音频信号处理器

音频信号处理器用来对音频信号进行控制、修饰和加工处理，使音质更优美、更悦耳。在专业音响设备中，音频信号处理器可以是调音台、扩音机等设备内部的功能电路，如频率均衡电路、混响电路等；也可以做成一台完整的独立设备，如频率均衡器、延时混响器、音效处理器、谐波激励器等。

3．功率放大器

功率放大器的作用是放大来自前置放大器的音频信号，产生足够的不失真功率，以推动扬声器发声。功率放大器处于大信号工作状态，动态范围很大，容易引起非线性失真，因此，它必须有良好的动态特性。功率放大器的性能优劣直接关系到音响系统的放音质量，其衡量指标主要有频率特性、谐波失真和输出功率等。

1.2.3 扬声器系统

扬声器系统由扬声器单元、分频器、箱体与吸声材料所组成，其作用是将功率放大器输出的音频信号，分频段不失真地还原成原始声音。扬声器系统对重放声音的音质有着举足轻重的影响。

1．扬声器

扬声器是一种电声换能器。音响系统中使用最多的是电动式扬声器，它利用磁场对载流导体的作用实现电声能量转换。依据振动辐射系统的不同，电动式扬声器可分为锥形扬声器、球顶形扬声器和号筒式扬声器等，各有不同的特性。

2．分频器

无论哪一种扬声器，要同时较好地重放整个音频频带（20Hz～20kHz）的声音几乎是不可能的。因此，在高保真音响系统中，通常采用分频的方法，利用不同口径与类型的扬声器的特长，分别承担低频段、中频段或高频段声音的重放任务。低频段宜用大口径锥形扬声器，中、高频段可用球顶形或号筒式扬声器。分频器的作用是为各频段扬声器选出相应频段的音频信号，并正确分配馈给各扬声器的信号功率。

3．箱体与吸声材料

扬声器振膜前后所辐射的声波是互为反相的，其中低频声波因绕射而造成的相位干涉会削弱其辐射功率。为了提高扬声器的低频效率，应把扬声器装在填有吸声材料的箱体里，用来屏蔽与吸收扬声器振膜后方辐射的声波。常见的音箱有封闭式和倒相式等。

综上所述，高保真音响系统能够不失真地传输和重现原始声音。然而，要取得理想的音响效果，还要有声学特性良好的听音场所。否则，即使有一套昂贵的高保真音响设备，也未必能取得预期的音响效果。

1.3　音响设备的基本性能指标

高保真音响系统要如实地重现原始声音和原始声场，其音响设备必须具有比语言和音乐更宽的频率响应范围，更大的音量动态范围；尽可能降低噪声，减小失真；使立体声各声道特性平衡，防止互相串音等。为此，国际电工委员会制定了相应的标准（IEC—581 标准），规定了高保真音响设备和系统特性的最低电声性能要求。我国也根据该标准制定了相应的国家标准（GB/T14277—1993），规定了音频组合设备通用技术条件，提出了各种音响设备的最低电声性能要求和试验方法。下面着重介绍其中 3 项主要的性能指标。其余的性能指标将分别在各章中结合各种音响设备进行介绍。

1．频率范围

频率范围习惯上称为频率特性或频率响应，是指各种放声设备能重放声音信号的频率范围，以及在此范围内允许的振幅偏差程度（允差或容差）。显然，频率范围越宽，振幅容差越小，则频率特性越好。国家标准规定，频率范围应宽于 40Hz～12.5kHz，振幅容差应低于 5dB，各种音响设备不尽相同。规定有效频率范围，是为了保证语言和音乐信号通过该设备时不会产生可以觉察的频率失真和相位失真。常见乐器与男女声的中心频率范围如表 1.1 所示，各频段声音对听感的影响如图 1.2 所示。

表 1.1 常见乐器及人的声音的中心频率范围

乐器名称	中心频率范围	乐器名称	中心频率范围
电吉他	响度为 2.5kHz，饱满度为 240Hz	钢琴	频率范围为 16Hz～8kHz，低音为 80～120Hz，临场感为 2.5～8kHz，声音随频率的升高而变单薄
木吉他	低音弦为 80～120Hz，琴箱声为 250Hz，清晰度 2.5kHz、3.75kHz、5kHz	小提琴	频率范围为 160Hz～17kHz，丰满度为 240～400Hz，拨弦声为 1～2kHz，明亮度 7.5～10kHz
低音吉他	频率范围为 700Hz～1kHz，提高拨弦音为 60～80Hz	中提琴	频率范围为 120Hz～10kHz
低音鼓	频率范围为 60Hz～7kHz，低音为 60～80Hz，敲击声为 2.5kHz	大提琴	频率范围为 60Hz～8kHz，中心频率为 110Hz～1.6kHz，丰满度为 300～500Hz
小鼓	饱满度为 240Hz，响度为 2kHz	琵琶	中心频率为 110～1170Hz，丰满度为 600～800Hz
吊镲	金属声为 200Hz，尖锐声为 7.5～10kHz，镲边声为 12kHz	笛子	中心频率为 440～1318Hz
通通鼓	丰满度为 240Hz，硬度为 8kHz	二胡	中心频率为 293～1318Hz
地筒鼓	丰满度为 80～120Hz	男歌手	64～523Hz 为基准音区，男高音频率范围为 120～7kHz，男低音频率范围为 80～4kHz
电贝司	低音为 80～250Hz，拨弦力度 700Hz～1kHz	女歌手	160Hz～1.2kHz 为基准音区，女高音频率范围为 220Hz～11kHz，女低音频率范围为 150Hz～5kHz
手风琴	饱满度为 240Hz	交响乐	8kHz 为明亮度
小号	频率范围为 180～10kHz，丰满度为 120～240Hz，临场感为 5～7.5kHz	低音萨克管	频率范围为 50Hz～6kHz
长号	频率范围为 80Hz～8kHz	高音萨克管	频率范围为 180Hz～10kHz

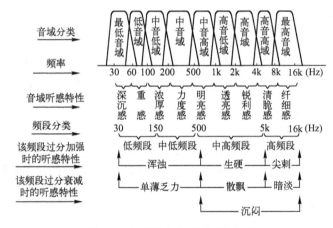

图 1.2 各频段声音对听感的影响

只有音响设备的频率范围足够宽，通频带内振幅响应平坦程度在容差范围之内，重放的音乐才会使人感到低音丰满深沉、中低音雄浑有力、中高音明亮悦耳、高音丰富多彩，整个音乐层次清楚。当然，为了补偿或突出某频段声音，也允许进行修饰美化。

2. 谐波失真

由于各音响设备中的放大器存在着一定的非线性，导致音频信号通过放大器时产生新的各次谐波成分，由此而造成的失真称为谐波失真。谐波失真使声音失去原有的音色，严重时使声音变得刺耳难听。该项指标可用新增谐波成分总和的有效值与原有信号的有效值的百分比来表示，因而又称为总谐波失真。电压谐波失真系数，可采用国标规定的测试方法分别测量基波和各谐波分量而得到。电压谐波失真系数的值越小，说明保真度越高。例如调谐器的谐波失真一般都小于 0.2%，而 CD 唱机的谐波失真可小于 0.01%。可见，CD 唱机的保真度远胜于调谐器。

3. 信噪比（*S/N*）

信噪比全称信号噪声比，记为 *S/N*，通常用分贝值表示：$S/N = 20\lg U_S/U_N$（dB）。该式中的 U_S 为有用信号电压，U_N 为噪声电压。信噪比越大，表明混在信号里的噪声越小，重放的声音越干净，音质越好。

国家标准规定，信噪比可用去调制法或滤基波法来测量。首先测得输出为额定功率时的信号 *S*（signal）、失真 *D*（distortion）和噪声 *N*（noise）电压之和（*S+D+N*），然后去掉或滤去信号电压 *S*，用带通滤波器取出失真和噪声电压（*D+N*），计算（*S+D+N*）与（*D+N*）的比值并取对数，即可获得信噪比的分贝值。另外，信噪比通常有不计权信噪比和计权信噪比两种表示方法。其区别在于后者在取出失真和噪声电压后还要通过 A 计权网络，在数值上后者大于前者。

上述 3 项性能指标是音响设备最基本的性能指标。各种音响设备还有表征各自特性的其他性能指标，如功率放大器的输出功率、增益、瞬态特性、动态范围、左右声道分离度等。

1.4 声音的基本知识

声音的基本知识包括声音的基本性质、听觉的基本特性、立体声基本原理等。掌握这些基本知识，是正确理解音响技术所涉及的性能指标、电路原理和维修的必要基础。

1.4.1 声音的基本性质

声音是声源振动引起的声波传播到听觉器官所产生的感受。因此，声音是由声源振动、声波传播和听觉感受 3 个环节所形成的。下面首先来看声波的传播特性。

1. 声波的传播特性

通常情况下，声波在空气中的传播速度约为 340m/s，在液体及固体中的传播速度都要快得多。声波在传播过程中不仅会衰减，而且遇到障碍物还会产生反射与散射、吸收与透射、绕射与干涉等现象。

（1）声波的反射与散射。声波从一种媒质进入另一种媒质的分界面时，会产生反射现象。例如声波在空气中传播时，若遇到坚硬的墙壁，一部分声波将反射，反射角等于入射角。当声波遇到凹面墙时，声源发出的声波经凹面墙反射后可以向某点集中，称为声波的聚焦；当声波遇到凸面墙时，将产生扩散反射，声波遇到凹凸不平的墙面则产生散射现象。

（2）声波的吸收。当声波遇到障碍物时，除了产生反射现象外，还有一部分声波将进入障碍物，进入障碍物（如吸声材料）的声波能量转变为热能而损失的现象称为吸收。障碍物吸收声波的能力与其材料的吸声特性有关。

声波的反射与吸收现象是听音环境设计中首先需要考虑的问题。在演播室、听音室、歌剧厅和电影院的四周总是建造成凹凸不平的墙面，就是为了使声波产生杂乱反射，形成均匀声场，并让墙壁吸收一部分能量，使这些空间具有适当的混响时间。

（3）绕射。当声波遇到墙面或其他障碍物时，会有一部分声波绕过障碍物的边缘而继续向前传播，这种现象称为绕射。绕射的程度取决于声波的波长与障碍物大小之间的关系。若声波波长远大于障碍物的线度尺寸，则绕射现象非常显著；若声波的波长远小于障碍物的线度尺寸，则绕射现象较弱，甚至不发生绕射。因此，对于同一个障碍物，频率较低的声波较易绕射，而频率较高的声波不易绕射。这种现象表现为低频的声音在传播时没有方向性，而高频的声音在传播时则有较强的方向性。

当声波通过障碍物的洞孔时，也会发生绕射现象。若声波波长远大于洞孔尺寸时，洞孔好像一个新的点声源，声波从洞孔向各个方向传播。当声波波长小于洞孔尺寸时，只能从洞孔向前方传播。

由于反射和绕射的共同作用，从没有关严的门缝里传播到房间中的声波几乎和门打开时的情况不相上下。

（4）干涉。干涉是指一些频率相同的声波在传播中互相叠加后所发生的一种现象。多个声源发出的声波，在传播过程中会产生叠加。如果两个声波的频率相同，相位也相同，即同一时刻处于相同的膨胀或压缩状态，则两个声波互相叠加而使声波增强；如果两个声波的频率相同，相位相反，则叠加会使声波互相抵消；如果两个声波频率相同，相位不同，则叠加会使声波在有的地方增强，有的地方削弱。若两个声波的频率、相位都不同，则叠加是复杂的。声波干涉的结果是使空间声场有一个固定的分布。在扩声系统中需要通过改变扬声器的摆放位置与角度来调节声场分布的均匀性。

除了上述几种主要特性外，声波在传播过程中还有折射与透射现象、谐振现象、衰减现象等特性，即使声波在空气中传播也会有一部分声能损失而衰减。

2. 声音的三要素

声音主要是通过音量、音调、音色这 3 个要素来表现其特性的。在日常生活中，习惯用音量的大小、音调的高低和不同的音色来区分各种声音。这不仅与声音的声压、频率和频谱有关，而且也包括听者的心理和生理因素。

（1）音量。音量又称响度，是指人耳对声音强弱的主观感受。音量的大小主要取决于声波的振幅大小，如图 1.3（a）所示。

（2）音调。音调又称音高，是指人耳对声音的调子高低的主观感受。音调主要取决于声波的基波频率，如图 1.3（b）所示。

（3）音色。音色又称泛音，是指人耳对声音特色的主观感受。音色主要取决于声音的频谱结构（即谐波成分），如图 1.3（c）所示。不同的乐器，由于材料与结构不同，发出声音的音色也就不同，即使发音的响度和音调完全相同，人耳也能通过不同的音色将它们分辨出来，因此音色是人耳判别声源特色的主要因素。另外，音色也与声音的响度、音调、持续时间、建立过程及衰变过程等因素有关。

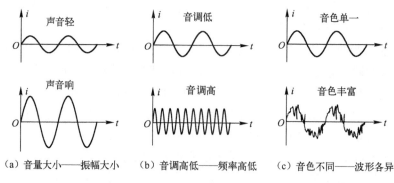

（a）音量大小——振幅大小　　（b）音调高低——频率高低　　（c）音色不同——波形各异

图 1.3　声音的性质和与之对应的波形

1.4.2　人耳听觉的基本特性

1．人耳的听觉范围

人耳能够听到声音的听觉范围有两个方面：一是声波的频率范围，二是声压的幅值范围。人耳能听到的声音的频率范围称为可闻声，而听阈和痛域则决定了人耳能够正常听音的声压幅值范围。

（1）人耳听觉的频率范围。人耳听觉的频率范围为 20Hz～20kHz。这个频率范围内的信号称为音频信号，也称为可闻声，即指正常人可以听到的声音。20Hz 以下称为次声，20kHz 以上称为超声。在音频范围内，人耳对中频段 1～4kHz 的声音最为灵敏，对低频段和高频段的声音则比较迟钝。对于次声和超声，即使强度再大，人耳也是听不到的。

（2）人耳听觉的幅度范围。可闻声必须达到一定的强度才能被听到，正常人能听到的幅度范围为 0～140dB。使声音听得见的最低声压级称为听觉阈值，简称阈值，它和声音的频率有关。在良好的听音环境中，听力正常的青年人，在 800～5 000Hz 频率范围内的听阈十分接近于 0dB，0dB 定义为声波的强弱为 20μPa（帕）的声压值，1 个大气压=10^5Pa。当左右两耳听阈有差异时，双耳听阈主要决定于灵敏度较好的那只耳朵。当两耳灵敏度完全相同时，能听到的声音更微弱，双耳听阈比单耳听阈可低 3dB 左右。当声音的声压级增大，达到 120dB 时，人耳感到不舒适；声压级大于 140dB 时，人耳感到疼痛，使耳朵感到疼痛的声压级称为痛域，它与声音的频率关系不大；声压级超过 150dB 时，人耳会发生急性损伤。

2．听觉等响特性

听觉等响特性是反映人们对不同频率的纯音的响度感觉的基本特性，通常用等响曲线来表示。如图 1.4 所示是国际标准化组织（ISO）推荐的等响曲线，这是对大量具有正常听力的年轻人进行测量统计的结果，该曲线中声音的响度用"方"（phon）表示，以典型听音者刚能听到 1kHz 纯音的响度作为 0"方"。等响特性曲线说明了人耳判断声音的响度，与声压级和频率都有关系。

等响特性曲线反映的一个基本规律，是人耳对 3～4kHz 频率范围内的声音响度感觉最灵敏。这是因为图中纵坐标表示的是耳壳处的声压级，外耳道谐振腔提高了 3～4kHz 附近的声音强度。如果纵坐标表示的是鼓膜处的声压级,那么人耳对 1kHz 声音是最灵敏的。人耳对低频和高频声音的灵敏度都要降低。例如,对于人耳能听到响度为 40phon 的声音,若是 1kHz 的信号其声压级只要 40dB,而如果是 20Hz 的信号其声压级却需要 90dB 才能感到同样的响度,两者的声压级相差 50dB。

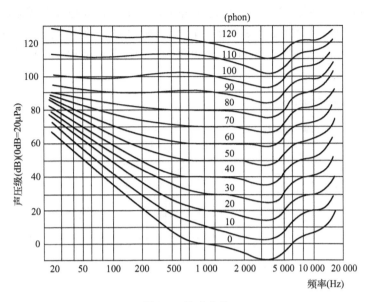

图 1.4　等响曲线

等响特性反映的另一个基本规律是声压级越高等响曲线越趋于平坦,声压级不同,等响曲线有较大差异,特别是在低频段。这个规律在音响技术中是有实际指导意义的。它说明若以低于或高于原始声音的声压级重放声源,则会改变原始声音各频率成分的相对响度关系,产生音色变化。例如,在重音乐时音量开得很小,即使音乐节目中低音成分比较丰富,但听起来低频却明显少,低时不够丰满,不如声音开得大些好听。所以,在放音时,特别是小音量放音时,为了不改变原始音色,就应借助于等响曲线所揭示的听觉特性在电路中进行补偿,以提升低音及高音,这就是所谓的等响控制电路。

3．听觉阈值特性

听觉阈值特性就是指人耳对不同频率的声音具有不同的听觉灵敏度的特性。通常情况下,正常人能听到的声音强度范围为 0～140dB。人耳在 800Hz～5kHz 频率范围内的听阈十分接近于 0dB,而对 100Hz 以下的信号或 18kHz 以上的信号的听觉灵敏度却大大降低,可觉察的声级明显高于 800Hz～5kHz 的中音频段。

在现代数字音响设备中,如 DVD-Audio(DVD 音频播放器)、MP3 播放器等,就是充分利用了人耳的听觉阈值特性。如果我们把可闻频段的信号保留,而把不敏感频段的信号只反映其强信号,对人耳难以觉察的弱信号则可以忽略,这样就可以使信息量大大减少,如图 1.4 所示。从阈值曲线可以看出,如果舍去阈值界限以下的声音信息,其结果对实际的听音效果毫无影响,但声音的信息量却可大大减少,从而达到了压缩声音信息量的目的。

4．听觉掩蔽特性

听觉掩蔽特性是指一个较强的声音往往会掩盖住一个较弱的声音，使较弱的声音不能被听到，这种特性有频域掩蔽和时域掩蔽。

（1）频域掩蔽。频域掩蔽是指在稳定条件下，一个包含多种频率成分的声音同时发声时，幅值较大的频率信号会掩蔽相邻的幅值较小的频率信号，使之完全听不见，而且低于该频率的掩蔽较窄（掩蔽曲线比较陡峭），高于该频率的掩蔽范围较宽，可达该频率的数倍，如图 1.5 所示。

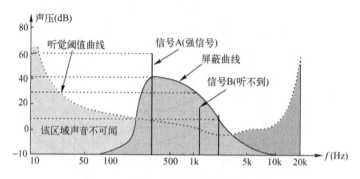

图 1.5　听觉阈值特性和频域掩蔽特应

频域掩蔽特性揭示了当某一频率段附近如果存在着若干频率的声音信号，而其中一个信号 A 的幅度远大于其他信号的幅度，则人耳的听觉阈值将提高，使大音量 A 频率附近的小音量信号变得不可闻，像是小音量信号被大音量信号所掩盖；而与大音量信号不在同一频率附近的小音量信号，其可闻阈值不受影响，一样听得见。例如有一复合音频信号，包含 400Hz、1200Hz、2800Hz 三个频率成分的声音，它们的声压级分别为 60dB、20dB、20dB。对 60dB 的 400Hz 大信号来说，它的掩蔽曲线已示于图 1.5 中，位于该掩蔽曲线下的声音都被它所掩蔽而不能听到，由该掩蔽曲线可见，它在 400Hz 附近的掩蔽量为 40dB，在 1200Hz 处的掩蔽量为 32dB，在 2800Hz 处的掩蔽量为 8dB。所以，此时人耳只能听到 400Hz 的大信号和 2800Hz 的小信号（2800Hz 在听阈以上只有 20dB－8dB＝12dB），1200Hz 的信号听不到。

在现代数字音频技术中，人耳听觉的这种掩蔽特性非常有用。根据这一特性，可以将大音量信号频率附近的小音量信号舍去，仍不会影响实际听音效果，但信息量会大大减少，从而达到压缩声音信息量的目的。

（2）时域掩蔽。人耳除了对同时发出的声音在相邻频率信号之间有掩蔽现象以外，在时间上相邻的声音之间也存在掩蔽现象，称为时域掩蔽。时域掩蔽分为前掩蔽和后掩蔽。如图 1.6 所示。一般说来，前掩蔽时间很短，大约只有 5 到 10 毫秒，而后掩蔽时间较长，可达 50 到 200 毫秒。产生时域掩蔽的主要原因是人的大脑处理信息需要花费一定的时间，导致紧随强信号后的弱信号听不到。

根据时域掩蔽特性，在现代数字音频技术中，处理与传送音频信号的数据时，代表信号幅度的数据，可以从数毫秒传送 1 次延长到每几十毫秒传送 1 次，起到进一步压缩声音信息量的作用。

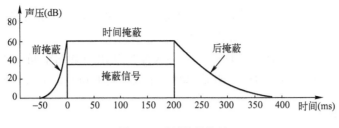

图 1.6　时域掩蔽特性

5．哈斯效应

人耳对回声的感觉规律，首先是由哈斯提出的，故称为哈斯效应（Haas Effect）。其内容为：当两个频率相同、幅度相等的声源按不同的时间从不同方向传到人耳时，人耳对声源方位的听觉会出现下列 3 种情况：

（1）一个声音比另一个声音先到达 5～30ms，则会感觉到一个延长了的声音，它来自先到达声音的方向，迟到的声音好像不存在。

（2）若两个声音先后到达的时间差为 30～50ms，就会感到存在两个声音，声音的方向仍由先到达的声音决定。

（3）如果两个声音先后到达的时间在 50ms 以上，则可清楚地听到两个声音来自各自方向。

利用哈斯效应，可以在常规条件下，利用人工延时、混响等技术来调整、合成各声道的发声，以模拟出音乐厅、电影院等厅堂的音响效果。

6．德·波埃效应

德·波埃效应是一种利用不同的声音到达人耳的声级差（即强度差）和时间差来确定声音方位的听觉效应。若将两只扬声器左右对称地放在听者正前方，则听者感觉到两扬声器的声的声像位置有下列 3 种情况：

（1）当馈给两只扬声器的信号相等时，两只扬声器的发声无强度差与时间差，此时听者感觉声音来自两扬声器的中间方向。

（2）当馈给两扬声器的信号无时间差，但增益不同而使发声的音量有强度差时，则声像位置向音量大的扬声器方向移动。

（3）当馈给两扬声器的信号无强度差，但延时量不同而使两扬声器的发声有时间差时，则听者所感觉到的声像位置向先到达的扬声器方向移动。

上述时间差和强度差所产生的听觉效果类似，并且在声级差小于 15dB 和时间差小于 3ms 时，两者近似呈线性关系，即大约 5dB 的声级差与 1ms 的时间差所引起的声像移动量相同。

1.4.3　立体声基本知识

立体声基本知识是研究现代音响设备工作原理的基础。

1．立体声基本概念

人耳对于声音的鉴别不仅有强弱、高低之分，还有确定声音方向、位置的能力。在音乐厅内欣赏交响乐时，不但能区别出乐器的类别，还能判断出各种乐器的位置。这种具有方位、层次等空间分布特性的声音就称为立体声。

用立体声音响技术来传播和再现声音，不仅能反映出声音的空间分布感，而且能够提高声音的层次感、清晰度和透明度，明显地改善重放声音的质量，大大地增强临场效果。

2．立体声的成分

在音乐厅中，立体声的成分可以分为3类，如图1.7所示。

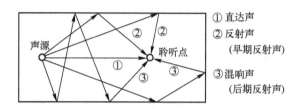

图1.7　直达声、反射声、混响声

第 1 类为直达声。它们从舞台上直接传播到听众的左、右耳。同一声音到达双耳所形成的声级差和时间差对判断乐器的方位起着决定作用。直达声能帮助人们确定声源方位。

第 2 类为反射声。它们是从音乐厅内的表面上经过一次反射后，到达听众耳际的声音，约比直达声晚十几到几十毫秒到达耳际。它对听众判断音乐厅空间的大小起决定作用，同时对听众心理也有重要影响。该时差小于 20ms，会令人感到音质亲切；滞后 30～50ms 时，听众会感到连发两次，给人一种浮雕感；滞后 50ms 以上时，反射声尤如清晰的回声。一般音乐厅将初始反射声时差设计为小于 30ms，以 20ms 为最佳。总之，反射声给人空间感，可以感觉到音乐厅的空间大小。

第 3 类为混响声。它们是声音在厅堂内经过各个边界面和障碍物多次无规则的反射后，形成弥漫整个空间、无方向性的袅袅余音。混响时间的长短决定于厅堂的几何形状及各界面吸音特性。混响时间对音质和清晰度有着重要的影响。总之，混响给人包围感，可以感受到声音在三维空间环绕。

反射声和混响声共同作用，综合形成现场环境音响气氛，即产生所谓临场感。优良的立体声应能再现这些要素。

3．立体声的特点

与单声道重放声相比，立体声具有一些显著的特点。

（1）具有明显的方位感和分布感。用单声道放音时，即使声源是一个乐队的演奏，聆听者仍会明显地感到声音是从扬声器一个点发出的。而用多声道重放立体声时，聆听者会明显感到声源分布在一个宽广的范围，主观上能想象出乐队中每个乐器所在的位置，产生了对声源所在位置的一种幻像，简称为声像。幻觉中的声像，重现了实际声源的相对空间位置，具有明显的方位感和分布感。

（2）具有较高的清晰度。用单声道放音时，由于辨别不出各声音的方位，各个不同声源的声音混在一起，受掩蔽效应的影响，使听音清晰度较低。而用立体声系统放音，聆听者明显感到各个不同声源来自不同方位，各声源之间的掩蔽效应减弱很多，因而具有较高的清晰度。

（3）具有较小的背景噪声。用单声道放音时，由于背景噪声与有用声音都从一个点发出，所以背景噪声的影响较大。而用立体声系统放音时，重放的噪声声像被分散开了，背景噪声对有用声音的影响减小，使立体声的背景噪声显得比较小。

（4）具有较好的空间感、包围感和临场感。立体声系统放音对原声场音响环境的感觉是单声道放音所望尘莫及的。这是因为立体声系统能比单声道系统更好地传输近次反射声和混响声。音乐厅里的混响声是无方向性的，它包围在听众四周；而近次反射声虽然有方向性，但由于哈斯效应的缘故，听众也感觉不到反射声的方向，即对听感来说也是无方向性的。单声道系统中，重放的近次反射声、混响声都变成一个方向传来的声音；而立体声系统中，能够再现近次反射声和混响声，使聆听者感受到原声场的音响环境，具有较好的空间感、包围感和临场感。

4．立体声定位机理

立体声的定位机理主要是通过人的双耳效应和耳廓效应进行的，它是双声道立体声放音系统的基础。

（1）双耳效应。人的双耳位置处在头部的两侧，假如声源不在听音者的正前方而是偏向一边，即偏离听音者正前方的中轴线，则声音到达两耳的距离不等，时间和相位就有差异，如图 1.8 所示。同时人的头部对侧向入射的声波，由于其中一只耳朵有遮蔽效应，因而传入两耳所感受的声音强度也有差别，即为声级差。就因为存在这些差异，才使我们能辨别出声源的方向来。如果用手捂住一只耳朵，则方向感就会立即下降。

人的听觉中枢神经便是根据声音到达两耳的声级差 ΔL_p、时间差 Δt、相位差 $\Delta \varphi$ 等因素进行综合判断，来确定声音方位，所以称为双耳效应，这是人能够确定声音方位的最主要因素。另外，人耳辨别声音方向的能力还与声音的频率有关。声学常识告诉我们，传播中的声波如果遇到几何尺寸等于或小于声波波长的障碍物，声波可以绕射过去。由于人的两耳之间的平均距离在 16.25～17.5cm 之间，正好对应 800～1 000Hz 频率声波波长的一半。当频率低于 1kHz 时，由于其波长大于 17.5cm，因此声波能绕过人的头部而达到被遮蔽的那只耳朵，使偏离中轴线的低频声波到达两耳的声级差和时间差极小；当频率高于 1kHz 时，由于其波长较短，声波不能绕过头部传送，所以到达被遮蔽的那只耳朵的声级也就比另一只耳朵的声级低得多。故在双耳效应中，低音主要依靠相位差来判别，高音主要依靠强度差来判断。

（2）耳廓效应，也称单耳效应。人耳的轮廓结构较复杂，当声源的声波传到人耳时，不同频率的声波会由于耳廓形状特点而产生不同的反射。反射声进入耳道与直达声之间就产生了时间差和相位差，其时间差一般在几微秒到几十微秒之间，我们把这种效应称为耳廓效应，如图 1.9 所示。

耳廓效应对声音定位能起到一定的辅助作用，特别是频率较高的声音。当声波波长较短时，声波在两耳间形成的相位差对声音定位已无明确意义，但此时因耳廓效应，反射声与直达声在同一耳道中形成的相位差却是明显的，人耳的听觉神经中枢便根据这一相位差对声音进行辅助定位。正是由于耳廓效应，有时凭借一只耳朵也能对声音进行定位。

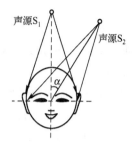

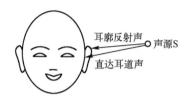

图 1.8　双耳效应与声音方位的关系　　　　　图 1.9　耳廓效应

1.4.4　环绕立体声

当人们到音乐厅欣赏音乐时，除了直接听到从舞台上发出的乐器演奏声之外，还可以听到周围墙壁反射的混响声。然而，当我们利用双声道立体声系统播放音乐节目时，所能感受到的"声像"就仅为"点声源"，至多为"面声源"，这就失去了音乐厅里那种声音来自四面八方的立体感和空间感。为了弥补双声道立体声系统的这一缺陷，人们又研制、发展了环绕立体声系统。

1．什么是环绕立体声

环绕立体声是一种多声道立体声系统，它能够产生类似于立体空间形式的"声像"，使重放声场具有回旋的、缭绕的、空间的感觉，带有真正"立体效应"，聆听者犹如置身于真实的实际声场中，我们称这种立体声为"环绕立体声"，能产生环绕立体声的音响设备则称为环绕立体声系统。

环绕立体声是在双声道和多声道立体声的基础上发展起来的。不同之处在于它增加了后方的环绕声道，因而大大增强了声像的纵深感和临场感。而通常所指的环绕声，就是指声场中位于聆听者后方的声场，这个后方声场主要由混响声构成，其特点是无固定方向，均匀地向各个方向传播。因其包围着或者说环绕着聆听者，使听音者获得了空间感和包围感，故此得名。

2．环绕立体声系统的类型

目前，环绕立体声系统主要有以下几种。

（1）杜比环绕声系统（Dolby Surround System），即 Dolby AC-1。杜比环绕声系统是一种能兼容双声道立体声的多声道环绕立体声系统。它是由杜比实验室研制的一种矩阵式 4 声道立体声，它通过矩阵运算对原信号进行处理，将 4 声道信号变换（编码）为两路信号，以便由双声道音频系统进行传输或记录；在还音时又将两路编码信号还原（解码）为 4 声道信号，再通过前左（L）、前右（R）、中央（C）、后环绕（S）等扬声器系统进行放音，从而营造出一个具有空间包围感的立体声场。

（2）杜比定向逻辑环绕声系统（Dolby Pro-Logic Surround System），即 Dolby AC-2。杜比定向逻辑环绕声系统是对杜比环绕声系统进行改进后的环绕声系统，仍属于矩阵式 4 声道系统。它通过方向增强技术，采用自适应矩阵代替原有的固定式矩阵，并增设了中置声道和中置声道模式控制电路，使各声道的信号分离度大大提高，方向感更强，声道之间的串音大为降低，所营造的三维环绕声场与杜比环绕声有了很大的改善。

（3）杜比数字环绕声系统（Dolby Surround Digital），即 Dolby AC-3。Dolby AC-3 是 5.1 声道的数字环绕声系统，即前左（L）、前右（R）、中置（C）、后左环绕（S_L）、后右环绕（S_R）5 个声道，另加一个重低音（SUB）。各声道完全独立、全频响（即 5 个声道的频响均为 20Hz～20kHz）。AC-3 是一种数字音频感觉编码系统，即利用人耳的听觉掩蔽特性来对各声道的数字音频信号进行高效的压缩编码处理，使 5 个声道的音频数据传输量大大减少。AC 是 Audio Perceptual Coding System，即音频感觉编码系统的缩写。由 AC-3 所营造的三维环绕声场具有极高的保真度和极好的环绕声效果，各项性能指标比上述的两种模拟音频技术的环绕声要高出很多。现在，Dolby AC-3 在电影、DVD、数字电视等方面得到普遍应用。

（4）数字影院系统。数字影院系统称为 DTS（Digital Theater System），这是继杜比 AC-3 之后出现的一种效果更好的环绕声系统。DTS 采用了一种新的数字环绕声格式来记录声音，其最大特点是它的声画分离方式。DTS 的声音处理需要有专门的 DTS 解码器。DTS 也为 5.1 声道（类似于杜比数字环绕声）。在 DTS 标准中，左、中、右 3 路的频响为 20Hz～20kHz，左环绕、右环绕声道的频响为 80Hz～20kHz，超低频为 20～80Hz。DTS 系统在实际听音中，可以得到更清晰的声场分布和身临其境的感觉。

（5）虚拟环绕声系统。虚拟环绕声系统是利用虚拟扬声器技术，通过双声道系统来再现三维（3D）环绕立体声效果的一种新颖的环绕声系统。这种环绕声系统只要用双声道的功率放大器和两个声道的音箱，即可虚拟出 3D 环绕声场，实现三维环绕声效果。不需像杜比环绕声那样，需要配置 4 声道或 5 声道的功率放大器和音箱，以及配置杜比环绕声解码器，可以大大节省音响设备的投资。目前使用的有 SRS（Sound Retrieval System，声音恢复系统）、Q-Sound、Spatializer（空间感环绕声）、VDS（Virtual Dolby Surround，虚拟杜比环绕声系统）等，其中 SRS 虚拟环绕声的应用最为普遍。

1.5 室内声学

人耳听音的实际音响效果与室内声学特性有着密切的联系。本节从应用角度对室内声学的基本知识与基本特性进行简要介绍。

1.5.1 室内声学特性

对音响效果有决定作用的室内声学特性主要包括 3 个方面，即室内声场分布、隔音效果和混响效果。

1. 声场分布

理想的室内声场分布应该是均匀的，即室内空间各点的声能密度均匀一致，各点的音量大小基本一致。如果室内声场不均匀，在发出猝发声后，会有嗡嗡声不绝于耳，如同洞穴里的拖尾音效果，将影响正常听音。

造成室内声场不均匀的因素很多，如四周墙壁形状对声波的反射、物件摆设对声波的影响等，其中首先应该考虑的是房间尺寸。每个房间都有 3 个与其高、宽、长有关的固有谐振频率，如果高、宽、长的尺寸比例不合适，使谐振频率分布不合理，就会产生声染色，使得话音的某些频率成分不自然地得到加强，因而讲话声变得生硬、刺耳。室内声染色也会影响音乐，只是不易觉察。

为了使室内声场分布均匀，避免声染色现象的发生，需要注意的一条原则是不要使房间的高、宽、长的比例为整数之比，如 1∶2∶3 是不合适的比例。合适的房间尺寸比例，是产生均匀声场的必要条件，但不是唯一的条件。

2．隔音效果

隔音是为了防止外来噪声干扰音响效果。外界的噪声来源很多，如马路上的汽车喇叭声、行人的喧闹声、空调机的振动声、鼓风机的马达声等。它们一般通过两种途径传入室内，即空气传导和固体传导。

噪声经空气媒质，从房间的门、窗、墙透进室内。通常可采用双层门、窗、墙，在门廊墙面和天花板上用吸声效率高的材料覆盖。将听音室背向马路或远离市区等，能够有效地隔离外界噪声，达到较好的隔音效果。

但是，经固体构件传入室内的噪声是很难消除的。如马路上重型车辆开动引起的噪声经建筑物本身振动传入室内，在一般情况下几乎是毫无办法。只有采用浮地建筑，才能取得一些隔音效果。

3．混响效果

混响效果决定于混响时间，与室内四周墙壁与地板及天花板等吸声能力的强弱有关，是影响音响效果的主要因素，下面将进行详细些的讨论。

1.5.2　混响时间

已经知道，室内声音包括直达声、反射声和混响声。其中混响声是指经过多次往复反射所形成的袅袅余音。混响声从最强值到衰落 60dB（即百万分之一）为止，所经历的时间称为混响时间。

1．混响时间估算

混响时间与房间的容积、面积、墙面与地面及天花板材料的吸声系数有关，还与房间内物件摆设及人员多少等因素有关。通常，在声场均匀分布的封闭室内的混响时间，可用著名的赛宾公式进行工程估算：

$$T_{60} = 0.161 \cdot V/A，\qquad A = S \cdot \bar{\alpha}$$

式中，T_{60} 为混响时间，单位为秒（s），下标表示衰减 60dB 所需的时间；

V 为房间的容积，单位为 m^3；

S 为室内总表面积，包括地面、四周墙面及天花板，单位为 m^2；

A 为室内总吸声量；

$\bar{\alpha}$ 为室内表面的平均吸声系数。

若室内各块内表面的材料不同，则总吸声量 A 及平均吸声系数 $\bar{\alpha}$ 分别为：

$$A = \alpha_1 \cdot S_1 + \alpha_2 \cdot S_2 + \cdots + \alpha_n \cdot S_n = \sum \alpha_i \cdot S_i$$

$$\overline{\alpha} = \frac{\alpha_1 \cdot S_1 + \alpha_2 \cdot S_2 + \cdots + \alpha_n \cdot S_n}{S_1 + S_2 + \cdots + S_n} = \frac{\sum \alpha_i \cdot S_i}{\sum S_i}$$

式中，α_i 为室内表面各种不同材料的吸声系数；

S_i 为各种不同材料的面积。

赛宾公式揭示了混响时间的客观规律，是一个高度简化的声学模型。根据房间内各种材料的面积与吸声能力，由该公式即可估算出混响时间的大小。在音响工程的室内声学设计时，一般都用它来估算闭室的混响时间。

2. 最佳混响时间

一个房间的混响时间不同，其音响效果亦不同。混响时间过短，只能听到直达声和近次反射声，使人感到声音干闷；混响时间过长，混响声会掩盖或干扰后面发出的声音，有隆隆声的感觉，从而降低了清晰度，因此应该选择一个最佳混响时间。

最佳混响时间视房间的用途不同而有所差别。对于语言录音室，为保证清晰度，应使混响时间短些，如 0.30s 左右，对于以语言为主的大型会场，混响时间也不宜过长，可选取 0.8～1.0s 左右；对于剧院、音乐厅等以音乐为主的场所，其混响时间可稍长些，约 1～2s 左右。

通过室内的声学处理或者运用混响器，可以有效地控制混响时间。

1.5.3 吸声材料

吸声材料用于室内声学处理，以控制混响时间。由于粘滞性、热传导性和分子吸收效应，吸声材料可把声能转变为热能。

按照材料的物理性能和吸声方式，吸声材料可分成多孔材料，薄板共振吸声材料和空腔共振吸声材料。不同的吸声材料具有不同的吸声系数，如石膏板、胶合板、玻璃、水泥地面、木地板、窗帘等都有不同的吸声系数。

吸声材料一般装在房间的边界面上，但也可以作成单元悬挂在空间。吸声材料按照各自的技术条件并根据房间的吸声要求进行选择。除了在宽的频率范围内要求具有高的吸声系数外，还应考虑其力学特性，如压缩性、耐冲击性、抗弯强度和稳定性，以及防潮、耐火、施工简便和价格适宜等因素。最后，吸声材料也是房间的装饰材料，还应该考虑其美观的装饰特性。

 本章小结

音响是指通过放声系统重现的声音，音响技术是研究声音信号的转换、传送、记录和重放的专门技术。高保真具有 3 个重要属性，即如实地重现原始声音、如实地重现原始声场、能够对音频信号进行加工处理。

音响技术的发展已有一百多年的历史。从爱迪生发明筒形留声机，到今天的各式各样的激光、数字音响设备、音乐中心和家庭影院等，可谓日新月异、层出不穷。现代音响技术正沿着高保真、环绕立体声、

集成化、智能化、数字化的方向不断发展。

高保真音响系统由高保真音源、音频放大器和扬声器系统 3 部分组成。高保真音源有调谐器、录音座、激光唱机和 DVD-Audio 等，其作用是提供高保真音频信号。音频放大器有前置放大、处理器和功率放大器两部分，必要时可插入图示均衡器，其作用是进行音频放大与音质控制，以足够的功率去推动扬声器发声。扬声器系统包括扬声器、分频器和箱体，它将音频信号不失真地还原成原始声音。高保真音响效果不仅与音响系统有关，还与听音场所的声学特性有关。

高保真音响设备的电声性能主要是从频率范围、谐波失真、信噪比、动态范围及立体声效果等几个方面来衡量的。其中最基本的 3 项性能指标是有效频率范围、谐波失真和信噪比。

声音是声波传播到听觉器官所产生的感受。听觉能够感受到声音的范围，与声波的频率（20Hz～20kHz）及强度（0～140dB）有关。人耳能够判别声音的音量、音调、音色和方位。人耳的听觉特性有：听觉等响特性、听觉阈值特性、听觉掩蔽特性以及哈斯效应与德·波埃效应等。其中，听觉掩蔽又有频域掩蔽和时域掩蔽两种。这些特性是研究现代音响技术，特别是数字音响技术的基础。

立体声是指具有方位感、层次感、包围感等空间分布特性的声音。立体声放音系统能够重现原始声场的相对空间位置，而且立体声的声像清晰度高、背景噪声小。人耳在现实声场中听到的声音是声源的直达声、反射声和混响声共同作用的结果。

人耳的声像定位是依靠声音到达双耳的时间差、强度差（声级差）、相位差和音色差进行的，低音主要依靠相位差来判别，高音主要依靠强度差来判别。

环绕立体声系统是在双声道和多声道立体声的基础上增加了后方的环绕声道，使声像的纵深感、包围感和临场感得到增强。

室内听音的实际音响效果与室内声学特性有着密切联系，决定音效果的室内声学特性主要包括 3 个方面，即声场分布、隔音效果、混响效果。混响效果决定于混响时间。通过适当的室内声学处理，可以获得最佳混响时间，也可以用混响器来调节混响时间。

 习题 1

1.1　什么是音响、音响设备、音响系统？

1.2　高保真音响系统有哪些重要属性？

1.3　音响技术的现状有什么特点？

1.4　高保真音响系统由哪些部分组成？各部分的主要作用如何？

1.5　音响设备中的频率范围、谐波失真、信噪比的含义是什么？

1.6　人耳听觉的频率范围、听阈、痛域分别是多少？

1.7　什么是声音的三要素？它与声波的幅度、频率和频谱的对应关系如何？

1.8　分别说明听觉等响特性、听觉阈值特性、听觉掩蔽特性的含义。

1.9　什么是立体声？立体声的成分如何？立体声有哪些特点？

1.10　什么是环绕立体声？它与双声道立体声有什么区别？

1.11　室内哪些声学特性会影响音响效果？

第 2 章　电声器件

 教学导航

教学目标	1. 了解传声器的主要类型与技术指标； 2. 学会常见传声器的使用与维护方法； 3. 掌握常见扬声器的类型与选用原则； 4. 懂得常用分频网络的电路结构形式； 5. 知道各类音箱的特点与适用场合。
教学重点	1. 常见传声器的使用与维护方法； 2. 常见扬声器与音箱的类型及选用。
教学难点	1. 分频网络的电路结构； 2. 数字式扬声器的结构与原理。
参考学时	10 学时

　　实现声音与电信号或电信号与声音互相转换的器件称为电声器件。电声器件是一种换能器，换能器是将一种形式的能量转换为另一种形式能量的器件或装置。常用的电声器件包括传声器、扬声器、耳机等。而放置扬声器的音箱和分频器、衰减器是提高声音重放质量的重要保证，因此也是电声器件的组成部分。

2.1　传声器

　　传声器又叫话筒、拾音器或麦克风（MIC）。它是一种拾音工具，是接收声波并将其转变成对应电信号的声-电转换器件。不管什么类型的传声器，都有一个受声波压力而振动的振膜，将声能变换成机械振动能，然后再通过一定的方式把机械能变换成电能，其工作机理是：声能→机械能→电能。这种能量变换特性，可以用传声器的灵敏度、频率响应、指向性、信噪比及失真度等指标来衡量其性能的优劣。

2.1.1　传声器的分类与主要技术指标

　　传声器处在拾取声音信号的最前端，声音表现如何，在很大程度上取决于传声器。传声器是现代音响技术中重要的设备之一，种类繁多，其质量的好坏、使用是否得当，对整个音响系统的技术指标有直接影响。

1．传声器的分类

　　传声器的种类繁多，可按声电换能原理、声作用方式、指向特性及输出阻抗等进行分类。

（1）按换能原理分类有：电动式传声器（动圈式、铝带式）、静电式传声器（电容式、驻极体式）、压电式传声器（陶瓷式、晶体式、高聚合物式）、半导体式传声器、电磁式传声器、炭粒式传声器。最常用的是动圈式传声器和电容式传声器。

（2）按声学工作原理方式分类有：压强式传声器、压差式传声器、组合式传声器、线列式传声器、抛物线式传声器。

（3）按接收声波的指向性分类有：全向式传声器、单向心形传声器、单向超指向传声器、双向式传声器、可变指向式传声器。

（4）按输出阻抗分类有：低阻抗传声器（200～600Ω）、高阻抗传声器（20～50kΩ）。

（5）按用途分类有：无线传声器、近讲传声器、佩带式传声器、颈挂式传声器、立体声传声器、会议传声器、演唱传声器、录音传声器、测量传声器等。

由此可见，传声器的种类相当多，但实际上平时所能接触到的却主要只有动圈式传声器、电容式传声器、驻极体传声器这几种，此外在一些特定场合所用的无线传声器、近讲传声器等特殊传声器也较常见。

2. 传声器的主要技术指标

传声器的主要技术指标有灵敏度、频率响应、指向性、输出阻抗、等效噪声级和动态范围等。

（1）灵敏度。灵敏度表示传声器的声一电转换效率。它规定为在自由声场中传声器在频率为 1kHz 的恒定声压下所测得的开路输出电压。习惯上取在 0.1Pa 的声压下测得的输出电压作为传声器灵敏度。0.1Pa 大致相当于人们按正常音量说话，并在 1m 远处测得的声压。所以，传声器灵敏度的单位是 mV/Pa。

动圈式传声器的灵敏度约为（2～3）mV/Pa。电容式传声器由于内装前置放大器，灵敏度约为（15～30）mV/Pa，故其灵敏度要比动圈式高 10 倍左右。

传声器灵敏度也可用 dB（分贝）值表示，它是指传声器灵敏度 M 与参考灵敏度 M_r 之比的对数值，称为传声器灵敏度级 L_M，即

$$L_M = 20\lg(M/M_r)$$

参考灵敏度 $M_r=1V/Pa$，相当于 0dB。因此，若 $M=2mV/Pa$，则其灵敏度级为-54dB，这是 IEC 标准。若 $M=10mV/Pa$，则其灵敏度级为-40dB。注意分贝数是负值，数值越小，灵敏度越高。

通常，动圈式传声器灵敏度级多为-70～-60dB，电容式传声器则可达-50～-40dB 左右。

（2）频率响应。频率响应是传声器输出与频率的关系，它是指传声器在一恒定声压下，不同频率时所测得的输出电压变化值。作为高保真传声器的频响最低性能要求为50Hz～12.5kHz。通常卡拉 OK 演唱用的传声器频率范围在 80Hz～13kHz，扩声用时一般在70Hz～15kHz 就不错了，此外有时传声器并不一定取平坦频响曲线，而是在高频段（主要在 3～8kHz）有所提升，这样可增加拾音的明亮度和清晰度，因此在选用传声器时不能单纯看频响曲线，而主观试听十分重要。

（3）指向性。传声器的指向性是指传声器的灵敏度随声波入射方向而变化的特性。它分为全向性、单向性和双向性三种。全向性传声器对来自四周的声波都有基本相同的灵敏度。单向性传声器的正面灵敏度比背面高。单向性传声器根据指向性特性曲线又分为心

形、超心形和超指向三种。双向性传声的前、后两面灵敏度较高，左、右两侧的灵敏度偏低一些。

因此，如果要求抑制背面声音或噪声，则使用心形传声器的效果最好，所以会场讲演、卡拉 OK 演唱、舞台扩声和录音大都使用心形传声器或超心形传声器。表 2.1 列出了传声器各种指向性特点及其应用场合。

表 2.1 传声器的指向性与应用

指向性名称	心　形	超心形	圆形（无指向性）	8 字形	强指向性
指向性图					
背面灵敏度与正面灵敏度之比	1/7	1/7	1	1	1/31
拾音角度	前半部 180°	前面 70°～80°	全指向性 360°	前、后面 60°	前面 30°～60°
用途	单指向性。剧场、大厅、体育馆等扩声用；音乐、舞台、座谈会等拾音用；应用最多	室内外一般扩声、拾音用	双指向性。对话、播音、立体声广播等拾音用	电视、舞台等拾音用

（4）输出阻抗。输出阻抗即为传声器的交流内阻，通常在频率为 1kHz、声压约 1Pa 时测得。一般在 1kΩ 以下为低阻抗，大于 1kΩ 的为高阻抗；常用的传声器输出阻抗大致有 200Ω（低阻抗）、20kΩ（高阻抗）和约 1.5kΩ（驻极体传声器）等。输出阻抗高，传声器的灵敏度相对有所提高，但高阻抗传声器的传输用连接电缆线不能很长，否则容易出现感应交流声等外来干扰，而且由于音频传输电缆线存在微小线间分布电容（每米电缆线约有 150pF 电容量），故电缆线长度越长，其高频衰减越厉害，因此，舞台演出等专业用高质量传声器基本上都采用 200Ω 低阻传声器，只有在语言扩声时才较多使用高阻传声器。传声器的负载是调音台、放大器、卡拉 OK 伴唱机或录音机等设备的输入端。为了保证其正常工作，要求负载阻抗（即上述设备的输入阻抗）应大于或等于传声器输出阻抗的 5 倍。

（5）等效噪声级。假定有一声波作用在传声器上，它所产生的输出电压的有效值和该传声器的输出端的固有噪声电压相等，则该声波的声压级就等于传声器的等效噪声级。通常在 A 计权网络下测量，以 dB 表示，即

$$等效噪声级 = 20\lg(V/MP_0)$$

式中，V 为传声器的固有噪声电压；

M 为传声器灵敏度；

P_0 为参考声压（为 2×10^{-5}Pa）。

固有噪声电压就是在没有声波作用到传声器时，传声器本身输出的微小电压，它决定了传声器所能接收的最低声级。显然，等效噪声级越小越好；高保真传声器要求等效噪声级 ≤20dB。

（6）动态范围。传声器拾取的声音大小，其上限受到非线性失真的限制，而下限受其固有噪声的限制。动态范围是指传声器在谐波失真为某一规定值（一般规定 ≤0.5%）时所

承受的最大声压级，与传声器的等效噪声级之差值（dB）。动态范围小会引起传输声音失真，音质变坏，因此要求传声器有足够大的动态范围。高保真传声器的最大声压级在谐波失真≤0.5%时，要求≥120dB。若等效噪声级为22dB，则其动态范围为98dB。当然，动态范围越大越好。

2.1.2　传声器的结构与工作原理

下面介绍几种常见传声器的结构与工作原理。

1．动圈式传声器

（1）动圈式传声器结构。目前通用的电动式传声器绝大多数是动圈式传声器。这种传声器由于结构简单，稳定可靠，使用方便，固有噪声低，因此广泛应用于语言广播和扩声中。动圈式传声器的不足之处是灵敏度较低，容易产生磁感应噪声，频响较窄等。为了克服这些缺点，近年来动圈式传声器在某些方面做了重大改进，使得这种古老的传声器在性能上大有改观。动圈式传声器的结构如图2.1所示，主要由音圈、金属振膜、保护罩、永久磁铁、升压变压器等组成。

（2）动圈式传声器的工作原理。当声波使金属振膜振动时，金属振膜将带动音圈使它在磁场中振动，音圈切割磁力线，从而在音圈两端产生感应电压，这个音频感应电压代表了声波的信息，从而实现了声电转换。如声音的音调高，金属振膜的振动频率就高，音圈中感应电压变化的频率也就越高；如声音响度大，则金属振膜的振动幅度就大，音圈中产生的感应电压的幅度也就越大。

2．电容式传声器

电容式传声器是音响系统中常用的传声器，具有灵敏度高、动态范围大、频率响应宽而平坦、音质好、固有噪声电平低，失真小以及瞬态响应优良等优点，是一种性能比较优良的传声器，广泛应用于广播电台、电视台、电影制片厂等场合。

（1）电容式传声器结构。电容式传声器的结构如图2.2所示，主要由振膜、后极板、极化电源、前置放大器组成。电容传声器的极头，实际上是一只平板电容器，只不过两个电极中一个是固定电极板，一个是可动电极板。可动电极就是极薄的振膜（约25～30μm），一般为金属化的塑料膜或金属膜。

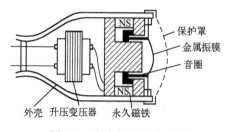

图2.1　动圈式传声器的结构

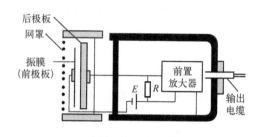

图2.2　电容式传声器结构

（2）电容式传声器工作原理。直流电源 E（常为+48V）使电容传声器极头的前振膜与后极板上充有一定的电荷量 Q，当声波作用于金属振膜时，膜片发生相应的振动，于是就改变了它与固定极板之间的距离，从而使电容量 C 发生变化，而电容量的变化可以转化成电路中电信号的变化（$\Delta U = Q / \Delta C$），因此通过这样一个物理过程就可以把声波的振动转变为电路中相应的电信号，并由负载电阻 R 输出。由于电容式传声器的输出阻抗很高，不能直接输出，在传声器壳内装入一个前置放大器进行阻抗变换，将高阻变成低阻输出。电容式传声器的工作过程为：声波→振膜振动→电容量 C 变化→充放电流 i_C 变化→回路中的 u_R 变化→经预放大及阻抗变换输出音频信号。

（3）电容式传声器的幻像供电。电容传声器是一种性能比较优良的传声器。但是它在使用中需要有一个直流供电电源，它一方面为传声器内的预放大器供电（约 1.5～3V），另一方面为极头振膜提供极化电压（约 48～52V）；所以若电容传声器与调音台相接，则必须打开调音台上的幻像（PHANTOM）电源供电开关，以便向电容传声器供电。

幻像供电是指利用信号线兼做电源线的供电方式。具体地说，就是利用传声器输出电缆内的两根音频信号线作为直流供电的一根芯线，利用电缆的屏蔽线作为直流供电的另一根芯线来进行供电。现代调音台向电容传声器馈电时，都使用这种幻像供电方式，向电容式传声器提供前置放大器的电源和极化电源电压。

幻像供电电路的基本方式如图 2.3 所示，从馈电侧看有两种基本馈电方式，如图 2.3 的（c）和（d）所示；受电侧也有两种基本受电方式，如图 2.3 的（a）和（b）所示，因此它们可有四种组合方式。

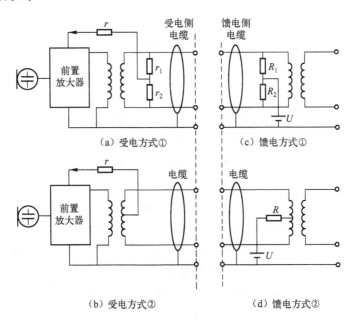

图 2.3　幻像供电电路的几种方式

在图 2.3（c）、（d）所示的两种基本馈电方式中，图 2.3（c）所示要求两只电阻 R_1 和 R_2 阻值相等，误差应小于 0.4%。这种电路的电阻值配对简单，电气中点设置方便，但由于它的并联值作为传声器信号输出的负载，故传声器的输出信号内阻应尽量小（小于 250Ω）。图 2.3（d）所示的电阻 R 对信号无影响，但对变压器的中点要求高，要求对电和磁都呈严格中点。通常幻像供电电压为 48V。此外也有极少部分采用 12V、24V 的情况。

使用幻像供电可以共用信号输出线与电源线，使电容传声器的多芯电缆减少为二芯屏蔽线。而且，即使将它接到其他类型（如动圈式）传声器，由于幻像电源的接入与传声器的平衡输出无关，故在调音台使用动圈式传声器时，就不必注意幻像电源开关位置，不过为减小电源噪声，使用动圈传声器时不宜打开幻像电源。

（4）电容式传声器的内部预放大器。图 2.4 所示是包含预置放大器的电容传声器实用电路。电源（+48V）由幻像供电，经 R_3（5.6kΩ）和极化电阻 R_7（1500MΩ）加到传声器电容极扳上。当传声器受到声波作用时，其感应的电信号经过 C_1、R_8 加到场效应管栅极上。场效应管接成源极跟随器形式，起阻抗变换作用，即变换成低阻抗输出，然后再经变压器耦合输出。图 2.4 所示中 C_2 为正反馈电容，用以提高该放大器的输入阻抗。

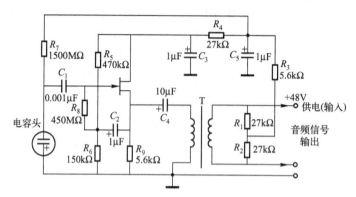

图 2.4　电容传声器预放大器电路

3．驻极体式传声器

驻极体式传声器又叫自极化电容传声器或预极化电容传声器。这类传声器的构造与一般的电容式传声器很相似，有所不同的是它所使用的振动膜片和固定极板的材料中存储着永久性电荷，这样可省去一般的电容传声器所必需的极化电压，使传声器的体积和重量明显减少。

（1）驻极体传声器的结构。驻极体传声器的结构与工作电路如图 2.5 所示，这种传声器的换能部件是由一片一面蒸发有金属的驻极体薄膜（称为驻极体面）与一面开有若干小孔的金属电极（称为背极面）构成。驻极体薄膜与背极面相对，中间有一空气隙，这实际上是一个以空气隙和驻极体作为绝缘介质，以背极面的金属电极和驻极体薄膜上的金属层作为两个电极的电容器，该电容接在内部场效应管的控制栅极 G 与源极 S 之间。

目前的驻极体薄膜一般采用聚全氟乙烯（FEP）材料，这是一种高分子薄膜，它在高温、高电压条件下，采用电子轰击或针状电极放电等方法处理后，能在两表面上分别储存正负电荷，且存储的电荷具有较高的电荷密度，较好的稳定性，能耐高温。驻极体薄膜的驻极工艺有热驻极、电晕极化驻极和电子轰击驻极等方法。驻极体的寿命很长，但驻极体上的电荷会随着时间的增长而逐渐衰减，目前驻极体的寿命可达几十年，这种驻极体薄膜被广泛用于传声器和耳机等电声器件中。

（2）驻极体式传声器工作原理。由于驻极体薄膜的金属层与背极面的金属电极上在生产制造时已预先注入一定量的自由电荷 Q，当声波激励而使驻极体薄膜振动时，电容器的容量就会变化，电容器上的电压也就随之变化，在电容器的输出端就产生了与声波相对应的交变电压信号，从而实现了声能与电能的转换。但是这种信号无法直接输出，必须通过场效应管组成的预放大器进行阻抗变换后才能接负载。低噪声的场效应管具有极高的输入阻抗，控制栅极 G 与源极 S 之间为开路状态，漏极电流 I_D 的大小受栅源电压 U_{GS} 的控制，这样通过负载电阻 R 就可转变为输出信号。R 可接在场效应管的源极，也可以接在场效应管的漏极，对应的输出端为源极输出和漏极输出方式。

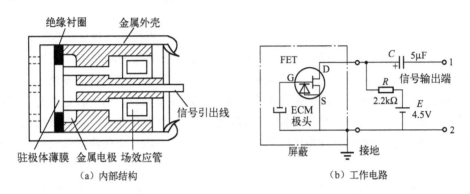

（a）内部结构　　　　　　　　（b）工作电路

图 2.5　驻极体传声器结构与工作电路

驻极体电容传声器不需要极化电压，和一般的电容传声器相比，简化了电路。但用做阻抗变换的场效应管放大器仍需外部供电。驻极体传声器频率特性较好，信噪比较高，价格低廉，体积小重量轻，大量用于盒式录音机或微型录音设备中。

4．铝带式传声器

铝带式传声器是压差式传声器的主要品种。铝带式传声器的工作原理是：振动膜片为一条金属铝箔带，铝箔带两端拉紧并置于永久磁铁的两极之间，当处于磁场中的铝箔带受到声波激励而振动时，则铝箔带作切割磁力线运动而产生感应电动势，此感应信号通过一个升压变压器输出。

铝带式传声器中所用的铝箔带厚度通常只有几个微米，宽度约 2～4mm，长度为数厘米。铝带式传声器因频率特性好、音色柔和，目前被广泛地应用于专业录音或音乐节目的制作中，但抗振性较差，价格较高。

5．无线传声器

无线传声器又称无线话筒，它是利用无线电波在近距离内传递声音信号的传声器。

（1）无线传声器的组成。无线传声器由无线话筒部分和接收机两部分组成，无线话筒部分相当于一台小型超高频（或特高频）发射机，将声音信号以无线电载波形式发射出去。接收机通常设置在调音台附近，它将信号接收下来然后进行解调，还原成声音信号，最后送入调音台进行录音或扩声。由于无线传声器不需用传送电缆，所以在舞台演出、大型课堂教学和其他娱乐场所被广泛采用。专业级的无线传声器有效范围约为 100～500m。

无线传声器的拾音头与发射电路既可做成分离式，也可做成一体式。无线传声器的拾音头有驻极体式、电容式和动圈式传声器，其中驻极体电容传声器因其尺寸小、重量轻、性能好，用得最多。图 2.6 所示为无线传声器及接收机。

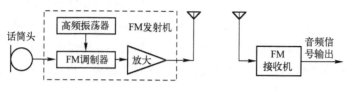

图 2.6 无线传声器及接收机

无线传声器的调制都采用调频方式。调频方法主要有两种：一种是由电容传声器直接调频，即把小型电容传声器的极头直接接入调频用振荡器的振荡回路中，充当一个回路电容。当振膜受到声波振动时，电容传声器膜片与后极板之间的电容量随之变化，致使 LC 振荡回路的总容量发生变化，从而使振荡频率改变，实现频率调制。另一种是改变并联在振荡器回路上的有源器件的内部参数——极间电容，使振荡频率发生变化，从而获得调频，而极间电容的变化则由传声器的音频电压信号控制。这种方式一般是将传声器输出信号经放大后去调制振荡电路。

为了提高频率稳定度，可使用高 Q 值的振荡回路器件，如晶体振子、陶瓷振子等；使用场效应管等高阻有源器件，并进行温度补偿以及在振荡器与倍频器之间增加隔离级以提高选择性回路的有载 Q 值。

（2）无线传声器的分类。

① 按振荡回路方式分为：调谐振荡回路式（其电路简单，频率稳定度较差，是普及型产品）；石英晶体控制电路式（频率准确稳定，但频道固定）；锁相环频率合成式（频率精确稳定，且为可变换频率的多频道型）。

② 按载波频率分为：FM 型（工作在调频波段 88～108MHz）；VHF 型（又分低频段 VHF 型，工作在 30～50MHz；高频段 VHF 型，工作在 150～250MHz）；UHF 型（又分低频段 UHF 型，工作在 300～600MHz；高频段 UHF 型，工作在 700～1000MHz）。

③ 按接收方式可分为：单接收机单频道接收型（是最基本无线传声器系统，属廉价普及型）；单接收机多频道接收型（由几个不同频率的接收机组合而成，亦为普及型）；双接收机单频道接收型（由两个同频率接收机构成自动选择接收的方式，以消除接收死角及不稳定现象，属专业级）；双接收机多频道接收型（由几台自动选择接收的接收机组合而成，属专业级）。

6. 近讲传声器

人们常常可以看到歌唱演员在舞台上演唱流行歌曲时，手持一只小话筒放在嘴边，边唱边舞。从扩声设备传出的歌声温柔、甜美，具有亲切、深切之感。这种话筒就是近些年来发展起来的唱歌专用传声器，叫做近讲传声器。

近讲传声器是一种利用近讲效应的新颖传声器。所谓近讲效应，是指压差式或复合式传声器离声源很近的距离拾音时，它的低频灵敏度有明显的增高，距离越近，低频提升得越多。普通传声器会因这种低频提升而使整个频率响应变坏，近讲传声器则利用近讲效应来增加声乐的温暖感和柔和感。近讲传声器以动圈式传声器最为常见，其指向性一般为心形，但其频响特征与众不同，有它特定的频响要求，产品结构具有所谓近讲效应、窄带效应和指向效应，以改善性能和抗环境干扰，满足使用者的不同要求。

2.1.3 传声器的使用与维护

在传声器的使用与维护过程中，不仅要选择合适的传声器，还要注意传声器的使用与维护方法，并对使用过程中出现的一些常见故障的排除方法有所了解。

1. 传声器的使用

选择传声器，应根据使用的场合和对声音质量的要求，结合各种传声器的特点，综合考虑选用。例如，高质量的录音、播音或音乐与戏剧，主要要求音质好，应选用电容式传声器、铝带传声器或高级动圈式传声器；作一般语言类扩音时，选用普通动圈式或驻极体电容式传声器即可；当讲话人位置不断移动或讲话时、与扩音机距离较远时，宜选用无线传声器；当环境噪声较大，如卡拉 OK 演唱，应选用单方向性、灵敏度较低的传声器，以减小杂音干扰等。在使用中应注意如下几点。

（1）注意传声器的特性与阻抗匹配。在使用传声器之前，应先了解传声器的基本特性和传声器的类型。往往静态技术指标稍低而瞬态特性好的传声器，要比静态指标较高而瞬态特性较差的传声器更好一些。另外，在使用传声器时要注意阻抗匹配。传声器的输出阻抗与放大器的输入阻抗两者相同是最佳的匹配，如果失配比在 3 : 1 以上，则会影响传输效果。

（2）注意连接缆线质量与长度。传声器必须使用优质屏蔽电缆传送信号，以防窜入杂音对微弱的音频信号产生干扰；同时传声器的连接线要尽量短，以减少分布电容产生的高音损耗。通常，在不平衡连接（单心屏蔽线）时，高阻抗式传声器连接线不宜超过 5~10m，低阻抗式传声器的连线可延长至 30~50m。在必须加长话筒线时，则应采用平衡接法（双芯屏蔽线），以减少外来干扰。

（3）注意传声器的使用距离。在演唱时，嘴与传声器之间应保持适当的距离：一般来说，近讲传声器与嘴的距离可保持 1~20cm；动圈传声器的使用距离为 0.1~1m，正常使用距离约 0.1~3m 为宜；电容传声器的灵敏度高，使用距离有时可达 3m 左右，音量仍能满足要求；如果距离太远，传声器输出信号电压小，噪声相对增加，歌声轻微，其细节难以表现；距离太近，低音容易失控，因近讲效应而提升低频造成声音模糊不清，音量大时又容易使话筒过载而使声音严重失真。

（4）注意传声器的使用角度。每个话筒都有它的有效角度，一般声源应对准话筒的中心线，两者的偏角越大，高音损失越大。一般心形传声器，嘴与中心轴线的夹角应保持在 ±45° 范围内，对于强指向性传声器则应保持在 ±30° 内。

（5）注意传声器的位置与高度。在扩音时，传声器不要靠近扬声器放置或对准扬声器，否则会引起啸叫。传声器放置的高度应与演讲者口部一致。传声器在室外使用时，应该使用防风罩，避免录进风的"噗噗"声，防风罩还能防止灰尘污染传声器音膜。

（6）注意相位干涉产生失真现象。在传声器使用中，相位干涉是经常遇到的一个问题。所谓相位干涉，就是由于声程差在传声器中引起的一种相位失真现象。由于反射声与直达声之间存在路程差，即声程差，结果在传声器处叠加后产生相位干涉，即传声器输出频响呈现梳状滤波器效应。作报告或演讲时，桌上传声器收到直达声与桌面反射声，因声程差使传声器输出频响呈现梳状滤波器形式的失真，为减小这种失真，一种措施是放低传声器的高度，尽量贴近桌面，从而使直达声与反射声的声程差接近零；另一种措施是在桌面铺放吸声桌布（厚绒布），以减小反射声。当使用两只以上的多个传声器时，也有相位干涉引起的梳状滤波器失真问题，如两个传声器相距声源为 1m 和 2m，则经调音台（或放大器）混合相加后，其输出如同单个传声器情况一样，也会产生梳状滤波器效应。

（7）注意传声器的防敲防震。传声器的结构比较精密娇脆，强烈的震动不仅会使传声器严重过载，而且还容易损坏其机械结构。例如，使磁铁退磁并降低灵敏度，使音圈与磁路相碰或将音圈振散等。尤其是电容传声器，若在带电工作时遇到强烈震动，有可能击穿振膜而损坏，所以电容传声器一般均有防震支架。若要移动传声器，电容传声器应关闭电源后再移动。此外，注意不要用吹气或用手敲打传声器的方法来试音。

（8）注意传声器的使用方法。手持传声器时，不要握住网罩，以免堵塞后面进气孔，造成失真，影响效果；传声器应尽量远离墙壁等反射面及电器设备和音箱等，以免引起干扰噪声或声反馈；使用无线传声器时，其载频应避开当地调频广播或无线电话通信的频率，以免串扰；无线传声器的天线应自然下垂；电池的极性不能接反，用完应将电池及时取出。

（9）传声器的保管应注意防潮，保持清洁卫生。

2. 传声器的常见故障与维护

传声器在使用中的一些常见的故障与检修，列于表 2.2，供使用和检修中参考。

表 2.2　传声器故障分析与检修表

故障现象	故障产生的可能原因	故障排除与检修办法
无声	1. 插头未接好或接触不良 2. 插头连线断线或短路 3. 振膜破损 4. 音圈根部断或损坏 5. 换能部分损坏	1. 重新插接，保证接触可靠 2. 排除短路，重新焊线 3. 退厂家更换 4. 放一圈后焊接好，或送厂家修理 5. 更换新换能器
嗡嗡声、哼声	1. 接地屏蔽线断 2. 内部各焊点焊接不良 3. 内部散线，线间电容干扰 4. 有声反馈	1. 重新接好接地屏蔽线 2. 查找焊点重新焊接好 3. 重新捆扎散线 4. 调整前级放大器于适当放大量
声音小	1. 传声器内部接线不良 2. 输入端与传声器阻抗不匹配 3. 传声器换能部分失效	1. 查找后重新焊接好 2. 换用对应匹配的传声器或输入级、或传声器内使用阻抗匹配器 3. 更换
声音失真、频率响应差	1. 输入端与传声器阻抗不匹配 2. 传声器内部或传声器周围有铁屑等脏物 3. 传声器传输线过长	1. 排除方法同上 2. 清除传声器周围铁屑、或送厂家退磁后剔除铁屑、脏物 3. 剪短传输线到适当长度
声音模糊	1. 声源距传声器太近，声级过荷 2. 输入级过荷	1. 调整声源与传声器至合理距离 2. 降低输入级至适中
爆破声或风动声	1. 防风球未安装 2. 防风球严重损坏 3. 传声器与拾音水平角不对	1. 安装上适用防风球 2. 更换新防风球 3. 调整声入射角，使之达到 20°～30° 或 30°～35°

2.2　扬声器

扬声器是整个音响系统的终端换能器。扬声器又叫喇叭，是一种将一定功率的音频信号转换成对应的机械运动再将其变成声音的电声换能器。

2.2.1 扬声器的分类

扬声器的分类方式很多，根据换能方式、辐射方式、振膜形状、结构形式、用途、重放频带等来分，可有多种分类方法。

1．按换能方式分类

按照能量转换的工作原理的不同，扬声器主要分为电动式扬声器、电磁式扬声器、静电式扬声器、压电式扬声器和数字式扬声器等。

（1）电动式扬声器。电动式扬声器又称为"动圈式扬声器"，它是利用通过音频信号电流的导体（音圈）在恒定磁场中受到力的作用而带动振膜（纸盆）振动，从而将电信号转换成声波向四周辐射。电动式扬声器是现在使用最广泛的一种扬声器，它具有频率响应好、灵敏度高、音质好、坚固耐用、价格适中的特点。

（2）电磁式扬声器。也叫舌簧式扬声器，声源信号电流通过音圈后会把用软磁材料制成的舌簧磁化，磁化了的可振动舌簧与磁体相互吸引或排斥，产生驱动力，使振膜振动而发音。

（3）静电式扬声器。这种扬声器是利用电容原理，即将导电振膜与固定电极按相反极性配置，形成一个电容，声源电信号加于此电容的两极，极间因电场强度变化产生吸引力，从而驱动振膜振动发声。

（4）压电式扬声器。利用具有压电效应的压电材料受到电场作用而发生形变的原理，将音频信号加到压电元件上，则压电元件就会在音频信号的作用下而发生振动，驱动振膜发声。

2．按振膜形状分类

按振膜形状分类，扬声器主要有锥形、平板形、球顶形、带状形、薄片形等。

（1）锥形振膜扬声器。锥形振膜扬声器中应用最广的就是锥形纸盆扬声器，它的振膜成圆锥状，是电动式扬声器中最普通、应用最广的扬声器，尤其是作为低音扬声器应用得最多。

纸盆电动式扬声器的最佳工作频率和它所形成的音质与扬声器纸盆的口径大小关系密切，扬声器纸盆的口径越大则重放的低音效果越好；纸盆的口径较小则重放的高音效果较好。

（2）球顶形扬声器。球顶形扬声器是电动式扬声器的一种，其工作原理与纸盆扬声器相同。球顶形扬声器的振膜呈半球顶形，以增加振膜的强度。振膜的口径一般较小，通常用刚性好、质量轻的材料制成。球顶形扬声器的显著特点是瞬态响应好、失真小、指向性好，但效率低些，常作为扬声器系统的中、高音单元使用。

（3）号筒式扬声器。号筒式扬声器的工作原理与电动式纸盆扬声器相同，号筒扬声器的形状呈号筒式，其声音经振膜振动后，通过号筒间接地辐射到空间。号筒式扬声器最大的优点是效率高，距离远，电声转换效率高，中频与高频特性好，谐波失真较小，而且方向性强，但其频带较窄，低频响应差，不如锥形纸盆扬声器和球顶扬声器的音质柔和，所以多作为扬声器系统中的中、高音单元使用。

（4）平板式扬声器。平板扬声器也是一种电动式扬声器，其振膜是平面的，以整体振动直接向外辐射声波。它的平面振膜是一块圆形轻而刚性的蜂巢式平板，板中间是用铝箔制成的蜂巢芯，两面蒙上玻璃纤维。它的频率特性较为平坦，频带宽且失真小，但额定功率较小。

3．按放声频率分类

按放声频率分，扬声器可分为低音扬声器、中音扬声器、高音扬声器、全频带扬声器等。一般，人们把最佳工作频率低于 60Hz 的扬声器称为低音扬声器；把最佳工作频率在 300Hz～5kHz 的扬声器称为中音扬声器；把最佳工作频率高于 5kHz 的扬声器称为高音扬声器。

（1）低音扬声器。主要播放低频信号的扬声器称为低音扬声器，其低音性能很好。低音扬声器为使低频放音下限尽量向下延伸，因而扬声器的口径做得都比较大，一般有 200mm、300～380mm 等不同口径规格的低音扬声器。为了提高纸盆振动幅度的容限值，常采用软而宽的支撑边，如橡皮边、布边、绝缘边等。一般情况下，低音扬声器的口径越大，重放时的低频音质越好，所承受的输入功率越大。

（2）中音扬声器。主要播放中频信号的扬声器称为中音扬声器，中音扬声器可以实现低音扬声器和高音扬声器重放音乐时的频率衔接。由于中频占整个音域的主导范围，且人耳对中频的感觉较其他频段灵敏，因而中音扬声器的音质要求较高，有纸盆形、球顶形和号筒形等类型。作为中音扬声器，主要性能要求是声压频率特性曲线平坦、失真小、指向性好等。

（3）高音扬声器。主要播放高频信号的扬声器称为高音扬声器，高音扬声器的工作频段一般都在 2kHz 以上，高音扬声器为使高频放音的上限频率达到人耳听觉上限频率 20kHz，因而口径较小，振动膜较韧。与低、中音扬声器相比，高音扬声器的性能要求除和中音单元相同外，还要求其重放频段上限要高、输入容量要大，常用的高音扬声器有纸盆形、平板形、球顶形、带状电容形等多种形式。

（4）全频带扬声器。全频带扬声器是指能够同时覆盖低音、中音和高音各频段的扬声器，可以播放整个音频范围内的电信号。其理论频率范围要求是从几十 Hz 至 20kHz，但在实际上采用一只扬声器是很困难的，因而大多数都做成双纸盆扬声器或同轴扬声器。双纸盆扬声器是在扬声器的大口径中央加上一个小口径的纸盆，大、小两个纸盆共用一个音圈。小纸盆用来重放高频声音信号，从而有利于频率响应上限值的提升；同轴式扬声器是采用两个不同口径的低音扬声器与高音扬声器安装在同一个轴心上，以避免分离的高、低音扬声器因声音分别从两个理论发音点发出而导致的声相位不一致问题。

4．按振膜材料分类

按扬声器振动膜（盆）的制作材料的不同来分，扬声器可分为纸盆、碳纤维盆、PP盆、玻璃纤维盆、防弹布盆、钛膜及丝绸膜扬声器。

（1）纸盆扬声器。它是采用纸材料制作振动膜的扬声器，灵敏度及工作效率较高，重放的音质较好，但承受功率小，纸盆容易受潮。目前在少数高档扬声器中仍然采用纸盆作为扬声器的振膜。

（2）碳纤维扬声器。它是采用碳纤维制作扬声器的振动盆，材质较硬，重放中、低频效果较好，瞬态响应也较好。

（3）PP盆扬声器。它是采用石墨强化聚丙烯材料制作，重放频带较宽。

（4）玻璃纤维扬声器。其性能与碳纤维扬声器基本相似。

（5）防弹布盆扬声器。它是采用高强度防弹纤维制造，其主要特点是重放动态音频信号时非线性失真较小。

（6）钛膜扬声器。它是采用金属钛作为扬声器的振动膜，一般用于高音扬声器，重放声音较为纤细，有一定的金属感。

（7）丝绸膜扬声器。它是采用天然丝编织的振动膜，一般也应用于高音扬声器，重放声音细腻，比钛膜扬声器柔和。

扬声器振膜边缘使用的材料有纸边、布边、橡皮边及泡沫边。目前扬声器振动膜边缘比较常用的材料为高泡沫边，具有很好的柔性和弹性。橡皮边尽管有一定的柔软度，但其弹性与泡沫边相比较差，且使用时间较长后会产生老化现象。

5．按辐射方式分类

按声波辐射方式分类扬声器还可分为直接辐射式、间接辐射式、耳机式和海尔式（Hell）。

直接辐射式扬声器的声波由发声体直接向空间辐射，如前述的纸盆扬声器和球顶扬声器等；间接辐射式扬声器的声波由发声体经过号筒向空间辐射；耳机式的声波由发声体经密闭小室（耳道）进入耳膜；海尔式扬声器的空气是被特殊形状振膜的振动而辐射声波的。

6．按磁路形式分类

按磁路形式分类扬声器可分为内磁式、外磁式、屏蔽式和双磁路式等。

外磁式的磁体露出磁路以外，内磁式的磁体在磁路以内，屏蔽式对磁路另加屏蔽，双磁路式由两块磁体组成双磁路以加强磁场。在使用中，外磁式的扬声器对外部有磁场，不易放在电视机上面做中置音箱，家庭影院中的中置音箱须是内磁式才能不干扰彩色电视机色调。

2.2.2　扬声器的主要技术指标

扬声器的主要技术指标有：标称功率、标称阻抗、频响范围、灵敏度、失真度、指向性与标称尺寸等。

（1）标称功率。所谓标称功率是指扬声器在长期工作时所能承受的输入功率。在扬声器的说明书中所标注的额定功率即为标称功率。在有些扬声器的说明书中标有最大输入功率这一指标，最大输入功率是指扬声器在短时间内所能承受的最大输入功率，它一般是扬声器额定输入功率的 2 倍左右。

（2）标称阻抗。扬声器的阻抗呈非线性结构，它随信号频率的变化而变化。一般扬声器所标注的标称阻抗（也称额定阻抗）是用 1kHz 或 400Hz 的测试信号加到扬声器的音圈两端所测出的电压与电流的比值。常见的扬声器的阻抗有 4Ω、8Ω、16Ω。扬声器音圈的直流电阻一般小于其标称阻抗，约为标称阻抗的 0.7～0.9 倍。如果不知扬声器的标称阻抗时，也可用万用表测出直流电阻后再乘以 1.1～1.3 倍来估算。

（3）频响范围。频响范围是扬声器较为重要的一个指标，扬声器的频响范围越宽，说明其重放频率的覆盖范围越大。扬声器的有效频率范围，是在输入电压不变时，由不同频率引起的声压（或声强）变化的不均度在 10dB 之内的频响宽度。不均匀度越小，频响特性越好，扬声器频率失真就越小。例如"40～18000Hz±4dB"表示了在所给定的频率范围内，声功率的变化不超出±4dB。好的扬声器应避免在频率范围内出现声功率的峰或谷。在低音区出现"峰"会产生非音乐内容的"隆隆"声，而出现"谷"后，又会使声音缺少临场感。

受扬声器换能机理及扬声器结构的限制，其声压-频率特性的平坦部分并不能覆盖整个音频范围，低音扬声器只在低音部分具有平坦的声压-频率特性，中音和高音扬声器也只是相应地在中音和高音范围内具有平坦的频率响应特性曲线。一般扬声器的振动膜的直径越大，其重放的低频效果就越好。

（4）灵敏度。灵敏度是评价扬声器电-声转换效率的一个技术指标。在相同的输入信号下，灵敏度高的扬声器听起来声音较大。灵敏度一般是指扬声器在输入电功率为 1W 时，在扬声器正面 0°主轴上 1m 处所测得的平均声压的大小。灵敏度越高，电-声转换的效率越高，且扬声器对音频信号中所有细节均能做出响应，实现高保真。作为 Hi-Fi 扬声器的灵敏度应大于 86dB/W。若灵敏度过低，则会因推动功率过大而造成浪费。但是若灵敏度过高，也会导致扬声器的动态范围下降，扬声器的灵敏度值范围一般在 70～115dB，家用音箱一般选用 88～93dB 的灵敏度值比较好。

（5）失真度。所谓失真是指扬声器在输出的声波中存在着整倍于原频率的谐波，它主要由扬声器本身在电-声转换过程中产生的非线性成分引起，如谐波失真、互调失真、瞬态失真及相位失真等。一般扬声器的失真度应小于 1%～2%。若扬声器失真大于 5%时，听众会有明显察觉，失真大于 10%时，听众已无法接受。因此扬声器的失真度对音质具有很大的影响。

（6）指向性。扬声器的指向特性表示扬声器在空间向各个方向辐射声波的声压分布的情况。扬声器的指向性与频率有关：一般低频（如 300Hz 以下）声波的波长较长，辐射传播时没有明显的指向性；而当声波的频率增加（如 2kHz 以上）使波长变短而与扬声器的几何尺寸可比拟时，由于声波的绕射特性及干涉特性，扬声器辐射的声波将出现明显的指向性；频率越高时波长越短，指向特性就越窄长，当频率达 15kHz 以上时，其声波辐射呈窄束状。好的音箱应使其重放的高频声尽可能均匀地分布在一个较宽的区域内。如 50～16 000Hz、120°、±6dB。这一指标说明，如果你在扬声器中心轴两边 60°范围内走动，听到 50～16 000 Hz 频率范围内的声音响度应基本相同，误差不超过±6dB。

扬声器的指向性还与扬声器的口径大小有关，纸盆直径大的扬声器比纸盆小的扬声器指向特性窄。因此对于椭圆形扬声器，长轴方向的指向性比短轴方向的指向要尖锐，所以安装这类扬声器时一般应将长轴沿垂直方向放置，这样可展宽水平方向上的指向性；另外，扬声器纸盆的深浅也会影响指向性，纸盆越深，高频的指向性也越尖锐。

（7）标称尺寸。标称尺寸系指扬声器盆架的最大口径，其中圆形扬声器的直径为 40～460mm，中间分十几挡，椭圆形扬声器的短径×长径为（40mm×60mm）～（180mm×260mm）近 10 挡。我国用汉语拼音字母及数字表示扬声器型号，从其标记符号也可了解一些扬声器的技术参数。例如，扬声器型号命名中常见的有：Y 代表扬声器，D 代表电动式，H 代表号筒式，T 代表椭圆形，G 代表高音，Z 代表中音，型号中其他一些数字分别表示该扬声器的外径尺寸、额定功率及序号等。例如：YDl65-8，表示口径为 165mm 的电动式扬声器，序号为 8；扬声器 YH25-1 表示该扬声器为号筒式扬声器，额定功率为 25W，序号为 1；YDG3-3 表示电动式高音扬声器，额定功率为 3W，序号为 3。

一般地说，扬声器口径大小与性能有一定的关系：口径越大，一般所能承受的功率越大，输出声功率也越大；口径越大，它的低频特性越好，因此在要求重放频率低时，常常选用大口径扬声器。但反过来却不能说，口径越小，其高频特性越好。要有效地重放高音频还与扬声器的设计和工艺有关；即使是口径相同的扬声器，由于纸盆设计工艺不同，其电声性能也会有较大的区别，特别是扬声器的高频段，同一口径的扬声器可设计出不同的高频响应。

2.2.3　电动式扬声器的结构与原理

在各种扬声器中，使用最广泛的是电动式扬声器，电动扬声器又称为"动圈式扬声器"。电动式扬声器中使用最多的又有锥形纸盆扬声器、球顶形扬声器及号筒式扬声器等，它们的工作原理相同，只是在声波的辐射方式和发声体的振膜形状方面有所区别。

1. 锥形纸盆扬声器

锥形纸盆扬声器简称纸盆扬声器，是电动式扬声器中最常见的一种，具有频率响应好、灵敏度高、音质好、坚固耐用、价格适中的特点。这种扬声器用来发出声波的振膜是纸质的，呈圆锥形或椭圆锥形。随纸盆面积的大小不同，其共振频率也不同，对应有低音、中音及高音扬声器。

（1）纸盆扬声器的结构。锥形纸盆扬声器的结构如图 2.7（a）所示。它主要由磁路系统、振动系统及支撑辅助系统 3 部分组成。

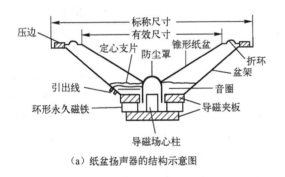

（a）纸盆扬声器的结构示意图　　（b）音圈在磁场中的受力情况

图 2.7　锥形纸盆扬声器

磁路系统由环形永久磁铁、上导磁板、下导磁板、导磁柱（场心柱）组成。在上导磁夹板与导磁柱的缝隙之间，形成了很强的永久磁场，磁场的强弱直接影响到扬声器的放音质量。

振动系统是扬声器的关键部分，它由音圈、锥形纸盆、定心支片等组成。音圈是扬声器的驱动元件，由铜导线绕制而成，通常有几十圈，位于导磁场心柱与导磁板之间的缝隙中。纸盆又称振膜，在音圈的驱动下振动而辐射声波，纸盆采用特殊纸浆压成，通常要混入部分羊毛纤维，高质量的扬声器纸盆中还要混入宇航材料碳化纤维，以提高纸盆的刚性。音圈的前端与纸盆及定心支片（又称为弹簧片）连接，并由定心支片确定其位置。纸盆的折环边缘粘牢在盆架上并用压边压紧。有的纸盆扬声器的折环采用一种新型的复合材料（如橡胶、布基-橡胶、泡沫塑料、布基-阻尼等）而制作，可以使音质得到改善。

支撑辅助系统由盆架、折环、接线板、压边、防尘罩、焊片、引出线等组成。当音圈通电而振动时，弹性的支撑系统随之振动；断电时，支撑系统使音圈恢复到静态位置。扬声器的放声性能与纸盆的面积、重量、刚性、形状密切相关。一般纸盆中央部分厚，边缘部分薄，而且边缘部分还压出几道折环，这样就可以得到较好的频率响应及较小的谐波失真。电动扬声器的标称尺寸，是指盆架前视横截面积的最大直径；而有效直径指的是纸盆运动部分前视横截面积的直径。标称尺寸一般用 cm 或 mm 表示。

（2）纸盆扬声器的工作原理。根据电磁感应定律，一个置于磁场中的通电导体，会受到磁场力的作用，受力的方向符合左手定则。磁场力的大小 $F=BLI$，其中：B 为缝隙磁通密度，L 为音圈线长度，I 为音圈中通过的电流。音圈在磁场中受力的情况如图 2.7（b）所示。图中间是圆柱形的 N 极，环形气隙内是音圈，若电流由右端流入，由左端流出，则音圈受力方向由左手定则判断，其受力方向 F 向上。若改变电流方向，则受力 F 的方向也将随之改变。如果流经音圈的电流强度和方向均随时间不断变化，则电磁力 F 的大小和方向也将随之而变化。显然，电动力的方向也就是音圈移动的方向，这样随着电流强度和方向的变化，音圈就会在空气隙中来回振动。其振动周期（频率）等于输入电流的变化周期，而振动幅度，则正比于各瞬间作用电流的强度。若将音圈固定在一个纸盆上并输入音频电流，则振膜（纸盆）在音圈的带动下产生振动从而向周围空间辐射声波，由此实现了电信号与声音之间的能量转换。

2．球顶形扬声器

球顶形扬声器是电动式扬声器的一种，其工作原理与纸盆扬声器相同。球顶形扬声器的显著特点是瞬态响应好、失真小、指向性好，但效率低些，常作为扬声器系统的中、高音单元使用。图 2.8 所示为球顶形扬声器的结构示意。

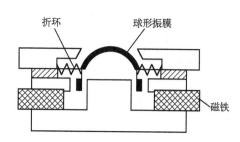

图 2.8　球顶形扬声器的结构示意图

球顶形扬声器的振膜一般都设计成半球顶形，以增加振膜的强度。振膜的口径一般较小，常为 35～70mm，通常用刚性好、质量轻的材料制成。为适应中频和高频信号的重放，球顶形中频扬声器具有一个较大的后腔，作为中频谐振频率的共鸣腔。一般在其振膜的后侧开有一个通孔，在其下夹板后侧装有一个密封的后腔罩，以便在后腔罩与下夹板之间形成一个较大容积的空腔，空腔内通常还充填一些吸音材料，但高频球顶形扬声器则没有后腔。

球顶形扬声器还可根据其振膜的软硬程度分为软球顶扬声器和硬球顶扬声器。硬球顶形振膜采用铝合金、钛合金及铍合金，软球顶形振膜则用浸渍酚醛树脂的棉布、绢、化纤及橡胶类材料。软球顶扬声器声音比较细腻柔和，富有表现力，适合重放古典音乐及表现弦乐和人声，表现打击乐时也不显得生硬。相比之下硬球顶扬声器的高频灵敏度较高，音质清脆，音色往往带有一种特殊的"金属味"，适合重放现代音乐。虽然这两种扬声器都具有较宽的频率范围和均匀的频率响应，但所用振膜材料不同，它们的音色则因此而略有差异。软球顶扬声器的音色通常显得细腻柔和，而硬球顶扬声器的音色则给人一种轮廓清楚的感觉。

在高频扬声器中，音圈扮演着重要的角色。为了获得更好的高频重放上限，要求高频扬声器的振动系统在保证刚性的前提下具有尽可能小的质量，市场上一些 Hi-Fi 用球顶形高频扬声器的音圈大多是用新颖的铜包铝线绕成的。铝具有比铜更小的比重，使用铜皮铝线音圈绕组可以减轻音圈的质量，这对改善高频扬声器的频响指标十分有利。根据电流的集肤效应，高频扬声器音圈中的大部分电流都在音圈绕组导线的表层流过，铜皮铝线音圈的损耗几乎与铜漆包线绕组音圈相同。此外，铜还具有良好的可焊性。

3. 号筒式扬声器

号筒式扬声器的工作原理与电动式纸盆扬声器相同，但声音的辐射方式不同。纸盆扬声器和球顶扬声器是由振膜直接鼓动周围的空气将声音辐射出去的，是直接辐射；而号筒式扬声器是把振膜产生的声音通过号筒辐射到空间的，是间接辐射。与直射式的纸盆扬声器相比，号筒式扬声器最大的优点是效率高，谐波失真较小，而且方向性强，但其频带较窄，低频响应差。号筒扬声器的结构如图 2.9 所示。

号筒扬声器的结构组成包括驱动单元（简称音头）和号筒两部分。驱动单元（音头）与球顶扬声器相似，其振膜一般为球顶形或反球顶形，振膜的振动通过号筒与空气耦合而辐射声能。号筒的形状有圆锥形、指数形和双曲线形等各种形状。

号筒式扬声器的效率可达 10%～40%，谐波失真

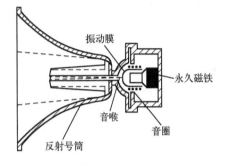

图 2.9 号筒式扬声器结构示意图

也要小于纸盆扬声器，声波的辐射具有较窄的指向性。但当频率升高时，因振膜各部分辐射声波的相位不一致而会引起干涉，使得号筒扬声器频响曲线上出现峰谷起伏。号筒式扬声器的特性与实际发声效果，主要与所装置的号筒扩展曲线、口径、轴长等尺寸要素有密切关系。号筒的口径越大、轴长越长，号筒能够辐射的下限截止频率就越低。目前，号筒式扬声器广泛应用于有线广播、体育馆、影剧院等，在高保真放声系统中也常常作为扬声器系统中的中、高音单元使用。

2.2.4 扬声器的选用原则

扬声器实际上是一种把可听范围内的音频电功率信号通过换能器（扬声器单元），转变为具有足够声压级的可听声音。为能正确选择好扬声器，必须首先了解声音信号的属性，然后要求扬声器能"原汁原味"地把音频电信号还原成逼真自然的声音。所以在选用扬声器时，应从以下几个方面来考虑。

首先应着重考虑额定阻抗、额定功率、频响范围、谐振频率、灵敏度、失真度、总品质因数等指标。人声和各种乐声是一种随机信号，其波形十分复杂。一般语言的频谱范围约在 150Hz～4kHz 左右；而各种音乐的频谱范围可达 40Hz～18kHz 左右。其平均频谱的能量分布为：低音和中低音部分最大，中高音部分次之，高音部分最小（约为中、低音部分能量的 1/10）；人声的能量主要集中在 200Hz～3.5kHz 频率范围。这些可听随机信号幅度的峰

值比它的平均值均大 10～15dB（甚至更高一点）。因此扬声器要能正确地重放出这些随机信号，保证重放的音质优美动听，必须具有宽广的频率响应特性，足够的声压级和大的信号动态范围。希望能用相对较小的信号功率输入获得足够大的声压级，要求扬声器具有高的灵敏度。

其次，扬声器的振膜材料决定重放音色的表现，纸盆（或羊毛盆、松压盆）低音扬声器与软球顶高音扬声器重放的声音柔和、温暖，而玻纤盆、PP 盆低音扬声器和硬球顶高音扬声器重放的声音靓丽，动感较强。实际选择时，应根据具体要求来选择。

常用扬声器的额定阻抗值有 4Ω、8Ω、16Ω 等。低音扬声器的阻抗值决定着音箱的额定阻抗，也关系到功率放大器的输出功率及阻抗匹配。扬声器的额定阻抗和额定功率，均应与功率放大器的输出阻抗与输出功率相匹配，否则会损坏扬声器或功率放大器。

此外，还要求扬声器系统在输入信号适量过载的情况下，不会受到损坏，即要有较高的可靠性。最后还要考虑产品的配套方式、外形结构和安装方法等条件。

2.3 分频器

音频信号的频率范围为 20Hz～20kHz，而扬声器的频率响应范围却较窄，按其放声频率而分为低音、中音、高扬声器。因此需要通过分频器将音频信号分为对应的高、中、低频段来适应扬声器的放声要求。

2.3.1 分频器的作用与种类

1．分频器的作用

分频器又称分频网络。分频器的作用就是在音频系统中把全频带声频信号分成不同的频段后送到对应的工作频率的扬声器，使它们得到合适频带的激励信号，再进行重放。例如，在二分频的音箱中，通过高通滤波器分离出较高的频率供给高音扬声器，通过低通滤波器分离出较低的频率供给低音扬声器。分频网络的具体作用有：

（1）展宽频带，改善频响。例如，低频扬声器在 1.5～3kHz 左右有大的峰谷，用分频网络可保证在 1.2kHz 以上能量送往中、高频扬声器单元而不送往低频单元，这样对扬声器本身的频响要求就不那么苛刻，而且可避开扬声器频响上的大峰谷点，使整个音箱保持宽而平坦的频率响应。

（2）提高效率。亦即不要把高频能量输至不产生高音的扬声器而浪费掉。

（3）保护中音和高音扬声器不致损坏。由于人耳对中、高频声灵敏，所以低频需要更多能量，即用更多的能量来推动低频扬声器。倘若向中、高频单元输入低频大幅度信号，会使这些单元的振膜产生过度振动，从而引起失真，甚至损坏音圈和膜片。所以，保护中、高频单元也是使用分频网络的重要原因。

2．分频器的种类

分频器的种类可按电路的结构形式、分频的频段数、分频器的衰减率以及与扬声器的连接方式等方面进行分类。

（1）按电路结构分类。分频器按电路结构可分为两类，一类是功率分频器，亦称被动分频器或无源分频器；另一类是电子分频器，亦称主动分频器或有源分频器。

① 功率分频器。功率分频器位于功率放大器之后，设置在音箱内，由电容和电感滤波网络构成。其特点是分频网络设置在功率放大器和扬声器之间，电路形式如图 2.10（a）所示。

功率分频器的优点是：第一，使用方便，结构简易，成本低，与音箱安装在一起，不需要调整；第二，在系统连接方面较为容易，只要给功放输入全频信号，将功放与音箱连接在一起就可以实现全频放音；第三，需要的功率放大器少，一般一台双声道功放可以带两只全频被动分频音箱，故系统成本较低。

功率分频器的缺点是：第一，分频网络要消耗功率，出现音频谷点，产生交叉失真，它的参数与扬声器阻抗有直接的关系，而扬声器的阻抗又是频率的函数，与标称值偏离较大，因此误差也较大，不利于调整，计算较难；第二，功率放大器输出的功率音频信号通过电容和电感滤波器后，必然会由于电容和电感的非线性而造成失真，声音失真在所难免；第三，从功放输出的音频功率信号，每经过一个电容和电感器件都会造成功率信号的损失，所以被动分频的功率信号损失较大；第四，分频衰减率不能做得太高，一般最大 12dB/倍频程，分频交叉区域的干扰偏大，这是因为被动分频器提高分频衰减率的途径是增加电容器或电感器的个数，也就是滤波阶数，但是增加电容器或电感器的个数，就意味着随之增加信号失真和功率损失，提高分频衰减率的结果是带来了其他更多的问题。

② 电子分频器。电子分频器的电路形式如图 2.10（b）所示。它是一种将音频弱信号进行分频的设备，一般由有源电子线路分频系统构成，其特点是分频系统位于功率放大器之前，将全频带的音频弱信号分频后，把两分频的低音与高音，或三分频的低、中、高音信号，分别送至各自功率放大器，然后由功放分别输出到低音、高音或低音、中音、高音扬声器，这种方法被称为主动分频。因工作在弱信号情况下，故可用小功率的电子有源滤波器实现分频。

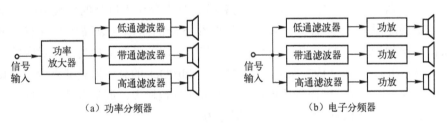

图 2.10　功率分频与电子分频

电子分频器的优点是：第一，由于采用电子线路所构成的有源电子滤波器对弱信号进行分频处理，故声音信号损失小、失真小，再现音质好；第二，分频衰减率可以较被动分频做得更高，达到 24dB/倍频程很容易，分频交叉区域较被动分频小得多，分频交叉区域中的高、低音单元声音之间的干扰基本上被克服了；第三，可调性好，电声指标高。

电子分频器的缺点主要是电路结构复杂，由于主动分频方式高、中、低音每路分别要用独立的功率放大器，成本高，投资大，一般运用于要求较高的专业扩声系统。

（2）按分频的频段数分类。分频器按分频的频段数分，常见的有二分频和三分频两个类型。二分频器实际上是高通、低通滤波器的组合，三分频器则在中间再加带通滤波器。它们都是利用电感元件 L 通低频阻高频、电容元件 C 通高频阻低频的性质，达到滤波或分频的目的。

分频点的选择，应根据所用扬声器的频率特性而定，选择原则是能够保证各扬声器工作在频率响应最平滑的部位。最简单的分频就是二分频，将声音分为高频和低频，分频点需要高于低音扬声器上限频率的 1/2，低于高音扬声器下限频率的 2 倍，一般的分频点取在 800Hz～3kHz 之间。三分频是将声音分为低音、中音和高音，有两个分频点，低音分频点一般取 300～500Hz，也有取 200Hz 以下的，高音分频点一般为 2～5kHz，究竟取在什么频率点上，还取决于扬声器单元的频率特性和失真等情况。通常考虑分频点时总是尽可能将扬声器频响曲线上的平坦部分保留下来，而将明显的大峰谷及失真点取在分频点以外。对中、高频扬声器，分频点不要选在它的低频截止频率处，因为在共振频率以下失真很大。各扬声器的阻抗最好相同，否则就要设计不同输出特性阻抗的分频器与之匹配。如果阻抗相同，功率不同或中、高音太响，应在功率较小的扬声器分频网络后或高通网络后加接衰减器使之平衡。

此外也有少量的四分频或者多分频系统。显然更多分频数理论上是有利于声音的还原，但过多的分频点会造成整体成本上升，并且实际效果提升有限，因此常见的分频数仍然是二分频和三分频。二分频与三分频网络的特性曲线如图 2.11 所示。

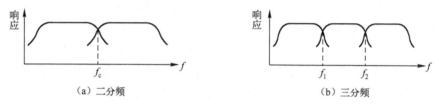

（a）二分频　　　　　　　　　　（b）三分频

图 2.11　二分频与三分频网络的特性曲线

（3）按分频器的衰减率分类。分频器的衰减率是指分频点以外的曲线下降的斜率，斜率越大，衰减越大。分频器按分频点以外曲线下降的斜率（衰减率）分有 −6dB/Oct、−12dB/Oct、−18dB/Oct、−24dB/Oct 几种类型，其中常用的是前两种类型。对应的每路元件数为一个（或一组）、二个（或二组）LC 元件。−18dB/Oct 的分频器衰减率大，分频后不需要的频段被切除得较彻底，因而音质也较好，但因元件数增多，调整困难，且插入损耗也较大，故用得不多。−24dB/Oct 衰减率的分频器更为少见。

（4）按分频器与扬声器的连接方式分类。分为串联式和并联式。串联式是指扬声器串接在分频网络的回路中，并联式是指扬声器并接在分频网络的输出端。

2.3.2　分频器的电路形式与工作原理

1．分频器的电路形式

功率分频器一般是由 R、L、C 无源网络组成的高通（HPF）、低通（LPF）、带通（BPF）滤波器构成。其中，HPF 只允许高于某一频率的信号通过，LPF 只允许低于某一频率的信号通过，BPF 只允许某两个频率之间的信号通过。常见的分频器电路形式有单元件型（一阶网络）和双元件型（二阶网络），连接方式可分为串联式与并联式，分频的频段数有二分频和三分频，其电路形式如图 2.12 和图 2.13 所示。

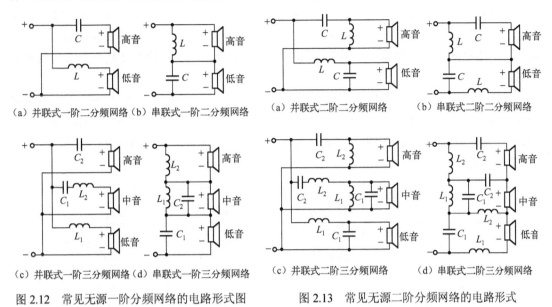

（a）并联式一阶二分频网络（b）串联式一阶二分频网络　　（a）并联式二阶二分频网络　　（b）串联式二阶二分频网络

（c）并联式一阶三分频网络（d）串联式一阶三分频网络　　（c）并联式二阶三分频网络　　（d）串联式二阶三分频网络

图 2.12　常见无源一阶分频网络的电路形式图　　　　图 2.13　常见无源二阶分频网络的电路形式

2．分频器的工作原理

我们知道，电感线圈的感抗与频率成正比，电容器的容抗与频率成反比，因此利用这一特性可以使电路的输出信号与频率之间获得-6dB/倍频程的关系（-6dB/Oct），亦即当频率增加 1 倍时其输出衰减 1 倍（即-6dB）的关系。把 L 和 C 组合起来构成各种分频网络时，一个 L 或 C 元件时，具有-6dB/Oct 的特性，称为一阶分频器；两个 L、C 元件组合时，具有-12dB/Oct 的特性，称为二阶分频器。在二阶分频器中，当频率增加 1 倍时，利用感抗增加一倍而容抗减小 1 倍的关系来使输出信号衰减 2 倍，从而获得-12dB/Oct 的频率特性。分频器中分频元件越多，输出衰减率越大，分频越彻底，同时成本也增加，其损耗和相移也随之增加，因此应该综合考虑。通常分频器的衰减率不宜超过-12dB/Oct，二阶分频器是应用最广泛的一种。常见一阶分频网络与二阶分频网络的频率特性如图 2.14 所示。

（1）一阶分频器。一阶分频器具有图 2.14 中所示的-6dB/Oct 的频率特性。在一阶分频网络中，一阶二分频网络的电路结构最为简单，这种分频网络只使用 1 个电容和 1 个电感线圈。图 2.12（a）所示的并联式一阶二分频网络，电感与低音扬声器串联构成低通滤波器，使低音扬声器中只有低频信号；电容与高音扬声器串联构成高通滤波器，使高音扬声器中只有高频信号。合理选择 L、C 的大小可得到合适的分频点，分频点根据所用的扬声器的大小与频响来确定，可在几百至几千赫之间，在滤波器频率特性的-3dB 处的感抗与容抗相等，总的频响保持平坦。图 2.12（b）所示的串联式一阶二分频网络，由于 L 具有"通低频阻高频"的特性，C 具有"通高频阻低频"的特性，因此低频信号的通路是从 L→低音扬声器构成回路，高频信号的通路是从高音扬声器→C 构成回路。一阶三分频网络是在原来的低通滤波器和高通滤波器之间增加一个由 LC 串联或并联所组成的带通滤波器，其典型电路如图 2.12 的（c）和（d）所示。一阶分频网络的 LPF、BPF、HPF 的频响曲线在分频点处相互交叉，交叉时每个通道的信号均被衰减 3dB，然后在各自的阻带里以每倍频程-6dB 的速度衰减。由于在分频网络中使用了电感线圈和电容器，因此当输入分频网络的音频电信号经过这两种电抗器时，电流的相位会发生变化。一般说来，音频信号电流的相位在 LPF 的阻带内会出现滞后现象，最大值可达-90°，在 HPF 的阻带内又会出现超前现象，最大值可达+90°，这种相位的超前和滞后在很宽的音频范围内常常能相互补偿而使整个通带内的相位移刚好为 0°。

一阶分频网络的最大特点是结构简单。由于在相同分频频率的情况下滤波器中电感线圈的电感量小，从而使信号功率在电感线圈上的损耗最小。但有效频率范围以外的频率信号进入扬声器单元后会使扬声器明显失真，为此通常用在要求不是太高的场合，而在 Hi-Fi 音箱中较少采用。

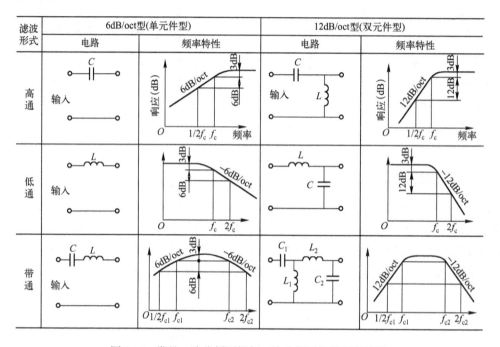

图 2.14 常见一阶分频网络与二阶分频网络的频率特性

（2）二阶分频器。二阶分频器具有-12dB/Oct 的频率特性。在图 2.13（a）和（b）所示的二阶二分频网络中，这种网络在实际使用中最多，网络中的 LPF 和 HPF 各使用 1 个电感线圈和 1 个电容器，每个滤波器均使用两个电抗元件，这就使得它们的频率特性发生了变化。其衰减均以每倍频程-12dB 的速率下降，由于网络中增加了一个电抗元件，使 LPF 和 HPF 中的信号在分频点上产生了最大达 180°的相位差。因此在二阶二分频网络中，为了抵消这种相位差，应将低频单元的负极和高频单元的正极与分频网络的公共端相接。图 2.13（c）和（d）所示是二阶三分频网络，它在二分频的基础上增加了 1 个 BPF。BPF 是由 1 个 HPF 和 1 个 LPF 组成的，其形式有几种，不管哪种形式都应保证良好的频响特性。

（3）分频器的简单设计。在分频器的设计计算中，通常采用定阻式，即假设负载都是接上数值等于扬声器标称阻抗的纯电阻负载，以此来选取 L 或 C 的数值。例如对于图 2.12（a）或（b）所示的一阶二分频器，高通部分用了一只电容，低通部分用了一只电感，若扬声器

的标称阻抗为 Z_C，分频器的截止频率为 f_C（截止频率根据高、低音扬声器的频响参数来确定，二分频器的 f_C 通常在 $800 \sim 3kHz$ 之间）。则由 $Z_C = 2\pi f_C L = 1/(2\pi f_C C)$ 可得：$L = Z_C/(2\pi f_C)$，$C = 1/(2\pi f_C Z_C)$。对于图 2.12（c）或（d）所示的一阶三分频器，它有二个截止频率 f_{C1} 和 f_{C2}，同样可得一阶三分频器的 $L_1 = Z_C/(2\pi f_{C1})$，$C_1 = 1/(2\pi f_{C1} Z_C)$；$L_2 = Z_C/(2\pi f_{C2})$，$C_2 = 1/(2\pi f_{C2} Z_C)$。

对于图 2.13 所示的二阶分频器，它的衰减率比较大，使用效果也比较好，因而应用也最广泛。图 2.13（a）并联式二分频电路中，$L = \sqrt{2}Z_C/(2\pi f_C)$，$C = \sqrt{2}/(4\pi f_C Z_C)$；图 2.13（b）串联式二分频电路中，$L = \sqrt{2}Z_C/(4\pi f_C)$，$C = \sqrt{2}/(2\pi f_C Z_C)$。图 2.13（c）并联式三分频电路中，$L_1 = \sqrt{2}Z_C/(2\pi f_{C1})$，$C_1 = \sqrt{2}/(4\pi f_{C1} Z_C)$，$L_2 = \sqrt{2}Z_C/(2\pi f_{C2})$，$C_2 = \sqrt{2}/(4\pi f_{C2} Z_C)$；图 2.13（d）串联式三分频电路中，$L_1 = \sqrt{2}Z_C/(4\pi f_{C1})$，$C_1 = \sqrt{2}/(2\pi f_{C1} Z_C)$，$L_2 = \sqrt{2}Z_C/(4\pi f_{C2})$，$C_2 = \sqrt{2}/(2\pi f_{C2} Z_C)$。在三分频器中，它有二个分频点，$f_{C1}$ 一般为 $300 \sim 500Hz$，f_{C2} 一般为 $3000 \sim 5000Hz$。

在功率分频器中，分频电容应选用无感聚丙烯电容器或无极性金属化纸介电容器；分频电感应使用较粗的单芯漆包线绕制，电感器的直流电阻应小于扬声器标称阻抗的十分之一。

2.4 音箱

音箱即扬声器箱，又称为扬声器系统。它是由扬声器、分频网络、箱体和吸声材料等组成，是以改善扬声器低频辐射和提高音质为目的的扬声器系统。

2.4.1 音箱的作用

音箱是音响系统中的最后组成部分。音箱的性能主要取决于扬声器的质量，其中低音频的放音效果又在很大程度上取决于箱体的结构与尺寸。一个优质音箱不仅能够体现出低音扬声器原有的性能，还有拓宽其重放下限频率、降低放音失真、提高辐射效率的作用。实际上，音箱的最主要作用就是用来分隔扬声器的前后声波，改善扬声器低音频的放音效果。

扬声器是利用振膜（纸盆）的振动去推动空气振动而产生声音的，在振膜向前推动的瞬间，振膜前面的空气被压缩而变得稠密，振膜后面的空气则变得稀疏；在振膜向后振动的瞬间，纸盆前后的空气疏密状况刚好相反，也就是说，纸盆前后所发出来的声波，相位正好相反。当声波的频率较低时，声波的传播有很强的绕射能力，几乎无方向性。因此扬声器的后方声波可以绕射到振膜（纸盆）前面，而在扬声器前方的某点听到的声音应是前声波与后声波的合成。若两声波在该点的相位相同，则该点的合成声压增大；若两声波相位相反，则该点的合成声压减小，甚至为零而听不到声音，这时的现象称之为声短路。在不同的频率（或在不同的点），两声波的相位差不同，合成的声压也不同，造成了在不同频率的声压的不均匀分布，这种现象称为相位干涉现象。相位干涉和声短路现象，显然严重地损害了听音的音质，因此，音箱的一个重要作用，就是分隔扬声器的前后声波，以防止或减少声短路和相位干涉现象。由于高频声波的波长较短，方向性强，难以产生绕射现象，所以声短路主要发生在 300Hz 以下的低频范围内。

除此之外，音箱还有一个重要作用，就是通过箱体合理设计，对扬声器的声共振进行控制，以使放音优美动听。箱体对扬声器还要起组合、固定的作用。

音箱内的吸声材料用来吸收箱体内的声波辐射能量，一般选用多孔、松软、表面积大的材料，如棉絮、玻璃丝、毛毡等材料。

2.4.2 音箱的分类

音箱的分类方法很多。常见分类有以下几种。

（1）按使用场合分类。按使用场合分有家用音箱和专业音箱两大类。

家用音箱主要用于家庭音响系统放音，一般用于面积小、听众少、环境安静的场合。在设计上追求音质的纤细、层次分明、解析力强；外形较为精致、美观；放音声压不太高、承受的功率较小，音箱的功率一般不大于 100W，灵敏度≤90dB/（W•m）。家用音箱按用途可分为纯音乐音箱和家庭影院音箱，其中家庭影院音箱又可分为前置、中置、环绕、超低音等音箱。

专业音箱主要用于厅堂扩声等专业音响系统放音，一般用于面积大、听众多、环境嘈杂的公众场所，具有较大功率、较高灵敏度[一般大于或等于 100dB/（W•m）]、结构牢固结实、便于吊挂使用，以达到强劲乃至震撼的音响效果。与家用音箱相比，它的音质偏硬，外形也不甚精致。但在专业音箱中的监听音箱，其性能与家用音箱较为接近，外形也比较精致、小巧，所以这类监听音箱常常被家用音响系统采用。

（2）按用途来分类。专业音箱按用途又可分主扩声音箱、监听音箱和返听音箱等。

主扩声音箱一般用作音响系统对公众扩声的主要音箱，它承担着音响系统的主要扩声任务。主扩声音箱对整个音响系统的放音质量的影响重大，所以对它的选择应十分严格、慎重。它可以选用全频带音箱，也可以选用全频带音箱加超低音音箱进行组合扩声。

监听音箱是用于控制室、录音室等供调音师进行节目监听用的音箱。对监听音箱的性能要求很高（尤其是录音室、节目制作间），要求具有失真小、频响宽、特性曲线平直，对信号很少修饰，最能真实地重现节目的原貌。

返听音箱又称舞台监听音箱。一般用于舞台或歌舞厅等供演员或乐队成员监听自己的演唱、演奏的声音。由于演员或乐队成员一般位于舞台上的主扩声音箱的后面，不能听清楚自己的演唱声或乐队的演奏声，这样就不能很好地配合，或是找不准感觉，使演出效果受到严重影响。返听音箱就是将音响系统的信号放送出来，供舞台上的人进行监听的音箱。一般返听音箱的面板做成斜面形，放在舞台地上，扬声器轴线与地面呈45°角。返听音箱的高度也较低，这样既不影响舞台的总体造型，又可让舞台上的人听清楚，而且不致将声音反馈到传声器，造成啸叫声。

（3）按箱体结构来分类。按箱体结构可分为封闭式音箱、倒相式音箱、迷宫式音箱、多腔谐振式音箱和声波管式音箱等多种。

图 2.15 所示列出了一些常见音箱的结构形式。在各种音箱结构形式中，封闭式音箱和倒相式音箱用得最多，约占各种音箱数量的 2/3。封闭式音箱具有结构简单、体积较小、低频的瞬态特性好等优点，但效率较低。封闭式音箱主要用于家用音箱中，在专业音箱中较为少见，只有少数的监听音箱采用密封式结构。倒相式音箱可适合各种形式的扬声器，具有丰富的低音，使人有舒展感，它在家用音箱和专业音箱中都有应用。尤其在专业音箱中，由于其具有频响宽、效率高、声压大等特点，符合专业音响系统的主要要求，为此得到了广泛的应用。

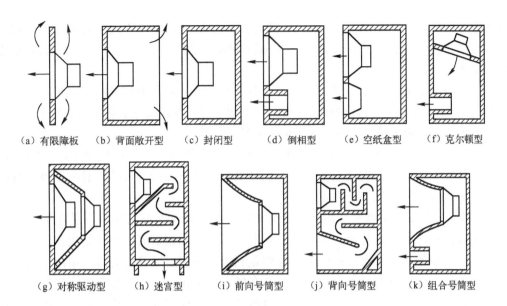

|(a) 有限障板|(b) 背面敞开型|(c) 封闭型|(d) 倒相型|(e) 空纸盒型|(f) 克尔顿型|

|(g) 对称驱动型|(h) 迷宫型|(i) 前向号筒型|(j) 背向号筒型|(k) 组合号筒型|

图 2.15　各种音箱的结构

　　① 封闭式音箱。封闭式音箱除了扬声器口外，其余全部密封。扬声器纸盆前、后分成两个互相隔绝的空间，一边是大的箱外空间，另一边是具有一定容积的箱内空间。尽管扬声器振膜前面和后面发出的声音刚好相反，但不会发生两种声波互相叠加或互相抵消的声短路问题，也可有效防止出现互相干涉的现象。由于箱体是密封的，振膜振动而引起的强有力的声机械波将使箱体内空气反复压缩和膨胀，因此要求箱体十分坚固，成为一种刚性箱，不能泄漏声波，音箱板（主要是后盖板）也不能跟随振动。封闭式音箱在扬声器背面和后盖之间设置吸音材料，将箱内声音吸收掉，可以有效地防止"声短路"。但是由于封闭式音箱向箱体后面辐射的声能无法利用，故效率较低。

　　封闭式音箱的容积有限，在纸盆背面形成一个空气"弹簧"，使扬声器系统的谐振频率升高，低频响应变坏。谐振频率不太低的扬声器不适于做成封闭式音箱。像皮边式扬声器的谐振频率比较低，较适合于做成封闭式音箱。封闭式音箱的箱体材料、尺寸、工艺等都有严格的要求，箱体的深、宽、高比例为 1:1.41:1.618，箱体的容积与诸多因素有关，如扬声器的有效半径、品质因数、共振频率以及扬声器振动系统总质量等。

　　② 倒相式音箱。倒相式音箱是在封闭的音箱前面板上加开一个出音孔，此孔称为倒相孔，并在倒相孔后面安装一段导声管（称为倒相管），就构成了倒相式音箱。倒相孔内的空气，可形成一个附加的声辐射器。若合理设置倒相孔的大小，可使箱内纸盆背后反射的声波与倒相孔内的空气发生共振，并将声波相位倒相 180°。这样处理后，纸盆背后的辐射声波可以通过倒相孔辐射到音箱体前面来。当音箱的共振频率等于或稍低于扬声器共振频率时，倒相孔辐射声波与原前面声波进行同相位叠加，可提高音箱的效率，明显改善低音效果，并降低扬声器在谐振频率附近的失真。

　　封闭式音箱把锥盆后辐射的声波完全吸收掉，约 1/2 的声能被浪费。设置倒相孔后，充分利用了扬声器的后辐射声波，大大提高了听音房屋内低音辐射强度，而且扩展了低频重放的下限频率（约降低$1/\sqrt{3}$）。封闭式音箱在共振频率附近时，锥盆振幅呈现最大值，由定心支片等非线性位移所造成的失真也最大。设置倒相孔后，倒相孔空气受声阻的影响，使共振频率附近锥盆振幅最小，因而非线性失真也减到最小，改善了音质。这个优点在大音量输出时效果最明显。

倒相式音箱的容积可小于封闭式音箱。若要求重放下限频率相等时，倒相式音箱为封闭音箱的 60%～70%。另外，倒相式音箱的共振频率可以设计成等于甚至低于扬声器的共振频率，故倒相式音箱可使用较廉价的纸盆扬声器。

倒相式音箱具有音质好、低音丰富、灵敏度高等优点，是目前使用最广泛的一种音箱。但其也存在箱体和结构比较复杂、音箱谐振频率以下的低频带的辐射声压级衰减比较快，易产生低频"轰隆"声等等问题。

③ 空纸盆音箱。空纸盆音箱又称无源辐射音箱、牵动纸盆音箱。它是在倒相式音箱的基础上发展起来的放音音箱，由一个扬声器和一个空纸盆组成，空纸盆代替了倒相式音箱中倒相管的位置。空纸盆音箱的工作原理是利用了扬声器纸盆振动后，箱内空气的弹簧作用使空纸盆振动，并与扬声器形成共振。在扬声器工作时，空纸盆会顺应箱体内空气的变化而进行前后移动，箱体内的空气并不泄漏出去，因此空纸盆音箱的灵敏度较高，同时空纸盆音箱不像倒相式音箱那样，由于倒相管内空气大量进出，容易产生共振而出现驻波。在较低频段工作时空纸盆音箱接近于封闭式音箱的工作状态，可以有效地减小扬声器的振动幅度。

④ 组合式音箱。由于单只扬声器的工作频率范围有限，使用一只扬声器要完成 20Hz～20kHz 的声音辐射是不可能的，故实用音箱中都装有几只不同频率范围的扬声器，各扬声器扬长避短，最大限度地发挥各自的优势，减小非线性失真，改善频响，这种音箱称为组合音箱。组合音箱常见有二单元、三单元两种形式，基本由数个扬声器、箱体、吸声材料、分频器、衰减器等部件组成。在二分频组合音箱中，采用一只高音扬声器和一只低音扬声器，分别用以重放经分频器输出的高频信号和低频信号；在三分频组合音箱中，采用一只高音扬声器，一只中音扬声器和一只低音扬声器，分别用以重放经三分频器输出的高频、中频、低频信号。在箱体中装有吸音材料削弱声波的反射，防止产生驻波。

2.4.3　超低音音箱

人耳可听声的整个声频范围为 20Hz～20kHz，包含 10 个倍频程，其中最低的 2 个倍频程为 20～40Hz 和 40～80Hz，有人分别称为超低音和重低音，一般统称为超低音。超低音能否被良好地重放，将影响音乐的"力度感"和"临场感"。尤其是随着家庭影院 AV 的兴起，人们对音箱的表现力又提出了新的要求，既要有极佳的音乐表现力，又要有爆棚般的音响效果，这其中的关键在于超低音的重放。而普通小型音箱一般只能重放 70～80Hz 以上的低音频，中型音箱低端也大多只能重放到 50Hz 左右。

为了解决超低音的重放问题，一般的途径是采用大口径扬声器和大箱体，但由于受房间面积、环境及美观等方面的影响，音箱的体积又不宜过大，所以，如何既能使音箱体积小型化，又能使低音下限频率尽量向下延伸，并且具有足够的声功率输出，是当今超低音重放的主要问题。目前，为解决此问题，使超低音能有效重放的方法主要有三种：

（1）在扬声器单元上下功夫。为了扩展扬声器的低频重放范围，就要降低它的低频共振频率。要降低共振频率就要加大振动系统的等效质量和减小系统的劲度。通常，大口径扬声器的等效质量大，而从低音扬声器的输出功率和振幅关系来看，振幅与口径的平方成反比，因此可以用大口径扬声器作超低音扬声器。此外，还可利用优选扬声器的振盆材料，加长或加大音圈，增加振盆的冲程，增大扬声器的功率承受能力，提高低频响应的灵敏度等，来扩展扬声器的低频重放能力。现在，一般小口径扬声器的振盆单向最大冲程 X_{max} 为 3mm 左右，好的产品可达 4.5mm 左右。而低音单元单向最大冲程 X_{max} 已普遍提高到 7mm 以上，有的超大冲程低音扬声器的 X_{max} 可达 12mm 以上。

（2）在扬声器系统和电路配合上下功夫。如 YAMAHA 公司推出的主动伺服技术系统，把扬声器系统和功率放大器的设计结合起来，可以在 6 升容积的小箱体中具有 28Hz～20kHz 的频率响应。

该系统是以亥姆霍兹共振器和负阻抗驱动技术为基础的扬声器系统，音箱以空气低音来发出低频的声音，"空气低音"是指用一根声导管在箱体上取代传统的低音喇叭所发出的低音。依据亥姆霍兹共振理论，当这根管子与音箱组成某一种适当的配合时，它会将箱内小振幅的信号变成庞大的声波放射出来。而要达到这样的效果，音箱内的振幅必须强大且频率要准确，这个问题是靠一组专用的放大器来解决的。负阻抗驱动是利用放大器输出阻抗与扬声器音圈阻抗 R_0 相等但为负值的放大器来驱动扬声器，从而抵消音圈阻抗 R_0，使总阻抗变为零。这样就使扬声器音圈中获得极大的驱动电流，从而使振膜产生极大的驱动力来辐射声波。因此，依靠负阻抗驱动的功率放大器以及亥姆霍兹共振规律设计的共振箱，能够扩展与增强低频声波的辐射，发出极低频的声音，达到传统扬声器系统所无法比拟的效果。

（3）在音箱的结构上创新。近年来在这方面做了许多研究，并出现了许多新颖而有效的超低音音箱结构，几种实用超低音音箱的结构如图 2.16 所示，其中尤以带通滤波式超低音音箱获得了广泛的应用，这些音箱都采用了由封闭式音箱或倒相箱与一个或多个亥姆霍兹共振器的组合方式，从而获得优异的超低音重放。

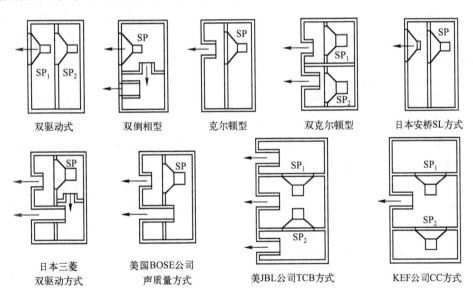

图 2.16　几种实用超低音音箱的结构

2.4.4 音箱的选择与检修

1．音箱的选择

在选购音箱之前，有两点必须明确：一是音箱与其他音响设备的选购一样，必须是价钱与性能二者折中考虑，或者是质量等级与成本之间的折中考虑，一对音箱的价格可以从几十元到几万元，国外高档的专业音箱售价往往高达几万元，这些高档的音箱其性能当然要比一般大众化的产品优越得多，不能拿两者简单作比较；二是形式与爱好的折中考虑，也就是说，按不同使用目的选购不同的音箱，要考虑到每个人的爱好差别，而且音响设备一个很大的特点是以聆听为最终鉴别的依据。

在选购音箱时，通常要注意如下几点：

（1）查阅有关技术参数。首先查阅音箱说明书中的有关技术参数，如有效频率范围、阻抗、灵敏度、额定功率、指向性、失真等。

在查阅说明书时应该注意，有效频率响应范围在国际 IEC 标准中有严格的规定方法，但有的厂商却只标出频率响应的范围，而不提供频率响应曲线的变化情况，也不说明此频率响应范围是按何种标准测得，这样提供的频率响应参数就变得毫无意义了。例如，有一对音箱标明频率响应范围为 30Hz～20kHz，但实际上低频在 70Hz 以下就明显衰减了，在 30Hz 可能已衰减了 20dB，而高频也只能平滑伸展到 14kHz。相反，另一对音箱频率响应范围标明为（40Hz～16kHz）±3dB，尽管看上去后一对音箱的频响范围没有前一对宽，但事实上后一对音箱比前一对好，因为它的频响曲线标明只在±3dB 范围内变化，因而平坦得多。

另外在额定功率的指标上也要注意。各国乃至各厂在功率值的标定上往往很不一致，有的标明是短期最大噪声功率、峰值承受功率、音乐功率、瞬时承受功率，因此数值往往比额定功率大许多倍。而且各国的测量方法标准也往往宽严不一样，例如，日本的 JIS 标准往往要比国际 IEC 标准宽一些。故选购时必须弄清楚是按什么标准测试，标明的是额定功率还是峰值承受功率，在其他因素相同的条件下，通常选择功率大的音箱，因为这样的产品有功率余量，在大功率放音时不易引起失真。

（2）结构与外观的选择。音箱的结构与外观要美观大方而又实用。音箱上过多的装饰并不可取，在考虑成本时，建议把重点放在扬声器单元上，因为只有好的扬声器才能做出好的音箱来。音箱的箱体要加工精细，看上去要结实，搬动时感觉重，用手敲击时也要有结实感才好。一般来说，音箱越重，质量越好，因为越重的音箱说明它的磁钢越大或木箱用的板越厚，这两点对提高音质都是至关重要的。

一般来说，低音扬声器口径大可以产生足够的低音，并使低频延伸至更低的频率范围。但这不是绝对的，必须考虑低频单元的质量是否优良。因为低频单元口径越大，其纸盆在振动时越容易变形产生分割振动，从而引起失真。所以，大的低频扬声器纸盆表面必须要硬，且质量要轻，此外它的磁钢的磁性也要足够强才好。

关于分频，一般来讲三分频音箱的性能应该比二分频的好，因为使用三分频增加了一个中频扬声器单元，因而可使中音更加厚实。同时有了 3 个扬声器，各自分担的功率减小了，因此整个音箱可以承担更大的功率，输出更大的音量。但以上考虑是在不计较价格的前提下，事实上三分频音箱增加了一个中音单元与一个分频器，势必使成本增加，如果在一对二分频音箱与另一对三分频音箱价格一样时，那么还是选二分频的好。因为出于对成本的考虑，三分频音箱势必会降低对单元质量的要求。事实上，不少专业监听音箱也是用二分频音箱，简单的分频更容易控制相位，减少失真。

（3）根据主观试听来评判音箱的优劣。试听时主要考虑声像定位感、音色以及低频重放能力等。声像的定位感是否准确和稳定这个问题往往被许多人所忽略。在交响乐中，每种乐器都有一定的位置，立体声重放时就要求在放音时不仅音乐优美逼真，而且要求每种乐器的声音来源方向（即声像）也与现场演奏时一样。例如，当左、右两音箱发出音量大小相同、内容也一样的声音时，试听者在与两音箱成正三角形的位置上，听起来的声音是来自两音箱的正中间，即声像在正中。如果音量左大右小，则声像偏左，反之偏右，而偏移的程度由左、右音箱声音大小的差别来决定。为了使立体声声像能准确地再现，要求左、右音箱的特性相互一致，即具有相同的频率响应特性、相同的灵敏度以及相同的指向特性。

其次考虑音色问题。就一只音箱而言，音调主要是由低音单元决定，音色则与中、高音单元的关系较密切。在比较音色时重点应落在中、高音单元上。就音乐而言，主要成分还是分布在中频带上，如人声、钢琴声、小提琴声的基音多半是由中音扬声器来扮演主角的，而它们的泛音则由高音扬声器承担，低音扬声器实际上只承担整个音乐中的一小部分频率，也就是说，音乐的个性主要是由中、高音单元决定的。

由于人耳对声音的记忆力不强，所以试听时最好用比较法进行，节目内容最好选用熟悉的或常听的内容。试听时，对于不同乐器的节目信号，如能准确区分低音鼓、拨弦和低音号的声音，说明音箱里边没有太大的低音共振效应。

2. 扬声器的检测

（1）扬声器引脚极性的判别。扬声器引脚极性可用如下任一方法判别。

① 直接判别方法。看扬声器接线架上的两根引脚的正、负极，一般正极用红色表示。但要主意，对于同一个厂家生产的扬声器，它的正、负引脚极性规定是一致的，对于不同厂家生产的扬声器，则不能保证是一致的，此时最好用其他方法加以识别。

② 试听判别方法。扬声器的引脚极性可以采用试听判别的方法判断，将两只扬声器两根引脚任意并联起来，再接在功率放大器的输出端，给两只扬声器馈入电信号，此时两只扬声器同时发出声音，然后将两只扬声器口对口地接近，此时若声音愈来愈小了，说明两只扬声器是反极性并联的，即一只扬声器的正极与另一只扬声器的负极相并联了。上述识别方法的原理是：当两只扬声器反极性并联时，一只扬声器的纸盆向里运动，另一只扬声器的纸盆向外运动，这时两只扬声器口与口之间的声压减小，所以声音低了。当两只扬声器相互接近之后，两只扬声器口与口之间的声压更小，所以声音更小。

③ 万用表识别方法。利用万用表的直流电流挡也可以方便地识别出扬声器的引脚极性，具体方法是：取一只扬声器，万用表置于最小的直流电流挡（μA 挡），两支表笔任意接扬声器的两根引脚，用手指轻轻而快速将纸盆向里推动，此时表针有一个向左或向右的偏转。

当表针向右偏转时（若是向左偏转，将红、黑表笔相互反接一次），红表笔所接的扬声器引脚为正极，则黑表笔所接的引脚为负极。用同样的方法和极性规定去检测其他扬声器，各扬声器的极性就一致了。

这一方法能够识别扬声器引脚极性的原理是：在按下纸盆时，由于音圈有了移动，音圈切割永久磁铁的磁场，在音圈两端就会产生感生电动势，这一电动势虽然很小，但万用表处于电流挡状态，电动势产生的电流流过了万用表，使表针偏转。只要表针偏转，便说明是有电动势的。由于表针的偏转方向与红、黑表笔是接音圈的头还是尾有关，这样便能确定扬声器引脚的极性。

在采用万用表识别高音扬声器的引脚极性时，由于高音扬声器的音圈匝数较少，表针偏转角度比较小，不容易看出来，此时可以使按下纸盆的速度快些以使表针偏转角度大些，有利于观察表针的偏转。在识别扬声器极性的过程中，按下纸盆时要小心，切不可损坏纸盆。

（2）扬声器好坏的检测方法。在业余条件下，对扬声器的检测主要是直观检查、试听检测和万用表检测。

① 直观检查方法。直观检查主要是看扬声器纸盆有无破损、发霉，磁钢有无破裂等。再用螺钉旋具接触磁钢，磁性强则好。对于内磁式扬声器，由于磁钢在内部，该检查无法进行。

② 试听检测方法。扬声器是用来发声的器件，所以采用试听检查法科学、放心。试听检测的具体方法是：将扬声器接在功率放大器的输出端，通过听声音来判断它的质量好坏。要注意扬声器的阻抗应与功率放大器的阻抗相匹配。

现在的功率放大器电路一般都具有定压输出特性，扬声器一般不存在阻抗不能匹配的问题。试听检测主要通过听声音来判断扬声器的质量，要声音响、音质好，但这与功率放大器的性能有关，所以试听时要用高质量的功率放大器。

③ 万用表检测方法。采用万用表检测扬声器也只是粗略的，主要是用 $R \times 1\Omega$ 挡测量扬声器两引脚之间的直流电阻大小，正常时应比铭牌上扬声器的阻抗略小一些。

如一只 8Ω 的扬声器，测得的直流电阻约为 7Ω 左右是正常的。若测量阻值为无穷大，或远大于它的标称阻抗值，则说明该扬声器已经损坏。在测量直流电阻时，将一根表笔断续接触引脚，此时应该能听到扬声器发出"喀啦、喀啦"的响声，此响声越大越好；若无此响声，说明该扬声器的音圈被卡死了。

（3）扬声器修理方法。扬声器的一些故障是可以通过简单的修理恢复正常的，尤其是扬声器的一些断线故障。这一故障的修理过程是：通过直观检查或用万用表进行测量，准确地确定引线的断线部位，当引线断在外部时，可以进行修复，否则就放弃修理。找到断线部位后，用刀片将断线处刮干净，分别给两端断头搪上焊锡。为了防止断线处再次断线，可用一根细导线（可在多股导线中抽一根）接上，然后将断口引线用胶水粘在纸盆上，并用薄薄的棉层贴在断口上；再用胶水将棉层贴牢，以加固引线。

做好上述处理之后，用万用表测量一次音圈的直流电阻大小，检查引线是否已接通，但不要急于通电，要待胶水完全干了之后再通电。上述处理之后的扬声器是能够恢复正常工作的，但处理过程中应防止损坏纸盆，断头上的焊锡量不要多，所加的棉层也不要太厚，以免影响音响效果。

扬声器纸盆上引线断的原因是：纸盆在振动过程中，若引线没有紧贴纸盆，引线也会振动，这容易振断引线。所以在修理时要将引线紧贴纸盆，以防止再度断线。

3．音箱的常见故障与检修

音箱或扬声器系统的常见故障分析与检修方法见表2.3。

表2.3　扬声器系统的故障分析与检修

故障现象	可能产生的原因	消除及修理办法
无声	1．扬声器连线断开或接头松脱 2．扬声器连线短路 3．音圈引线根部折断 4．音圈烧毁 5．前级放大器未接入或已损坏 6．分频器的电容器断开、短路、漏电或损坏	1．焊牢连线或接紧固接头 2．修复连线排除短路现象 3．将音圈退出一圈焊接使用或重换音圈 4．更换新音圈 5．检查后重新接入或换用前级放大器 6．检查后修复之或更换新电容器
声音太小	1．扬声器连线太长或太细 2．接点腐蚀损坏，接触电阻太大 3．定心支片破裂严重 4．扬声器反相 5．扬声器与放大器阻抗不匹配 6．放大器功率不够	1．更换短线或粗线 2．清洁处理 3．更换新定心支片 4．纠正扬声器配接极性 5．换用阻抗匹配的放大器 6．换用适配的放大器
声音失真	1．纸盆破裂 2．纸盆扭曲，造成音圈与磁间隙相互摩擦 3．磁间隙内有脏物 4．前级放大器满功率工作 5．前级放大器失真大 6．饰网布摆动摩擦面板 7．音箱后盖板松开 8．音箱接缝处开裂 9．扬声器安装不平不牢 10．扬声器或扬声器周围有松散的金属物体或磁性材料	1．轻则用<0.1mm 的软纸和粘合剂修复之，重则更换新纸盆 2．更换振动系统 3．清除脏物 4．减小功率输出，或更换大功率放大器 5．换用优质放大器 6．绷紧饰网布 7．进一步紧固后盖板 8．加装木条填补缝隙 9．重新安装平整和紧固 10．清除周围的金属物体及磁性材料
怪异声	1．扬声器及音箱周围物体（如门、窗、木板等）的固有频率与扬声器（箱）的谐振频率产生共振所致 2．饰网布安装太松或饰网布太密 3．扬声器箱内安装松动	1．移动放扬声器（箱）的位置或挪开周围的杂散物体，尤其板、片状物体 2．重新绷紧饰网布，或更换疏松的饰网布，或干脆取下饰网布 3．全部重新安装并紧固
频率响应很差	1．振动系统或磁路系统损坏 2．分频器的线圈短路 3．分频器的电容器严重漏电或损坏 4．饰网布不合适 5．扬声器与放大器阻抗失配 6．放大器频率响应极差	1．查明原因，更换 2．修复或更换 3．更换新电容器 4．更换合适网眼的饰布并绷紧安装 5．改用与扬声器阻抗匹配的放大器 6．更新前级放大器
立体声效果差或不明显	1．节目源本身不是立体声 2．扬声器安装错误，产生反相或左右声道接反 3．放大器置于"单声道"工作位置 4．扬声器（箱）安装位置不恰当 5．收听位置不对 6．收听房间共振严重	1．更换立体声节目源 2．检查后，重新安装，纠正极性及左右声道 3．改变"立体声"工作位置 4．挪动到正确位置 5．收听者移入最佳收听辐射区 6．收听房间增设吸声材料

2.5　监听耳机

耳机和扬声器具有相同功能，都是向外辐射声波，并且都是电-声转换器件。这里介绍的是在录音、音响调音中最常用的动圈式的头戴监听耳机（以下简称监听耳机）。

2.5.1　监听耳机的特点与技术指标

1．监听耳机的特点

监听耳机与扬声器重放的条件和方式不同，因此具有与扬声器不同的特点。

（1）监听耳机产生的声音直接传输在人耳上，不受周围环境的影响，左右两声道也不互相干扰。而扬声器是向一个比较大的空间辐射声波，人耳听到的声音是经过房间的反射与混响状态的声音，而且左右两个扬声器发出的信号还会互相交叉、互相干扰。

（2）监听耳机和人耳之间的距离小，耳机所产生的声压级几乎直接作用于人耳，因此加在耳机上的电功率不必太大，就可以达到需要的声压级，所以耳机的振动系统工作于线性范围之内，耳机的失真比扬声器的失真小。

（3）监听耳机的振动系统比较轻，振动时惯性小，它的瞬态响应也就好，也就是振动系统有较好的跟随能力，用监听耳机听音乐节目时，几乎可获得音乐信息中全部细微的情节，故来自监听耳机的声音有纤细、层次分明的感觉。

2．监听耳机的技术指标

（1）灵敏度：当给耳机输入 1mW 电功率时，耳机输出的声压级，用分贝（dB）表示。

（2）阻抗：耳机输入端的交流阻抗值。

（3）频率响应：给耳机输入 1mW 电功率时，其输出声压级随频率变化的关系。

（4）非线性失真：包括谐波失真和互调失真，主要是在耳机输出端产生的输入信号以外的谐波成分造成的谐波失真。

（5）耳机对称性：左右耳机相位一致，灵敏度相差不大于 3dB。

2.5.2　监听耳机的结构与使用

1．监听耳机的结构

监听耳机由耳机（换能器）、耳罩、头环、连接导线和插塞几个部件组成。耳机（换能器）是主体，它包括振动系统、磁路系统和电路系统，其功能是将电能转换为声能。耳罩和耳机与人耳之间形成声耦合腔体。耳机的结构可以分为密封式、开放式、半开放式，如图 2.17 所示。

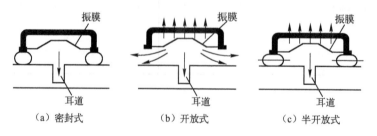

图 2.17　密封式、开放式、半开放式耳机结构

密封式耳机和人耳之间放置垫圈使耳道外空间形成一个密闭容积，耳机发出的声音不

会泄漏到外面。由于密封空腔的影响，可以使振膜在不大的振幅下获得较好的低频特性。但是如果耳机没有戴好或者密封垫圈漏气，则频响会产生畸变。开放式耳机是耳机垫圈用微孔泡沫塑料支撑，因此是透声的，垫圈的阻尼可将低频段高端的共振峰阻尼掉，但整个低频段响应也将下降。为了提高低频响应，就要使膜片做更大的位移并增加顺性，这会增加非线性失真。半开方式耳机使用不透声垫圈以克服上述两种耳机的缺点。

2．监听耳机的使用

监听耳机要求质量高，除了对频率特性、非线性失真和瞬态响应有严格要求外，还要求灵敏度高，动态范围大。对监听耳机的阻抗要求一般不能太低，因为调音台等设备的耳机输出级的电路目前一般是集成电路，并且这些集成电路一般允许输出电流比较小，如果耳机阻抗过低，则要求提供的电流就大，有可能超出设备允许输出电流值，所以一般宜选用阻抗大些的耳机，有的设备使用说明书上对耳机阻抗提出要求不小于某阻抗值，使用耳机时应予以注意。

*2.6 数字式扬声器

在现代高保真音响系统和家庭影院设备中，为了实现音响器材的美妙音质和憾人效果，达到 Hi-Fi end 的境界，人们在扬声器系统方面的研究已经动足了脑筋，但真正能够帮助人们达到梦想的也许只有高品质的数字式扬声器。

2.6.1 数字式扬声器的特点

现在音响产品中大量使用的模拟式扬声器具有难以克服的缺陷，因为它在将电信号转换为声音信号的过程中是由模拟音频信号推动而发出声音的。而任何扬声器的纸盆和音圈都有一定的质量，当模拟信号推动时，纸盆的振动必然存在着惯性和瞬态延时，使还原出的声音的幅频特性和相频特性都不可能达到理想化，它只能通过高、中、低音扬声器的适当组合以及利用音箱的箱体设计来对各段频率信号进行补偿与抑制，以此来改善扬声器还原出来的声音的幅频特性和相频特性，所以模拟式扬声器具有无法克服的缺陷，即使是最高品质的模拟式扬声器，所还原出的声音也很难实现真正意义上的 Hi-Fi end。

解决这一问题的主要途径是研究一种数字式扬声器。因为用数字音频信号来直接推动数字式扬声器，使之还原出声音，就可以改善纸盆、音圈的振动惯性所带来的瞬态延时失真，从而可以很好地保证所再现的声音的原汁原味，以达到 Hi-Fi end 的目的。此外，采用数字式扬声器，还可以由 CD、VCD、DVD、DVD-Audio、MP3 播放机等数字音源所输出的数字音频信号来直接推动，这样就可以革除现代音响产品中的 D/A 变换器、数字滤波器、模拟前置放大器，模拟功率放大器等等电路，更好地发挥数字音响电路的优点，实现完全彻底的全数字化声音。

2.6.2 数字式扬声器的工作原理

目前，数字式扬声器的工作方式有两种，一种是由数字音频直接驱动数字扬声器励磁线圈而使振膜发声，另一种是先将数字音频信号转换为一种高速的三值开关脉冲，然后再通过高速开关来驱动数字扬声器的双音圈而发声，这是一种依靠高速开关的间接驱动方式。其工作原理分别简述如下。

1. 数字音频直接驱动式

数字音频直接驱动式扬声器的原理示意图如图 2.18 所示，这是一个以 8bit 为例的数字式扬声器原理示意图，它是由数字音频信号直接驱动数字扬声器的励磁线圈而使振膜辐射声波。

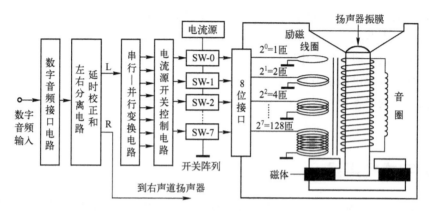

图 2.18　数字音频直接驱动式扬声器原理示意图

数字音频的 PCM 串行码流，由数字音频接口电路输入，经过数字延时校正和 L/R 分离电路进行数码校正并分离为左声道数码信号和右声道数码信号；然后，再经过串行/并行变换电路，将串行数字音频信号变换为并行数字音频信号，这种并行数码就是原模拟音频信号的一个取样点量化以后的幅度值，8 位数码对应的就是 8bit 量化；并行数码再控制电流源开关阵列，8 位并行数码的每一位分别控制一个对应的电流源开关 SW-0~SW-7；因为每一位对应的音频信号强度的权重不同，如"1000 0001"，最末位的"1"只表示一个单位的模拟量，而第一位的"1"则表示为 2^7=128 个单位的模拟量。而由 8 个电流源开关分别控制的数字式扬声器的 8 组励磁线圈的匝数又分别是与权重成正比，如 SW-0 控制的第一组线圈为 2^0=1 匝，SW-7 控制的第 8 组线圈为 2^7=128 匝，这样就使得总的安匝数正好是该取样点的数模转换以后的值，从而在数字式扬声器中直接将数字音频信号转换为纸盆位移的模拟声音信号。

这种工作方式的数字式扬声器，其纸盆、磁体和外型结构可以与模拟式扬声器基本一样，区别在于驱动音圈的励磁线圈有多组，分别由对应的并行数码控制的电流源来推动，在该方式中已没有了模拟放大器、功率放大器、以及数模转换器、数字滤波器等，音质的好坏全在于数字式扬声器的品质。但是这种方式的主要问题是，由于实际中的数字音频信号通常为 16bit，当音频信号的量化为 16bit 时，数字式扬声器的整个励磁线圈的匝数为 $2^{16}-1$=65535 匝，这时电感量变大，线圈发热，磁体的线性问题、磁饱和问题等等，都会带来很大的影响，需要进一步研究和改善。

2. 高速开关间接驱动式

高速开关间接驱动式数字式扬声器的原理示意图如图 2.19 所示，这是一种先将数字音频信号转换为一种高速的三值开关脉冲，然后再通过高速开关驱动数字扬声器的双音圈而发声。

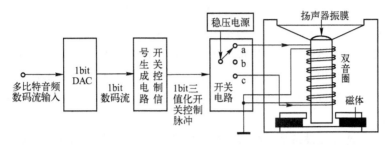

图 2.19　高速开关间接驱动式数字式扬声器原理示意图

　　音频数码首先经过 1bit DAC，将多比特的音频数码流再量化，变换为 1bit 的数码流，把信号在幅度上的分辨率转变为时间轴上的分辨率，使得音频信号的大小由脉冲的密度来表现（即为脉冲密度调制 PDM 方式的 1bit 数码流）。脉冲密度调制（PDM）方式的 1bit 码流的特点是，其脉冲的幅度大小和脉冲的宽度不变，而脉冲的密度（即频率）与数字音频的大小成正比。然后，该 1bit 码流再经过开关控制信号生成电路，将 1bit 数码流变换为三值化的开关控制脉冲信号：即音频信号为 0 电平时，脉冲的密度为 0（无脉冲）；音频信号为正电平时，脉冲为正，正电平越高，正脉冲的密度也就越大；音频信号为负电平时，脉冲为负，负电平越大，负脉冲的密度也越大。三值化的开关控制脉冲信号，直接控制扬声器音圈的电子开关电路，由固定的稳压电源来驱动扬声器的音圈发出声音，扬声器的音圈采用双线并绕，形成双音圈，双音圈的头和尾的接法如图中那样地接到开关电路上，当三值化的脉冲为正时，开关置于 a 位置，上面一个音圈就得到了从上向下流动的脉冲电流，电流的强度与脉冲的密度成正比；当三值化的脉冲为负时，开关置于 c 位置，脉冲电流的方向就由下面一个音圈自下而上流动；当三值化脉冲为 0 时，开关置为 b 位置，两个音圈都无电流。

　　这种数字式扬声器的纸盆、磁体等其余结构，可以与传统的模拟式扬声器相似。当与脉冲密度成正比的电流流过音圈时，数字式扬声器本身的纸盆的惯性，音圈的电感和电容等，正好相当于一个低通滤波器（LPF），将高于音频范围的脉冲电流的频率成分全部滤除，只留下音频范围中的信息。上面一个音圈中的正向脉冲电流，引起纸盆正方向的位移；下面一个音圈中的反向脉冲电流，引起纸盆反方向的位移；两个音圈无脉冲电流时，则纸盆停留在自由支撑状态，纸盆振动而发出的声音就与 1bit 的三值化脉冲信号相对应，亦即与 1bit 的数码流相对应，而 1bit 数码流又是与多比特的音频数字信号相对应，这样就将数字音频信号直接还原为声音信号。

　　从系统原理可知，这种方案的数字式扬声器是在数据处理上先做文章，从而使得对扬声器本身的"电-声"换能单元的要求降低，其优点显而易见。而且由 1bit 数码流生成的三值化开关控制脉冲信号，是工作在小电流状态，属于数字电路，没有失真可言，功耗极小，驱动纸盆的能量是通过开关，由固定稳压电源直接向声音换能器提供驱动电流，不再需要模拟式扬声器所要求的一大串模拟大功率放大等电路，模拟电路所引起的失真和噪声当然也没有。但是这种工作方式的数字式扬声器，由于 1bit 数码流的速度极快，所以对器件的频响要求很高，动作速度需大于 1bit 脉冲电流的频率才行。

2.6.3　数字式扬声器的应用

综上所述，采用数字式扬声器，可以将数字音频信号直接转变为声音信号，无需音频信号的数/模变换器、数字滤波器、模拟功率放大器等。数字式扬声器与模拟式扬声器相比，具有无可比拟的优越性。由于模拟式扬声器本身存在着无法克服的缺陷，因而成为制约现代音响技术发展的瓶颈，采用数字式扬声器，将是克服现代 Hi-Fi end 音响中的瓶颈的一种有效方案，高品质的数字式扬声器，可以使还原出来的声音很容易地保证原汁原味，从而达到 Hi-Fi end 的目的。

CD 机的出现使音频设备从"模拟音频"时代，变为"数字音频"时代。而品质优良的数字式扬声器，将使整个音响系统从"数字音频"时代，跃变为"全数码音响"时代，帮助人们实现真正意义上的"全数码音响"的梦想，使"Hi-Fi"达到"end"的境界。

 本章小结

传声器是用来接收声波并将其转变成对应电信号的声电转换器件。常用的有动圈式传声器、电容式传声器、驻极体传声器，以及一些特殊场合用的无线传声器和近讲传声器等。各类传声器都有一个受声波压力而振动的振膜，由振膜将声能变换成机械能，然后再通过一定的方式把机械能变换成电能。这种能量变换特性，可以用传声器的灵敏度、频率响应、指向性、信噪比及失真度等指标来衡量其性能的优劣。电容式传声器是一种性能优良的传声器，但需要通过幻像供电提供工作电源。

扬声器是整个音响系统的终端换能器，用来将一定功率的音频信号转换成对应的机械运动再将其变成声音的电声换能器件。这种能量变换特性，可以用扬声器的标称功率、额定阻抗、频率范围、指向性、灵敏度及失真度等指标来衡量其性能的优劣。电动式扬声器是使用最广泛的一种扬声器，由磁路系统、振动系统和辅助系统三个部分组成，具有频率响应好、灵敏度高、音质好、坚固耐用、价格适中的特点。且按照工作频率的不同有低音扬声器、中音扬声器和高音扬声器。常见的电动式扬声器有锥形纸盆扬声器、球顶形扬声器、号筒式扬声器等。选用扬声器时，应着重考虑额定阻抗、额定功率、频响范围、谐振频率、灵敏度、失真度、指向性等指标。

分频器是用来将全频带音频信号分成不同的频段，使低音、中音和高音扬声器均能得到合适频带的激励信号而重放出声音。常见的功率分频器由电容和电感滤波网络构成，位于功率放大器之后，设置在音箱内。有二分频器和三分频器，其衰减率有-6dB/oct、-12dB/oct 和-18dB/oct 等。

音箱的最主要作用是用来分隔扬声器的前后声波，改善扬声器低音频的放音效果。它是由扬声器、分频网络、箱体和吸声材料等组成，是以改善扬声器低频辐射和提高音质为目的的扬声器系统。常用的主要有封闭式音箱、倒相式音箱、空纸盆式音箱、组合式音箱以及能够重放超低音的超低音音箱。音箱的选用要着重考虑其有效频率范围、灵敏度、指向性与失真度以及与功率放大器之间配接时的阻抗匹配、功率匹配等因素。当然，所选音箱的优劣最终还是要根据主观试听来评判。

监听耳机具有与扬声器相同的功能，都是电-声转换器件，但是监听耳机是带在头上，它与扬声器重放的条件和方式不同，因此具有与扬声器不同的特点。监听耳机常用于录音或调音过程中对音响系统输出的声音进行监听。

数字式扬声器是直接由数字信号进行驱动而发出声音的器件，它可以克服模拟式扬声器的纸盆与音圈的振动惯性所带来的瞬态延时失真等无法解决的缺陷，从而可以很好地保证所再现的声音的原汁原味，以达到 Hi-Fi end 的目的。

 习题 2

2.1 传声器按换能原理可分为哪些类型？

2.2 传声器的技术指标有哪些?

2.3 简述动圈式传声器的结构与工作原理。

2.4 电容式传声器有哪些优点？什么是电容式传声器的幻像供电？

2.5 简述无线传声器的使用要点。

2.6 传声器在使用过程中应注意哪些事项？

2.7 扬声器的主要技术指标有哪些？

2.8 简述电动式纸盆扬声器的结构与原理。

2.9 球顶形扬声器有什么特点？根据其振膜的软硬程度可分为哪两种？

2.10 号筒式扬声器有什么特点？

2.11 如何选用扬声器？

2.12 分频器有哪些作用？

2.13 简述功率分频器中的二阶二分频网络的分频原理。

2.14 常用的音箱有哪几种？封闭式音箱和倒相式音箱各有什么特点？

2.15 监听耳机与扬声器相比有哪些特点？

第3章　功率放大器

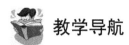

教学导航

教学目标	1. 了解功率放大器的主要性能指标； 2. 掌握前级放大处理电路与后级功率放大电路的结构组成，懂得功放保护电路的类型与功能； 3. 掌握前置放大器中的音源选择、音量、等响、平衡等音质控制的方法及多级电平指示的方法； 4. 熟悉 OTL、OCL、BTL 功放电路的基本结构与特点； 5. 理解 D 类数字功放电路的结构组成与工作原理。
教学重点	1. 音质控制的方法及多级电平指示的方法； 2. OTL、OCL、BTL 功放电路的基本结构与特点； 3. D 类数字功放电路的结构组成与工作原理。
教学难点	1. 音质控制的方法及多级电平指示的方法； 2. D 类数字功放电路的结构组成与工作原理。
参考学时	10 学时

功率放大器，简称功放，是对音频信号功率进行放大的设备，是高保真音频信号放大处理的核心部分。随着电子应用技术的进步和各种相应元器件的变革，功放电路的结构形式得到不断的发展，目前常用的功放电路有 OTL、OCL、BTL 功放以及 D 类数字功放等。

3.1　功率放大器概述

在高保真音响设备中，功率放大器用来对各种音源输出的音频信号进行加工处理和不失真地放大，使之达到一定的功率去推动扬声器发声。其中，如何对音频信号进行功率放大，使之达到功率大、效率高、失真小，是功率放大器所要解决的最主要问题。

3.1.1　功率放大器的要求与组成

1. 对功率放大器的基本要求

（1）输出功率要大。为了得到足够大的输出功率，功放管的工作电压和电流接近极限参数。功放管集电极的最大允许耗散功率与功放管的散热条件有关，改善功放管的散热条件可以提高它的最大允许耗散功率。在实际使用中，功放管都要按规定安装散热片。

（2）效率要高。扬声器获得的功率与电源提供的功率之比称为功率放大器的效率。功率放大器的输出功率是由直流电源提供的，由于功放管具有一定的内阻，所以它会有一定的功率损耗。功率放大器的效率越高越好。

（3）非线性失真要小。由于功率放大器中信号的动态范围很大，功放管工作在接近截止和饱和状态，超出了特性曲线的线性范围，必须设法减小非线性失真。

2. 功率放大器的基本组成

在高保真音响电路中，功放电路通常由两个或两个以上的音频声道所组成，每个声道分为两个主要的部分，即前置放大器和功率放大器，两部分电路可分设在两个机箱内，也可组装在同一个机箱内，后者称为综合放大器。

由于左、右声道完全相同，所以在双声道电路中只介绍其中一路，电路组成框图如图 3.1 所示，图中左侧为前置放大器，右侧为功率放大器。

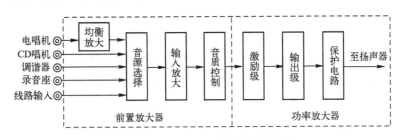

图 3.1　功率放大器电路组成框图

（1）前置放大器的组成。前置放大器具有双重功能：它要选择所需要的音源信号，并放大到额定电平；还要进行各种音质控制，以美化声音。这些功能由均衡放大、音源选择、输入放大和音质控制等电路来完成。

① 音源选择。音源选择电路的功能是选择所需的音源信号送入后级，同时关闭其他音源通道。各种音源输出的信号电平是各不相同的，通常分为高电平与低电平两类。调谐器、录音座、CD 唱机、VCD/DVD 影碟机等音源的输出信号电平达 50～500mV，称为高电平音源，可直接送入音源选择电路；而动圈式和动磁式电唱机的输出电平仅为 0.5～5mV，称为低电平音源，须经均衡放大后才能送入音源选择电路。线路输入端又称为辅助输入端，可增加前置放大器的用途和灵活性，供连接电视信号和其他高电平音源之用。

② 输入放大。输入放大器的作用是将音源信号放大到额定电平，通常是 1V 左右。输入放大器可设计为独立的放大器，也可在音质控制电路中完成所需要的放大。

③ 音质控制。音质控制的目的是使音响系统的频率特性可以控制，以达到高保真的音质；或者根据聆听者的爱好，修饰与美化声音。有时还可以插入独立的均衡器，以进一步美化声音。音质控制包括音量控制、响度控制、音调控制、左、右声道平衡控制、低频噪声和高频噪声抑制等。

（2）功率放大器的组成。虽然功率放大器的电路类型很多，但基本上都由激励级、输出级和保护电路所组成。

① 激励级。激励级又可分为输入激励级和推动激励级，前者主要提供足够的电压增益，后者还需提供足够的功率增益，以便能激励功放输出级。

② 输出级。输出级的作用是产生足够的不失真输出功率。为了获得满意的频率特性、谐波失真和信噪比等性能指标，可在输出级与激励级之间引入负反馈。

③ 保护电路。保护电路用来保护输出级功率管和扬声器，以防过载损坏。

此外，一个完备的高保真功率放大器，还必须设置直流稳压电源及电平显示电路等。

3.1.2　功率放大器的主要性能指标

功率放大器要进行不失真的放大，重现原有声源的特性，使聆听者在主观上无畸变的感觉，必须达到一定的性能指标。为此，国际电工委员会制订了一个 IEC581—6 标准，即《高保真家用音频放大器的最低电声技术指标》，根据此标准我国制订了相应的国标 GB—T14200—93，即《高保真声频放大器最低性能要求》，规定了与重放质量直接有关的 17 项性能指标的最低要求。最主要的有下面几项性能指标。

1．过载音源电动势

国标规定，在音源频率为 1000Hz 时，要求高电平输入端的过载音源电动势≥2V，低电平输入端的过载音源电动势≥35mV。通常厂家还给出输入灵敏度/阻抗指标，其典型值为高电平输入端 150mV/47kΩ，低电平输入端 2.5 mV/47kΩ。

2．有效频率范围

有效频率范围又称为频率特性、频率响应，它是指功率放大器能够不失真放大的有效频率范围，以及在此范围内允许的振幅偏差程度。国标规定，在有效频率范围等于或宽于 40Hz～16kHz 时，对于无均衡的高电平输入音源，相对于 1kHz 的容差在±1.5dB 之内；对于有均衡的低电平输入音源，相对于 1kHz 的容差在±2.0dB 之内。

3．总谐波失真（THD）

放大器的非线性会使音频信号产生许多新的谐波成分，引起谐波失真。国标规定，在有效频率范围等于或宽于 40Hz～16kHz 时，前置放大器产生失真限制的额定输出电压时的谐波失真应小于 0.5%；功率放大器产生失真限制的额定输出功率时的谐波失真应小于0.5%；综合放大器的谐波失真应小于 0.7%。

4．输出功率

功率放大器的输出功率有几种计量方法。国标规定的是额定输出功率，厂家给出的还有音乐输出功率和峰值音乐输出功率。

（1）额定输出功率（RMS）。额定输出功率（Root Mean Square，RMS）是指在一定的总谐波失真（THD）条件下，加大输入的 1kHz 正弦波连续信号，在等效负载上可得到的最大有效值功率。如果负载和谐波失真指标不同，额定输出功率也随之不同。通常规定的负载为 8Ω，总谐波失真为 1%或 10%。国标规定，在负载为 8Ω，总谐波失真≤1%时，每通道的额定输出功率应≥10W。

（2）音乐输出功率（MPO）。音乐输出功率（Music Power Output，MPO）是指在一定的总谐波失真（THD）条件下，用专用测试仪器产生规定的模拟音乐信号，输入到放大器，在输出端等效负载上测量到的瞬间最大输出功率。音乐输出功率是一种动态指标（瞬态指标），能较好地反映听音评价结果。

（3）峰值音乐输出功率（PMPO）。峰值音乐输出功率（Peak Music Power Output，PMPO）是指在不计失真的条件下，将功率放大器的音量和音调旋钮调至最大时，所能输出的最大音乐功率。峰值音乐输出功率不仅反映了功放的性能，而且能反映直流稳压电源的供电能力。

一般来说，上述几种输出功率的关系有：PMPO＞MPO＞RMS。

由于音乐输出功率和峰值音乐输出功率尚无统一的国家标准，而且各厂家的测量方法不尽相同，因而三者之间尚无确定的数量关系。通常认为峰值音乐输出功率是额定输出功率的5～8倍，有的甚至更大。

3.2 前置放大器

前置放大器是将各种音源送出的较微弱的电信号进行电压放大，并对重放声音的音量、音调和立体声状态等进行调控。

3.2.1 前置放大器的电路组成

典型前置放大器的电路组成如图3.2所示。图中，节目源选择开关的作用是选择所需的电声节目源，并将其送至输入放大器，即为工作种类选择开关；输入放大器，即前置放大器，主要起缓冲隔离和电压放大作用；音调控制是用来改变放大器的频率响应特性，以校正放声系统或听音环境频响缺陷，同时也供使用者根据自己的听音爱好对节目的音色进行修饰；音量控制是用来调节声音大小；响度控制，是为弥补人耳在音量大小变化时对声音的低频域及高频域的听觉灵敏度下降的缺陷，而自动改变输入放大器频响的一种电路，一般和音量控制电位器共用构成响度控制电路；声道平衡控制是用来调节左、右两通道的音量差别，以校正聆听者偏离扬声器中线时的声像偏移及校正输入放大器的通道增益差。

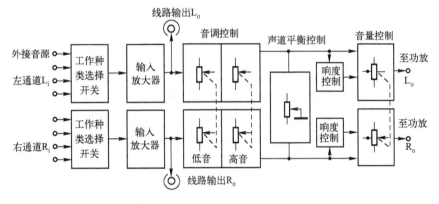

图3.2 前置放大器的电路组成方框图

前置放大器的性能要求主要有：信噪比要高、谐波失真度要小、输入阻抗要高、输出阻抗要低、立体声通道的一致性要好、声道的隔离度要高。

3.2.2 音源选择电路

音源选择电路用于音源与前置放大器的选通。传统的选择电路是采用机械触点式开关及后来普遍采用能直接装在印刷板上的按键开关，现在音源选择电路已经普遍采用集成电路的电子开关，它可以安装在印刷电路板的任意位置上，和整机面板上的节目源选择开关控制键之间采用直流电压控制线相连，控制键也能方便地采用触摸开关或微动开关等轻触型开关。如图 3.3 所示为飞利浦公司生产的 TDA1029 音源电子开关。

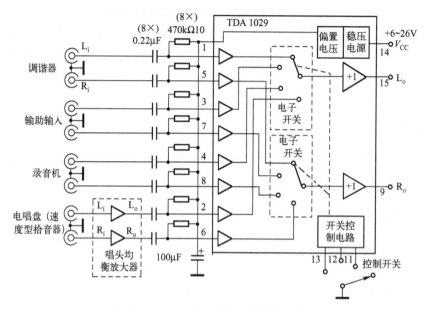

图 3.3　TDA1029 音源电子开关电路

该音源电子开关可以输入 4 组立体声信号，当它的"控制开关"扳到开路时，第 1 组信号通过；当 11 脚接地时，第 2 组信号通过；当 12 脚接地时，第 3 组信号通过；当 13 脚接地时，第 4 组信号通过。这种开关的插入损耗为 0，失真小于 0.01%，通道隔离度不劣于79dB，信噪比大于 120dB，最大输入信号可达 6V。

3.2.3　前置放大电路

前置放大电路为小信号音频电压放大器，一般采用低噪声高增益集成运算放大电路。图 3.4 所示为一个实用的反馈式均衡放大电路，R_1、R_2、R_3、C_1 和 C_2 组成反馈均衡网络，R_4 是前级信号源所需的匹配电阻。根据同相放大电路的工作原理可知，该电路的电压增益为：

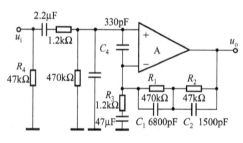

图 3.4　反馈式均衡放大电路

$$A(j\omega) = 1 + Z/R_3$$

式中，Z 是 $R_1 C_1$ 与 $R_2 C_2$ 支路的阻抗值，可根据不同的频段由图 3.5 求得。

在低频段，如 f = 100Hz 时，X_{C1} = $1/\omega C_1$ = 234kΩ，X_{C2} = $1/\omega C_2$ =1MΩ，此时 C_2 可视为开路，且 $R_2 \ll R_1$，可得到如图 3.5（a）所示的低频等效电路。在中频段，如 f = 1kHz 时，X_{C1} = 23.4kΩ，X_{C2} = 100kΩ，因此有 $R_1 \gg 1/\omega C_1$，$R_2 \ll 1/\omega C_2$，可得到如图 3.5（b）所示的中频等效电路。在高频段，如 f =10kHz 时，X_{C1} = 2.34kΩ，X_{C2} = 10kΩ，所以 C_1 可视为短路，得到如图 3.5（c）所示的高频等效电路。

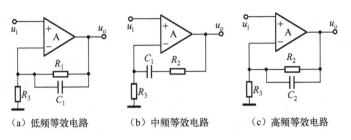

（a）低频等效电路　　（b）中频等效电路　　（c）高频等效电路

图 3.5　均衡放大电路的等效电路

在现代的中、高档音响中普遍采用集成电路作为输入放大器。这些集成电路的特点是增益高，噪声小，含有补偿电路，双通道一致性好，电路简单，安装、调试方便。

3.2.4　音质控制电路

1．音量控制电路

音量控制电路用来调节馈入功率放大器的信号电平，以控制扬声器的输出音量。早期的音量控制常用电位器控制，现在的音量控制基本上都采用电子音量控制。双声道电位器音量控制采用双联同轴的指数型电位器构成分压电路，直接控制信号电平，该电路虽然简单，但电位器日久磨损后会产生转动噪声，且安装在面板上的电位器与前置放大器之间的连接导线屏蔽不好或接地点选择不佳，就会感应交流干扰声。

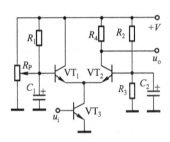

图 3.6　电子音量控制电路

电子音量控制电路采用间接方式控制音量大小，可以克服电位器音量控制电路的缺点。电子音量控制电路一般都设置在集成电路中，分流型电子音量控制电路如图 3.6 所示。

电路中 VT_1 和 VT_2 构成差分电路，VT_2 基极为固定分压式直流偏置电压，电位器 R_P 用来调节 VT_1 基极的偏置电压。音频信号 u_i 由 VT_1 基极输入，经 VT_3 共发放大后分为两路：其中一路送入 VT_2 的 e 极后经共基放大后从 VT_2 的 c 极输出；音频信号的另一路送入 VT_1 发射极后从 VT_1 的 C 极输出直接至电源，因此 VT_1 管对输出的音频信号具有分流衰减作用。当电位器 R_P 的滑动触点从下端向上移动时，VT_1 基极偏置电压逐渐增大，使 VT_1 对输出音频信号的分流作用逐渐增大，音量逐渐下降。当 R_P 调至最上端时，VT_2 截止，输出为 0；若将 R_P 调至最下端，则 VT_1 截止，音频信号的输出最大，以此达到控制音量之目的。

由上可知，电子音量控制电路是通过调节直流偏置电压而间接实现音量控制的。安装在面板上的电位器与差分放大器之间的连接导线中只通过直流电流，因而不受导线屏蔽特性的影响，导线所感应的交流干扰和电位器所产生的转动噪声，可用接在集成电路引脚端的滤波器滤除，从而实现无噪声音量控制。电子音量控制电路还可实现红外遥控，应用日益广泛。

2．等响控制电路

音响系统在小音量放送音乐时，听者会感觉到低音和高音的不足，而当将音量开大时，则能感觉到高、低音均很丰满，这是由等响曲线反映的人耳听觉特性所造成的。从第 1 章所介绍的人耳听觉等响度特性曲线可见，人耳在小信号时对高频端（6kHz 以上）和低频端（500Hz 以下）的听觉敏感度明显下降，而对 1～4kHz 频率段的听觉敏感度最高。为此，在功放机中通常要设置响度控制电路，在小音量放送音乐时利用频率补偿网络适当提升低音和高音分量，以弥补人耳听觉缺陷，达到较好的听音效果。

带抽头电位器响度控制电路如图 3.7（a）所示。R_1、C_1、C_2 和抽头电位器组成频率补偿网络，电位器滑动触点既能控制输出音量，又能实现响度控制。

低频时的等效电路：低频等效电路如图 3.7（b）所示，此时 C_2 的容抗远大于电位器的阻值，可视为开路；C_1 的容抗与电位器的阻值在同一数量级，其容抗随频率的下降而增大，从而使输出信号 u_o 的低频得到提升。例如低频 $f=100Hz$ 时，$X_{C2}=1/2\pi fC_2=1.3M\Omega$，$X_{C1}=1/2\pi fC_1=23.4k\Omega$，约为电位器阻值的一半。

高频时的等效电路：高频等效电路如图 3.7（c）所示，此时 C_1 的容抗极小，可视为短路；C_2 的容抗与电位器的阻值在同一数量级，其容抗随频率的上升而减小，从而使输出信号 u_o 的高频得到提升。例如高频 $f=10kHz$ 时，$X_{C2}=1/2\pi fC_2=13k\Omega$，$X_{C1}=1/2\pi fC_1=0.23k\Omega$。

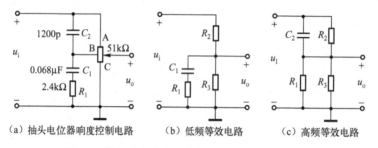

（a）抽头电位器响度控制电路　　（b）低频等效电路　　（c）高频等效电路

图 3.7　带抽头电位器响度控制电路及其等效电路

当电位器抽头从 B 点向下移动时，输出音量减小，但低音和高音的相对提升量保持不变；当电位器抽头从 B 点向上移动时，输出音量增大，但低音和高音的相对提升量会减小；当电位器抽头从 B 点移至 A 点对，输出音量最大，而低音和高音的相对提升量为 0。

3．平衡控制电路

立体声组合音响要求左、右声道电路结构对称、性能一致，才能正确重现立体声声场。在电路设计时虽然做了左、右声道电路对称的设计，但不可避免地存在性能上的不对称，尤其是左、右声道增益的不一致性，为了能修正这种增益的不一致，设置了立体声平衡控制电路。这一电路的作用就是用来调整左、右声道增益，使两声道增益相等，即用来校正左、右声道的音量差别，使左、右扬声器音级平衡。

立体声平衡控制有两种方式：一是设有一只专门的立体声平衡控制电位器，二是不设专用的立体声平衡控制电位器，这与左、右声道音量电位器结构有关。当左、右声道音量电位器采用双联同轴电位器时，由于左、右声道音量是同步调节的，所以对左、右声道的增益平衡无法控制，此时则要设一只专门的立体声平衡控制电位器。当左、右声道音量电位器是分开的，各用一只音量电位器进行音量控制时可以不设专门的立体声平衡控制电路，通过调节左、右声道音量电位器调整量的不同来达到左、右声道的增益平衡。

4. 音质控制集成电路

近年来已经出现一些音响专用集成电路，如同电子音量控制电路一样，利用直流电压通过电位器间接实现响度、音调及平衡控制，避免了直接控制会产生转动噪声和容易感应交流干扰的缺点。

TA7630P 就是专用的音质控制集成电路，为 16 脚双列直插式集成电路，利用直流电压通过电位器间接实现音量、音调及平衡控制。该电路可用单或双电源供电，具有音量控制范围宽、谐波失真小、声道平衡性能好等特点，适用于遥控。

TA7630P 内部框图及其应用电路如图 3.8 所示，各引脚参考电压及作用如表 3.1 所示。

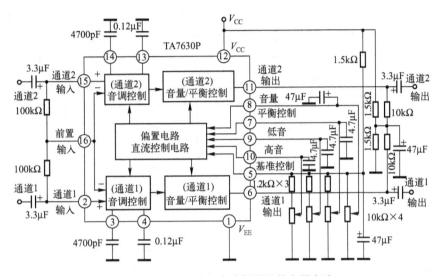

图 3.8　TA7630P 内部电路框图及其应用电路

表 3.1　TA7630P 各引脚参考电压及作用

引　　脚	作用及参考电压	引　　脚	作用及参考电压
1	接地	9	高音控制输入（直流、6V）
2	左输入（音频、3V）	10	低音控制输入（直流、6V）
3	左高频谐振	11	右输出（音频）
4	左低频谐振	12	电源（14V）
5	基准电压	13	右低频谐振
6	左输出（音频）	14	右高频谐振
7	立体声平衡控制输入（直流、3V）	15	右输入（音频、3V）
8	音量控制输入（直流、3V）	16	负反馈

5. 电平指示电路

用发光二极管（LED）作为显示器的指示元件，具有反应速度快、指示醒目、动作可靠等特点，可以用来反映音频信号的峰值电平，是目前使用最为普及的电平指示方式。

发光二极管电平指示电路可分为单级和多级两种，现在一般常用多级电平指示电路，由多只发光二极管并排阶梯显示，并由集成电路驱动。当信号电平越高时，发光的二极管数目越多，这样可以比单级电平指示更细致、更直观地反映音频信号电平的变化情况。如图 3.9 所示是由 TA7666P 组成的双声道电平指示电路。

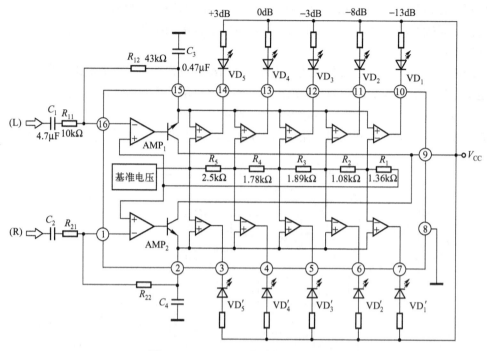

图 3.9   TA7666P 双声道电平指示电路

TA7666P 是日本东芝公司研制成的双列 5 点电平指示驱动集成电路，国内同类产品型号为 D7666P，可直接代换。它具有两路输出，可同时驱动 5×2 只两列发光二极管，多被立体声音响设备用于双声道指示器。

左/右声道的音频信号分别由集成电路的 16 脚和 1 脚输入，经前置放大器 AMP₁/AMP₂放大后由射随器输出，通过 15 脚和 2 脚外接的 C_3、C_4 的滤波作用，在 15 脚和 2 脚上形成反映输入信号大小的直流电平信号，并分别馈送至左/右路各个电压比较器的同相输入端，与电压比较器反相输入端所接的参考电压进行比较。当输入的音频信号由小增大时，电压比较器相继点亮 VD₁～VD₅ 和 VD′₁～VD′₅ 等发光二极管，进行电平显示。习惯上把第 5 只发光二极管的开启电平规定为 0dB，VD₁～VD₅ 和 VD′₁～VD′₅ 点亮时所表示的音量电平值分别为 −13dB、−8dB、−3dB、0dB、+3dB。

TA7666P 的 LED 驱动输出电路可通过外接限流电阻的选择而采用不同正向电流规格的发光二极管，这给整机产品的设计、使用和维修均带来方便。

3.3   功率放大器

功率放大器按输出级与扬声器的连接方式分类有：变压器耦合、OTL 电路、OCL 电路、BTL 电路等；按功放管的工作状态分类有：甲类、乙类、甲乙类、超甲类、新甲类等；按所用的有源器件分类有：晶体管功率放大器、场效应管功率放大器、集成电路功率放大器及电子管功率放大器；按信号的处理方式分类有：模拟功放和数字功放等。下面主要介绍常见的 OTL、OCL、BTL 功放电路和目前应用较广泛的 D 类数字功放电路。

3.3.1 OTL 功放电路

1. OTL 电路原理

OTL（Output Transformer Less）电路，称为无输出变压器功放电路，是一种输出级与扬声器之间采用电容耦合而无输出变压器的功放电路，它是高保真功率放大器的基本电路之一，但输出端的耦合电容对低频端的频响有一定影响。

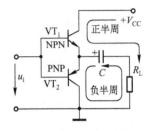

图 3.10 OTL 电路原理图

OTL 电路原理如图 3.10 所示。电路的结构如下：

（1）采用单电源（$+V_{CC}$）供电。

（2）选用一对功率管（特性相同的 VT_1 和 VT_2 配对组成两个射极输出器，并要求一只管子为 NPN 型，另一只管子为 PNP 型）。

（3）接入输出耦合大电容（C 接在功率管输出端与负载电阻 R_L 之间）。

（4）电路输出端的中点电位（VT_1 和 VT_2 的 E 极）为 $V_o = V_{CC}/2$。

OTL 电路的工作过程为：在输入信号正半周时，VT_1 导通，电流自 V_{CC} 经 VT_1 为电容 C 充电，经过负载电阻 R_L 到地，在 R_L 上产生正半周的输出电压；在输入信号的负半周时，VT_2 导通，电容 C 通过 VT_2 和 R_L 放电，在 R_L 上产生负半周的输出电压，只要电容 C 的容量足够大，可将其视为一个恒压源，无论信号如何，电容 C 上的电压几乎保持不变。

2. 典型 OTL 功放电路

典型 OTL 功放电路如图 3.11 所示。VT_1、VT_2 构成输入级差分电压放大器，VT_3 及其集电极负载支路构成推动级放大器，VT_4、VT_5 和 R_{10} 为输出管提供静态偏置电压，保证输出级工作在甲乙类状态，以避免交越失真。$VT_6 \sim VT_9$ 构成复合晶体管互补对称式 OTL 电路。由于复合管的性质决定于第一只晶体管，因此 VT_6 和 VT_7 等效为 NPN 管，VT_8 和 VT_9 等效为 PNP 管。在信号的正负半周，上下两组复合管轮流导通，推挽工作，其输出电流都流过扬声器 SP_1，产生声音。R_8、R_9 和 C_6 构成自举电路，以提高正向输出电压幅度。R_7、C_4、R_6 和 C_3 构成交流负反馈网络，以改善谐波失真并展宽有效频率范围；R_7 还构成直流负反馈，不仅为 VT_2 提供基极偏置电压，还能稳定输出端直流电位。C_4 具有超前相位补偿作用，以防止高频自激。C_5 具有

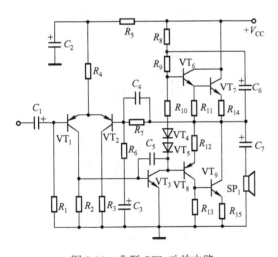

图 3.11 典型 OTL 功放电路

滞后相位补偿作用，称为消振电容。

OTL 电路的工作特点为：采用单电源供电方式，输出端直流电位为电源电压的一半；

输出端与负载之间采用大容量电容耦合，扬声器一端接地；具有恒压输出特性，允许扬声器阻抗在 4Ω、8Ω、16Ω 之中选择，最大输出电压的振幅为电源电压的一半，即 $1/2V_{CC}$，额定输出功率约为 $P_o = V_{CC}^2/(8R_L)$。

3.3.2　OCL 功放电路

1. OCL 电路原理

OCL（Output Condensert Less）电路，称为无输出电容功放电路。是在 OTL 电路的基础上发展起来的，电路原理图如图 3.12 所示。电路的结构如下：

（1）采用双电源（$+V_{CC}$ 和 $-V_{CC}$）供电。

（2）选用一对功率管（NPN-PNP 对管）。

（3）无输出耦合电容。

（4）输出端的中点电位为零（$V_o = 0$），负载直接与输出端相接。

它的工作原理与 OTL 电路几乎一样，在输入信号正半周时，VT$_1$ 导通，VT$_2$ 截止，电流 i 自正电源（$+V_{CC}$）的正极→VT$_1$→R_L→地（V_{CC} 负极），在负载电阻 R_L 上产生正半周的输出电压；在输入信号的负半周时，VT$_2$ 导通，VT$_1$ 截止，电流 i 自负电源（$-V_{CC}$）的正极→R_L→VT$_2$→电源的负极，在负载电阻 R_L 上产生负半周的输出电压。由于电路中采用了双电源供电方式，输出端的中点电位为 0，因而省去了输出耦合电容，使 OCL 功放电路的低频特性很好。

2. 典型 OCL 功放电路

典型 OCL 功放电路如图 3.13 所示。电路中与扬声器串联的 F$_1$ 为保险丝，这是由于功放电路中无输出耦合电容，扬声器的一端接地，另一端直接与放大器输出端连接，为防止功率管损坏后过大的直流电流烧毁扬声器，必须设置保护电路；该电路射极跟随器的恒压输出特性允许选择 4Ω、8Ω 或 16Ω 负载；输出电压的最大振幅为正、负电源值，额定输出功率约为 $V_{CC}^2/(2R_L)$。需要指出，若正、负电源值取 OTL 电路单电源值的一半，则两种电路的额定输出功率相同，都是 $V_{CC}^2/(8R_L)$。

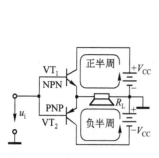

图 3.12　OCL 电路原理图

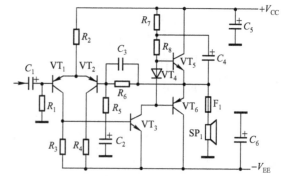

图 3.13　典型 OCL 功放电路

3. 场效应管 OCL 功放电路

随着 VMOS 大功率场效应管的出现，场效应管开始进入功率半导体器件的行列。目前，用 VMOS 场效应管制成的互补推挽功率放大器，输出功率可达到几十瓦以上，而且性能优于晶体管功率放大器。

采用 VMOS 场效应管构成的 OCL 功放电路如图 3.14 所示。该电路采用双电源供电方式，无输出电容，属 OCL 电路。由于两只功率管从漏极输出，接成共源放大器，因而具有一定的电压、电流增益，可以不设推动级。

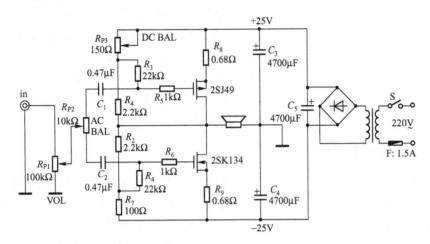

图 3.14　场效应管 OCL 功放电路

采用 VMOS 场效应管作为输出级的特点有：由于输入阻抗极高，所需的激励电流低于 100nA，而输出电流可达数安至数十安；由于金属栅极与漏极区的重叠面积小，栅漏之间的电容 C_{gd} 很小，故高频特性好，带宽可达数兆赫，开关速度比晶体管快 10 倍以上；由于转移特性的线性范围宽，放大时非线性失真小，动态范围大；由于漏极电流 I_d 的负温度特性，在大电流工作时不会出现像晶体管那样的热连锁反应，热稳定性好。

该电路还有一个特点：正、负电源中点不接地，这样连接，虽然对滤波电容的耐压要求提高了，但是可以确保扬声器安全，因为直流电流不能通过扬声器形成通路。

使用场效应管应注意以下两个问题：由于栅极输入阻抗极高，开路的栅极所感应的电荷不易及时释放，会导致击穿，使用中应予以防范；受栅极的高阻抗和连线分布电容、分布电感的影响，有时会引起高频自激，可在栅极支路串接一个电阻，以降低分布参数回路的 Q 值。

3.3.3　BTL 功放电路

1. BTL 电路原理

BTL（Balanced Transformer Less）电路，称为平衡桥式功放电路。由两组对称的 OCL 电路组成，扬声器接在两组 OCL 电路输出端之间，即扬声器两端都不接地。BTL 电路原理图如图 3.15 所示。电路的结构如下：

（1）采用单电源（$+V_{CC}$）供电。

（2）选用两对功率管（共 4 只功率管）。

（3）无须输出耦合电容。

（4）两对功率管的输出端的中点电位均为电源电压的一半（$V_o = V_{CC}/2$）。

（5）负载 R_L 直接与两对功率管的输出端相接。

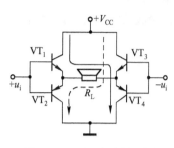

图 3.15　BTL 电路原理图

（6）两个输入信号的大小相等、相位相反。BTL 电路的工作过程为：VT_1 和 VT_2 是一组 OCL 电路输出级，VT_3 和 VT_4 是另一组 OCL 电路输出级。当两个大小相等、方向相反的输入信号 $+u_i$ 为正半周而 $-u_i$ 为负半周时，VT_1、VT_4 导通，VT_2、VT_3 截止，此时输出信号电流通路如图 3.15 中实线所示；反之，VT_1、VT_4 截止，VT_2、VT_3 导通，此时输出信号的电流通路如图 3.15 中虚线所示。可见 BTL 电路的工作原理与 OTL、OCL 电路明显不同，每半周都有两只管子一推一挽的工作。

2. 典型 BTL 功放电路

典型 BTL 功放电路如图 3.16 所示。该电路是由 TDA2030 构成的左声道 BTL 电路，右声道电路与之对称。TDA2030 是一种单声道集成功率放大器，采用单电源或双电源供电方式，可以接成 OTL 或 OCL 电路。图 3.16 所示是采用双电源供电方式，由两个 OCL 电路组成 BTL 电路，额定电源电压为 ±16V，输出功率为 4×18W，总谐波失真小于 0.08%。

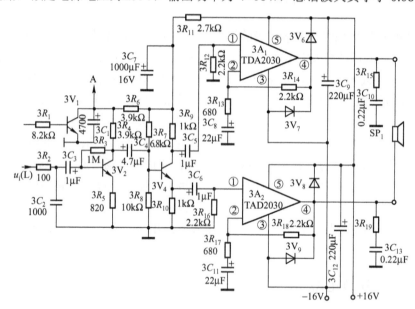

图 3.16　由 TDA2030 构成的 BTL 电路

TDA2030 内部电路由差分输入级、推动级和复合互补输出级所组成。$3V_2$ 组成前置电压放大器；$3V_4$ 集电极和发射极输出两个大小相等、方向相反的音频信号，分别经 $3C_5$ 和 $3C_6$ 耦合加入两个功放集成块 $3A_1$ 和 $3A_2$ 的 1 脚，经功率放大后从各自的 4 脚输出，一推一挽通过左扬声器；$3R_{14}$、$3R_{13}$ 和 $3C_8$ 构成功放电路的交流负反馈网络，二极管 $3V_6$ 和 $3V_7$ 用于防止过冲电压击穿集成电路；$3R_{15}$ 和 $3C_{10}$ 构成容性网络，与扬声器感性阻抗并联后，可使功放的负载接近纯阻性质，不仅可以改善音质、防止高频自激，还能保护功放输出管。

BTL 电路的主要特点是：可采用单电源供电，两个输出端直流电位相等，无直流电流通过扬声器，与 OTL、OCL 电路相比，在相同的电源电压和负载情况下，BTL 电路输出电压可增大 1 倍，输出功率可增大 4 倍，这意味着在较低的电源电压时也可获得较大的输出功率，但是，由于扬声器没有接地端，故给检修工作带来不便。

3.3.4 功率放大器保护电路

功率放大器工作在高电压、大电流、重负荷的条件下，当强信号输入或输出负载短路时，输出管会因流过很大的电流而被烧坏。另外，在强信号输入或开机、关机时，扬声器也会经不起大电流的冲击而损坏，因此必须对大功率音响设备的功率放大器设置保护电路。

1. 保护电路的类型

常用的电子保护电路有切断负载式、分流式、切断信号式和切断电源式等几种，其方框图如图 3.17 所示。

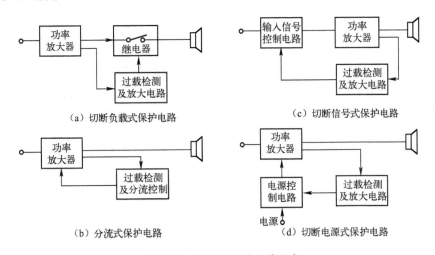

图 3.17 保护电路的 4 种形式

2. 保护电路的工作原理

常用的保护电路有以下 4 种，其工作原理介绍如下。

（1）切断负载式保护电路主要由过载检测及放大电路、继电器两部分所组成。当放大器输出过载或中点电位偏离零点较大时，过载检测电路输出过载信号，经放大后启动继电器动作，使扬声器回路断开。

（2）分流式保护电路的工作原理是在输出过载时，由过载检测电路输出过载信号，控制并联在两只功放管基极之间的分流电路，使其内阻减小，分流增加，减小了大功率管输出电流，保护了功放管和扬声器。

（3）切断信号式和切断电源式保护电路的工作原理与前两种方式基本相同，不同的只是用过载信号去控制输入信号控制电路或电源控制电路，切断输入信号或电源。切断信号式只能抑制强信号输入引起的过载，对其他原因导致的过载则不具备保护能力；切断电源式保护方式对电路的冲击较大，因此，这两种保护电路在实际中使用得较少。

3．保护电路举例

如图 3.18 所示是一个桥式检测切断负载式保护电路。该电路针对 OCL 电路输出中点电压失调而设计，可同时保护两个声道，并且有开机延时保护功能。L 端接左声道输出，R 端接右声道输出，两路信号通过 R_1、R_2 在①点混合，R_1、R_2 和 C_1、C_2 组成低通滤波器，$VD_1 \sim VD_4$ 组成射极耦合稳态继电器驱动电路，K_R、K_L 是继电器的两组常闭触点。

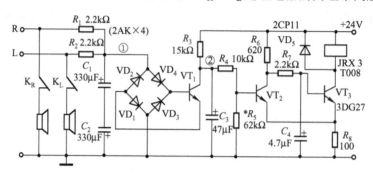

图 3.18　切断负载式保护电路

假设左声道功率放大器的输出端过载或中点电位偏离零点较大时，左声道输出信号经 R_2 和 C_1、C_2 滤波平滑后，在①点产生一个直流电压 U_2，设 $VD_1 \sim VD_4$ 和 VT_1 的临界导通电压为 U_r（硅管时的 $U_r \approx 0.7V$），若①点电压 $U_2 > 3U_r$，则 U_2 通过 $VD_4 \rightarrow VT_1$ 发射结 $\rightarrow VD_1 \rightarrow$ 地，给 VT_1 提供基极电流，VT_1 导通；若 $U_2 < -3U_r$，则 U_2 通过地 $\rightarrow VD_3 \rightarrow VT_1$ 发射结 $\rightarrow VD_2$ 提供电流，同样使 VT_1 导通。由此可知，只要左声道输出中点电压偏离零电位一个额定值，即至少要大于 VD_1、VD_4 或 VD_2、VD_3 以及 VT_1 的导通电压之和，①点电压 U_2 便会使 VT_1 导通。右声道的情况与此相同。

VT_1 导通后，②点电压降低，双稳态电路被触发翻转，VT_2 截止，VT_3 导通，继电器通电，常闭触点 K_R、K_L 均断开，保护了功率放大器和扬声器。当 L 点和 R 点电压恢复正常后，①点电压为 0，VT_2 截止，C_3 上两端电压不能突变，电源通过 R_3 给 C_3 充电，使②点电压逐渐升高，当②点电压升到一定值时，VT_2 导通，双稳态电路被翻转，VT_3 截止，继电器断电，常闭触点 K_R、K_L 均闭合，扬声器被接入，恢复正常工作。

利用 R_3 和 C_3 的延时作用，还可避免开机带来的冲击声。这是因为开机时 C_3 两端电压不能突变，VT_2 截止而 VT_3 导通，K_R、K_L 均断开，扬声器没有接入，电源通过 R_3 对 C_3 充电，待 C_3 两端电压充到一定值后，VT_2 导通而 VT_3 截止，K_R、K_L 均闭合，扬声器才接入。延迟时间由 R_3 和 C_3 的参数确定。C_1 和 C_2 反向串联，等效为一个无极性电容。VD_5 的作用是抑制 VT_3 截止时在继电器线圈两端产生的反峰电压，保护 VT_3 不被击穿，C_4 用来防止窄脉冲干扰而引起 VT_3 误动作。

3.4　D 类数字功放

D 类功放也叫丁类功放，是指功放管处于开关工作状态的功率放大器。早先在音响领域里人们一直坚守着 A 类功放的阵地，认为 A 类功放声音最为清新透明，具有很高的保真度。但 A 类功放的低效率和高损耗却是它无法克服的先天顽疾。后来效率较高的 B 类功放得到广泛的应用，然而，虽然效率比 A 类功放提高很多，但实际效率仍只有 50%左右，这在小型便携式音响设备如汽车功放、笔记本电脑音频系统和专业超大功率功放场合，仍感效率偏低不能令人满意。所以，如今效率极高的 D 类功放，因其符合绿色革命的潮流正受着各方面的重视，并得到广泛的应用。

3.4.1　D 类功放的特点与电路组成

1．D 类功放的特点

（1）效率高。在理想情况下，D 类功放的效率为 100%（实际效率可达 90%左右），B 类功放的效率为 78.5%（实际效率约 50%），A 类功放的效率才 50%或 25%（按负载方式而定）。这是因为 D 类功放的放大元件是处于开关工作状态的一种放大模式，无信号输入时放大器处于截止状态，不耗电。工作时，靠输入脉冲信号让晶体管进入饱和/截止状态，晶体管相当于一个开关，接于电源与负载之间。理想晶体管因为没有饱和压降而不耗电，实际上晶体管总会有很小的饱和压降而消耗部分电能。

（2）功率大。在 D 类功放中，功率管的耗电只与管子的特性有关，而与信号输出的大小无关，所以特别有利于超大功率的场合，输出功率可达数百瓦。

（3）失真低。D 类功放因工作在开关状态，因而功放管的线性已没有太大意义。在 D 类功放中，没有 B 类功放的交越失真，也不存在功率管放大区的线性问题，更无需电路的负反馈来改善线性，也不需要电路工作点的调试。

（4）体积小、重量轻。D 类功放的管耗很小，小功率时的功放管无需加装体积庞大的散热片，大功率时所用的散热片也要比一般功放小得多。而且一般的 D 类功放现在都有多种专用的 IC 芯片，使得整个 D 类功放电路的结构很紧凑，外接元器件很少，成本也不高。

2．D 类功放的组成与原理

D 类功放的电路组成可以分为三个部分：PWM 调制器、脉冲控制的大电流开关放大器、低通滤波器。电路结构组成如图 3.19 所示。

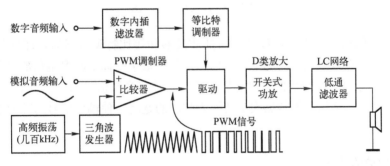

图 3.19　D 类功放的组成

其中第一部分为 PWM 调制器。最简单的只需用一只运放构成比较器即可完成。把原始音频信号加上一定直流偏置后放在运放的正输入端，另外通过自激振荡生成一个三角形波加到运放的负输入端。当正端上的电位高于负端三角波电位时，比较器输出为高电平，反之则输出低电平。若音频输入信号为零时，因其直流偏置为三角波峰值的 1/2，则比较器输出的高低电平持续的时间一样，输出就是一个占空比为 1∶1 的方波。当有音频信号输入时，正半周期间，比较器输出高电平的时间比低电平长，方波的占空比大于 1∶1；音频信号的负半周期间，由于还有直流偏置，所以比较器正输入端的电平还是大于零，但音频信号幅度高于三角波幅度的时间却大为减少，方波占空比小于 1∶1，这样，比较器输出的波形就是一个脉冲宽度被音频信号幅度调制后的波形，称为 PWM（Pulse Width Modulation 脉宽调制）或 PDM（Pulse Duration Modulation 脉冲持续时间调制）波形。音频信息被调制到脉冲波形中，脉冲波形的宽度与输入的音频信号的幅度成正比。

第二部分为脉冲控制的大电流开关放大器。它的作用是把比较器输出的 PWM 信号变成高电压、大电流的大功率 PWM 信号，能够输出的最大功率由负载、电源电压和晶体管允许流过的电流来决定。

第三部分为由 LC 网络构成的低通滤波器。其作用是将大功率 PWM 波形中的声音信息还原出来。利用一个低通滤波器，可以滤除 PWM 信号中的交流成份，取出 PWM 信号中的平均值，该平均值即为音频信号。但由于此时电流很大，RC 结构的低通滤波器电阻会耗能，不能采用，必须使用 LC 低通滤波器。当占空比大于 1∶1 的脉冲到来时，C 的充电时间大于放电时间，输出电平上升；窄脉冲到来时，放电时间长，输出电平下降，正好与原音频信号的幅度变化相一致，所以原音频信号被恢复出来。D 类功放的工作原理见图 3.20 所示。

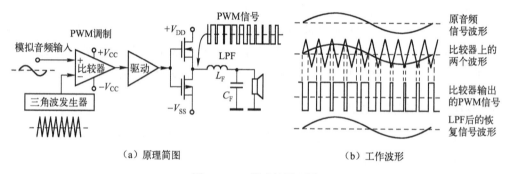

（a）原理简图　　　　　　　　（b）工作波形

图 3.20　D 类功放原理图

对于数字音频信号输入时，经数字内插滤波器和等比特调制器后，即可得到脉冲宽度与数字音频的采样点数据成正比的 PWM 信号，其中数字内插滤波器是在数字音频信号的数据之间再插入一些相关联的数据，以内插方式提高数字音频信号的采样点数（采样频率），等比特调制器是将数字信号的数据大小转换为脉冲的宽度，使输出信号的脉冲宽度与输入数据的大小成正比。

3．D 类功放的要求

（1）对功率管的要求。D 类功放的功率管要有较快的开关响应和较小的饱和压降。D 类功放设计考虑的角度与 AB 类功放完全不同。此时功放管的线性已没有太大意义，更重要的是开关响应和饱和压降。由于功放管处理的脉冲频率是音频信号的几十倍，且要求保持良好的脉冲前后沿，所以管子的开关响应要好。另外，整机的效率全在于管子饱和压降引起的管耗。所以，管子的饱和压降小不但效率高，且功放管的散热结构也能得到简化。若干年前，这种高频大功率管的价格昂贵，限制了 D 类功放的发展，现在小电流控制大电流的 MOSFET 已在 Hi-Fi 功放上得到广泛应用。

（2）对 PWM 调制电路的要求。PWM 调制电路也是D 类功放的一个特殊环节，要把 20kHz 以下的音频调制成 PWM 信号，三角波的频率至少要达到 200kHz（三角波的频率应在音频信号频率的 10～20 倍以上）。当频率过低时要达到同样要求的 THD（总谐波失真）标准，则对无源 LC 低通滤波器的元件要求就高，结构复杂。如果三角波的频率高，输出波形的锯齿小，就能更加接近原波形，使 THD 小，而且可以用低数值、小体积和精度要求相对差一些的电感和电容来构成低通滤波器，造价相应降低。但是，晶体管的开关损耗会随频率的上升而上升，无源器件中的高频损耗、射频的聚肤效应都会使整机效率下降。更高的调制频率还会出现射频干扰，所以调制频率也不能高于 1MHz。而在实际的中小功率 D 类数字功放中，当三角波的频率达到 500kHz 以上时，也可以直接由扬声器的音圈所呈现的电感来还原音频信号，而不用另外的 LC 低通滤波器。

另外，在 PWM 调制器中，还要注意到调制用的三角波的形状要好、频率的准确性要高、时钟信号的抖晃率要低，这些参数都会影响到后面输出端由 LPF 所复原的音频信号的波形是否与输入端的原音频信号的波形完全相同，否则会使两者有差异而产生失真。

（3）对低通滤波器的要求。位于驱动输出端与负载之间的无源 *LC* 低通滤波器也是对音质有重大影响的一个重要因素，该低通滤波器工作在大电流下，负载就是音箱。严格地讲，设计时应把音箱阻抗的变化一起考虑进去，但作为一个功放产品指定音箱是行不通的，所以 D 类功放与音箱的搭配中更有发烧友驰骋的天地。实际证明，当失真要求在 0.5%以下时，用二阶 Butterworth 最平坦响应低通滤波器就能达到要求。如要求更高则需用四阶滤波器，这时成本和匹配等问题都必须加以考虑。近年来，一般应用的 D 类功放已有集成电路芯片，用户只需按要求设计低通滤波器即可。

（4）D 类功放的电路保护。D 类功率放大器在电路上必须要有过电流保护及过热保护。此二项保护电路为 D 类功率 IC 或功率放大器所必备，否则将造成安全问题，甚至伤及为其供电的电源器件或整个系统。过电流保护或负载短路保护的简单测试方法：可将任一输出端与电源端（V_{CC}）或地端（Ground）短路，在此状况下短路保护电路应被启动而将输出晶体管关掉，此时将没有信号驱动喇叭而没有声音输出。由于输出短路是属于一种严重的异常现象，在短路之后要回到正常的操作状态必需重置（Reset）放大器，有些 IC 则可在某一延迟（Delay）时间后自动恢复。至于过热保护，其保护温度通常设定在 150℃～160℃，过热后 IC 自动关掉输出晶体管而不再送出信号，待温度下降 20℃～30℃之后自动回复到正常操作状态。

（5）D 类功放的电磁干扰。D 类功率放大器必须要解决 AB 类功率放大器所没有的 EMI（Electro Magnetic Interference，电磁干扰）问题。电磁干扰是由于 D 类功率放大器的功率晶体管以开关方式工作，在高速开关及大电流的状况下所产生的，所以 D 类功放对电源质量更为敏感。电源在提供快速变化的电流时不应产生振铃波形或使电压变化，最好用环牛变压器供电，或用开关电源供电。此外解决 EMI 的方案是使用 *LC* 电源滤波器或磁珠（bead）滤波器以过滤其高频谐波。中高功率的 D 类功率放大器因为 EMI 太强目前采用 *LC* 滤波器来解决，小功率则用 Bead 处理即可，但通常还要配合 PCB 版图设计及零件的摆设位置。比如，采用 D 类放大器后，D 类放大器接扬声器的线路不能太长，因为在该线路中都携带着高频大电流，其作用犹如一个天线辐射着高频电磁信号。有些 D 类放大器的接线长度仅可支持 2cm，做得好的 D 类放大器则可支持到 10cm。

3.4.2　D 类功放实例

下面以荷兰飞利浦公司生产的 TDA8922 功放芯片为例，对 D 类功放电路进行介绍。

TDA8922 是双声道、低损耗的 D 类音频数字功率放大器，它的输出功率为 2×25W。具有如下特点：效率高（可达 90%），工作电压范围宽（电源供电±12.5V～±30V），静态电流小（最大静流不超过 75mA），失真低，可用于双声道立体声系统的放大（SE 接法，Single-Ended）或单声道系统的放大（BTL 接法，Bridge-Tied Load），双声道 SE 接法的固定增益为 30dB，单声道 BTL 接法的固定增益为 36dB，输出功率高（典型应用时 2×25W），滤波效果好，内部的开关振荡频率由外接元件确定（典型应用为 350kHz），并具有开关通断的"咔嗒/噼噗"噪声抑制，负载短路的过流保护，静电放电保护，芯片过热保护等功能，广泛应用于平板电视、汽车音响、多媒体音响系统和家用高保真音响设备等。

1．内部结构与引脚功能

TDA8922 的内部结构如图 3.21 所示，包含两个独立的信号通道和这两个通道共用的振荡器与过热、过流保护及公共偏置电路。每个信号通道主要包括脉宽调制和功率开关放大两个部分。

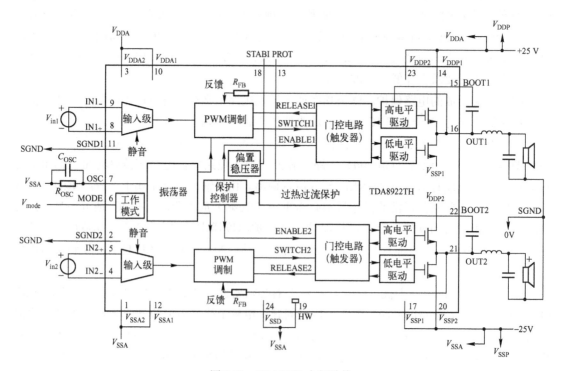

图 3.21　TDA8922 内部结构

（1）脉宽调制。输入的模拟音频信号经电压放大后，与固定频率的三角波相比较，全部音频信息被调制在 PWM 信号的宽度变化中。三角波的产生由压控振荡器实现，三角波的频率由 7 脚外接的 RC 定时元件确定。比较器是一个带锁相环的脉宽调制电路，调制后的电路与功率输出级的门控电路相连，地线被连接到公共地端。当音频信号幅度大于三角波信号幅度时，比较器输出高电平，反之，比较器输出低电平。PWM 信号是一个数字脉冲信号，其脉宽的变化反映音频信号的全部信息。脉冲信号的高、低电平控制两组功率管的通/断，高/低两值之间的转换速度决定两组功率管之间的通/断的转换时间。电路中采用触发器来调整比较器输出的波形，通过快速转换使输出波形得到明显的改善。

（2）功率开关放大。功率开关放大部分由门控电路、高电平与低电平驱动电路、MOSFET 功率管所组成。门控电路用于输出级的功率开关管在开关工作时的死区校正，防止两个 MOSFET 管在交替导通的瞬间的穿透电流所引起的无用功耗，因为在高频开关工作时，需要分别将两个 MOSFET 管的截止时间提前而将导通时间滞后，防止两个管子在交替导通的瞬间同时导通而产生贯通电流，这一贯通电流是从正电源到负电源直通而不流向负载的。PWM 信号控制着 MOSFET 功率管的通/断，驱动扬声器发声。开关功率管集成在数字功率 IC 内，有利于缩小整个功放的体积，降低成本，提高产品竞争力。在输出端与高电平驱动器之间接有自举电容，用于提高在上管导通期间的高电平驱动器送到上管栅极的驱动电平，保证上管能够充分导通。

（3）工作模式选择与过热过流保护电路。TDA8922 芯片中除了每个声道中的脉宽调制与功率开关放大电路外，还有工作模式选择与过热保护与过流保护。

6 脚为工作模式选择端，当 6 脚外接 5V 电源时为正常工作模式，此时 D 类功放各电路正常工作；当 6 脚接地（0V）时为待机状态，此时芯片内的主电源被切断，主要电路都不工作，整机静态电流极小；当 6 脚电平为电源电压的一半（约 2.5V）时为静音状态，此时各电路都处于工作状态，但输入级音频电压放大器的输出被静音，无信号输送到扬声器而无声。

过热保护与过流保护是通过芯片温度检测和输出电流检测来实现的。当温度传感器检测到芯片温度>150 ℃ 时，则过热保护电路动作，将 MOSFET 功放级立即关闭；当温度下降至约 130 ℃ 时，功放级将重新开始切换至工作状态。如果功放输出端的任一线路短路，则功放输出的过大电流会被过流检测电路所检出，当输出电流超过最大输出电流 4A 时，保护系统会在 1μs 内关闭功率级，输出的短路电流被开关切断，这种状态的功耗极低。其后，每隔 100 毫秒系统会试图重新启动一次，如果负载仍然短路，该系统会再次立即关闭输出电流的通路。

除过热过流保护外，芯片内还有电源电压检测电路，如果电源电压低于±12.5 伏，则欠压保护电路被激活而使系统关闭；如果电源电压超过±32 伏，则过压保护电路会启动而关闭功率级。当电源电压恢复正常范围（±12.5～±32V）时，系统会重新启动。

（4）输出滤波器。输出滤波器的用途是滤除 PWM 信号中的高频开关信号和电磁干扰信号，降低总谐波失真。LPF 参数的选择与系统的频率响应和滤波器的类型有关。音频信号的频率在 20Hz～20 kHz，而开关脉冲信号和电磁干扰信号的频率都远大于音频信号频率，因此 LPF 所用的 LC 元件参数，可选择在音频通带内具有平坦特性的低通滤波器。

TDA8922 包含两个独立的功率放大通道，这两个独立的通道可接成立体声模式，也可接成单声道模式。立体声模式采用 SE（Single-Ended）接法，如图 3.21 所示，L、R 输入的模拟音频信号分别送入各自声道的输入端，L、R 扬声器分别接在各自声道输出端的 LPF上，从而构成立体声放音系统；单声道模式采用平衡桥式（BTL）接法，如图 3.22 所示，此时两个通道的输入信号的相位相反，扬声器直接跨接在两个通道的输出端，此时扬声器获得的功率可增加一倍（6dB）。

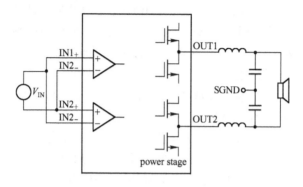

图 3.22　TDA8922 用于单声道的 BTL 接法

TDA8922TH 各引脚的功能如表 3.2 所示。

表 3.2　TDA8922 各引脚功能

引脚	符号	功能	引脚	符号	功能
1	V_{SSA2}	通道 2 模拟电路的负电源供电端	13	PROT	保护电路用的外接时间常数电容
2	S_{GND2}	通道 2 的信号接地端	14	V_{DDP1}	通道 1 功率输出级开关电路的正电源供电端
3	V_{DDA2}	通道 2 模拟电路的正电源供电端	15	BOOT1	通道 1 自举电容
4	IN2−	通道 2 音频输入负端	16	OUT1	通道 1 的 PWM 信号输出端
5	IN2+	通道 2 音频输入正端	17	V_{SSP1}	通道 1 功率输出级开关电路的负电源供电端
6	MODE	工作模式选择：待机、静音、正常工作	18	STABI	内部偏置稳压器的外接滤波电容端
7	OSC	振荡器频率调整或跟踪输入	19	HW	芯片连接到 V_{SSD} 引脚
8	IN1+	通道 1 音频输入正端	20	V_{SSP2}	通道 2 功率输出级开关电路的负电源供电端
9	IN1−	通道 1 音频输入负端	21	OUT2	通道 2 的 PWM 信号输出端
10	V_{DDA1}	通道 1 模拟电路的正电源供电端	22	BOOT2	通道 2 自举电容
11	S_{GND1}	通道 1 的信号接地端	23	V_{DDP2}	通道 2 功率输出级开关电路的正电源供电端
12	V_{SSA1}	通道 1 模拟电路的负电源供电端	24	V_{SSD}	数字电路的负电源供电端

2．典型应用电路

TDA8922 的典型应用电路如图 3.23 所示。

当将 TDA8922 用于双声道立体声的 D 类数字功放时，左、右声道的模拟音频信号分别加至输入端的 in1 和 in2，左、右声道的扬声器采用 SE 接法，分别接在各自声道功放输出端的 LPF 后与地之间，扬声器的阻抗选用 4Ω，此时输入端的 4 个开关的状态为：J_1 和 J_2 处于接通状态，J_3 和 J_4 处于断开状态。两个声道各自独立。

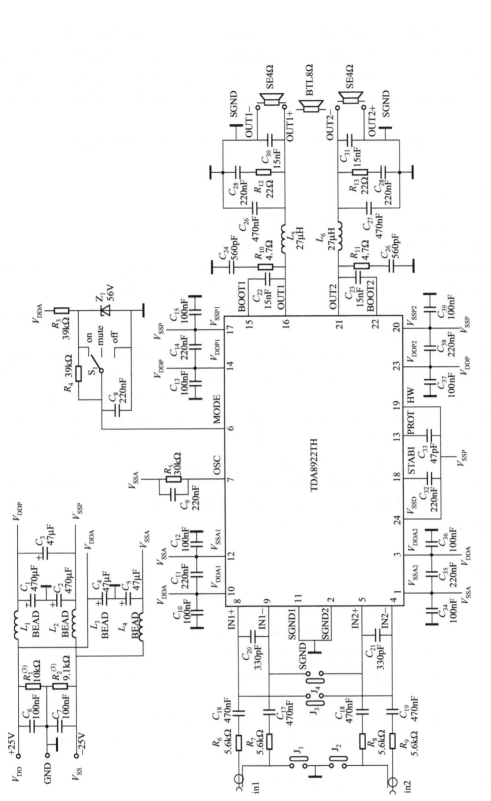

图 3.23　TDA8922 的典型应用电路

当将 TDA8922 用于单声道的 D 类数字功放时，电路采用平衡桥式接法（BTL）。单声道模拟音频信号加在 in1（或者 in2）端子上，此时输入端的 4 个开关设置状态为：J_1 和 J_2 处于断开状态，J_3 和 J_4 处于接通状态，两个声道输入端所加的模拟音频信号的相位正好相反。功放输出端的扬声器选用 8Ω，直接跨接在双声道功放输出端 LPF 的两端，构成 BTL 的接法。

正常工作时，6 脚的模式选择开关置于 "on" 位置，即 6 脚接在 5.6V 的稳压源上。

本章小结

功率放大器用来对音频信号进行加工处理和不失真地功率放大，由前置放大器和功率放大器两部分组成，对功率放大器的要求主要是输出信号的功率大、效率高、失真小。

前置放大器的功能是进行音源选择、音频电压放大和音质控制。音源选择电路从各路音源中选出一路信号送入后级。音量、音调、平衡、等响控制等电路用来对音质进行调节与加工处理。

功率放大器通常由激励级、输出级和保护电路组成。主要性能指标有过载音源电动势、输出功率、转换效率、频率响应和谐波失真等。

常用的功率放大器的基本电路形式有 OTL、OCL 和 BTL 电路等。这些电路都是利用功率管的对称结构使上管和下管分别在音频信号的正半周和负半周轮换导通，从而提高效率。功率放大器的保护电路是必不可少的，其作用是在强信号输入或负载短路及开、关机时，防止输出管和扬声器因过大的电流而被烧坏。

D 类数字功放具有效率高、功率大、失真低、体积小等特点，这是由于其功率放大管处于开关工作状态而不耗能，所以 D 类功放的理论效率可达 100%。D 类功放的电路结构由 PWM 脉冲调制器、开关放大器和低通滤波器三个部分组成。脉冲调制器是通过比较器将输入的模拟音频信号与一个数百 kHz 的高频三角波进行幅度比较，输出脉冲的宽度与音频信号的幅度成正比的 PWM 信号，开关放大器在 PWM 脉冲的驱动下进行开关放大以获得足够的输出功率，低通滤波器用来滤除 PWM 信号的高频分量，取出 PWM 的平均值，从而恢复放大了的音频信号送到扬声器发出声音。

习题 3

3.1 前置放大器的功能是什么？有哪些基本组成部分？各部分有何作用？

3.2 功率放大器的作用是什么？有哪些基本组成部分？主要的性能指标有哪些？

3.3 试简述如图 3.3 所示 TDA1029 构成的音源选择电路的工作原理。

3.4 电子音量控制电路有何优点？试以如图 3.6 所示为例，说明电子音量控制原理。

3.5 试简述如图 3.9 所示电平指示电路的工作原理。

3.6 OTL、OCL、BTL 电路各有什么特点？怎样判断功率放大器属何种电路？

3.7 功率放大器保护电路有几种形式？试分析如图 3.18 所示切断负载式保护电路的工作原理。

3.8 D 类数字功放有哪些特点？为什么 D 类功放具有极高的效率？

3.9 D 类数字功放的电路组成如何？根据图 3.20 简述其工作原理。

3.10 TDA8922 具有哪些特点？如何将该芯片的输入信号与扬声器接为单声道的 BTL 工作模式？

第4章 调谐器

 教学导航

教学目标	1. 了解调谐器的主要性能指标，掌握调谐器的基本组成，熟悉各部分电路的作用； 2. 理解高频调制信号的变频方法，调幅信号的检波方法，调频信号的鉴频方法，导频制立体声复合信号的特点和解码方法； 3. 掌握超外差式调幅接收电路和调频接收电路的结构，各部分电路的信号处理方法与工作过程； 4. 熟悉数字调谐器（DTS）的特点，了解DTS的工作原理，掌握DTS的电路组成和各部分电路的工作过程。
教学重点	1. 调谐器的电路组成与各部分电路的作用； 2. 高频信号的变频方法，AM信号的检波方法，FM信号的鉴频方法； 3. 立体声复合信号的波形特点与开关式解码方法； 4. 数字调谐器的特点与调谐控制方法； 5. 典型数字调谐器电路的信号处理过程与调谐控制过程。
教学难点	1. 超外差接收的变频原理； 2. AM检波器与FM鉴频器原理； 3. 立体声信号的编码与解码过程； 4. 数字调谐器的控制过程与电路分析。
参考学时	10学时

调谐器是用来接收广播电台发送的调幅广播或调频广播信号，并对其进行选台、变频、放大、解调等处理，得到所需电台的音频信号，再传送给功放，最后由音箱还原成声音。

调谐器包括调幅（AM）接收电路、调频（FM）接收电路及辅助电路；AM调谐器可接收频率范围为 535～1605kHz 的中波（MW）广播，以及频率范围为 2.2～22MHz 的短波（SW）广播；FM调谐器可接收频率范围为 88～108MHz 的调频立体声广播。其中调频立体声广播是高保真音源，因此现在使用最为普遍。

根据选台所需的调谐方式的不同，可分为模拟调谐器和数字调谐器两类。模拟调谐器采用传统的机械跟踪调谐方式，各调谐回路中采用的是可变电容器，需要通过手工调节 LC 回路的谐振频率进行选台；数字调谐器采用微处理器控制下的电子调谐方式，各调谐回路中用变容二极管代替可变电容器，由微处理器控制而自动进行调谐选台。现在的音响设备中，普遍采用数字调谐器。

4.1 调谐器概述

4.1.1 无线电广播的发送与接收

无线电广播由发射、传输和接收三个环节组成。广播电台负责广播信号的形成与发射，无线电波负责广播信号的传输，接收设备负责广播信号的接收与声音的还原。在音响设备中，用来接收无线电广播信号的设备称为调谐器。

1. 无线电波

（1）无线电波的概念。调谐器是通过无线电波来接收广播电台的广播节目的。无线电波是电磁波的一部分，由电磁振荡产生，用于携带有用的信号在空间进行远距离传输。

高频电流通入导体时在导体周围产生交变磁场，交变磁场在周围空间又能产生交变电场，而交变电场也能在周围产生交变磁场，这种场和磁的互相感应并不断地交替产生，会向四周空间传播，从而形成电磁波。

无线电波具有波的共性，它的波速（在空间的传播速度）与光速 c 相同。无线电波在一个变化周期内传播的距离称为波长，用 λ 表示。波长 λ、频率 f 与波速 c 三者之间的关系为：$\lambda = c/f$，频率越高，波长就越短。

（2）无线电波的传输方式。无线电波在传播过程中具有直射、反射、绕射、衍射和吸收等一些特性，并且随着波段的不同，传播的特性也不相同。

无线电波的传播方式主要有地波、天波和空间波 3 种形式。地波是指沿地球表面空间进行传播的无线电波；天波是指靠高空（高度约 100km 左右）中的电离层的反射来传播的无线电波；空间波是指在空间进行直射传播的无线电波。

通常，频率低于 3MHz 的无线电波（如中波 MW 广播）主要是依靠地波来传播；频率在 3～30MHz 的无线电波（如短波 SW 广播）主要是依靠天波来传播；频率在 30MHz 以上的无线电波（如调频 FM 广播和电视广播）主要是依靠空间波来传播。这是因为无线电波的频率越高，穿过高空电离层的穿透能力也越强，而地面对其能量的吸收作用也越大。因此对频率极高的高频无线电波来说，辐射到高空时则穿过电离层而进入太空，传到地面时则迅速被地面吸收，故只能在空间直射传播；低频无线电波的波长较长，可以沿地球表面绕射传播，且地面的吸收作用较小，传播过程中的衰减较慢，故频率较低的无线电波主要是靠地面波来传播的。

由于地球表面电性质比较稳定，所以地波的传播（中波广播）稳定可靠；而电离层是由太阳辐射形成的，其高度、电子密度随着昼夜、季节、太阳活动周期和地理位置的变化而变化，所以电特性不稳定，因此天波的传播（短波广播）受其影响很大，常出现接收端信号时强时弱的不稳定现象，但天波的传播距离却很远；空间波能传播米波至毫米波波段的无线电波，但此波段的无线电波遇到障碍物时会发生反射现象。因此在接收端接收到的无线电波包括由发射端直接到达接收端的直射波和经地面或建筑物等反射到接收端的反射波两部分。直射波十分稳定，但由于受到地球表面弯曲或地形和建筑物的影响，其传播距离受到限制，通常为视距传播，故调频广播的特性是信号稳定但距离较近。

2．无线电广播的发送

无线电广播是利用无线电波来传递语言或音乐信号的。因音频信号的频率较低，其频率范围为 20Hz～20kHz，不能通过普通天线有效地直接发射到空间，而且也无法实现多个节目的同时播放、且传播距离不远，所以在实际无线电广播中必须采用调制的方法。

（1）调制。调制是把音频信号装载到高频载波上，以解决低频信号直接发射存在的问题。一个正弦高频振荡信号表达式为 $u = U_m \sin(\omega t+\varphi)$，有振幅（$U_m$）、角频率（$\omega$）和初相位（$\varphi$）3 个要素。调制是使高频振荡信号的 3 个要素之一随音频信号的变化规律而变化的过程，其中高频振荡信号称为载波，音频信号称为调制信号，调制后的信号称为已调波。无线电广播中一般采用调幅制或调频制两种形式。

（1）调幅是指高频载波的振荡幅度随调制信号（音频信号）的变化规律而变化，而高频载波的频率不变，其波形如图 4.1 所示，从图中可以看到高频调幅波的振幅随音频的瞬时值的大小成正比例变化，振幅变化的包络如图 4.1（c）虚线部分所示，该包络与音频信号的波形一致，包含了音频信号的所有信息。

因 AM 信号在空间传输过程中，易受到幅度干扰，而 AM 信号的幅度对应着音频信号，因此抑制叠加在 AM 信号上的幅度干扰是很困难的，故它的抗干扰能力较差。另外，因受带宽的限制，我国规定每套节目的 AM 调制波的带宽为 9kHz，则音频信号的带宽为 4.5kHz，因此 AM 调制方式主要适用于播送语音广播，对于要求播送高保真音乐节目，则效果欠佳。

（2）调频是指高频载波的频率随调制信号（音频信号）的变化规律而变化，而高频载波的幅度不变，波形如图 4.2 所示，从图中可以看到，调频波的幅度是不变的，而高频载波的频率发生了变化，音频信号的幅度越大，调频波瞬时频率越高；反之，音频信号的幅度越小，调频波瞬时频率越低。调频波瞬时频率的变化反映了音频信号的变化规律。

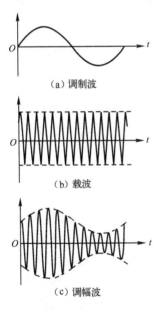

图 4.1　调幅波波形图

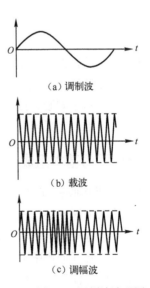

图 4.2　调频波波形图

调频广播相对于调幅广播有以下几个特点：

① 频带宽，音质好，动态范围大。调频广播电台间隔为 200kHz，音频频率范围可达 30Hz～15kHz，能够很好地反映节目源的真实情况。

② 信噪比高，抗干扰能力强。由于调频广播的调制方式和限幅器、预加重、去加重等措施，当 FM 信号在传播过程中受到幅度干扰后，到达 FM 接收机中由限幅器即可消除这种幅度干扰，从而使调频广播比调幅广播具有较高的信噪比，增强了 FM 调制方式的抗干扰能力。

③ 解决电台拥挤问题。调频广播在超短波频段，传播半径只有 50km 左右，因此本地电台与外地电台不会引起干扰，从而解决了广播电台频率拥挤的问题。

（2）无线电广播的发送。如图 4.3 所示为无线电广播的发射机框图。声音经话筒转换为音频信号，经音频放大器放大后送入调制器，高频振荡器产生等幅高频振荡信号作为载波送入调制器，调制器用音频信号对载波进行幅度（或频率）调制形成调幅（或调频）波，再经高频功率放大器放大后送入发射天线向空间发射。

3．无线电广播的接收

最简单的无线电广播接收机如图 4.4 所示。在接收端，接收天线把无线电波接收下来。输入到调谐回路并根据 *LC* 谐振原理从中选择出所要接收的电台信号，经过高频放大后送入解调器。解调是从高频已调波信号中取出调制信号的过程。对不同的调制方式，解调分为检波和鉴频两种。检波是对调幅信号进行解调，对应电路为检波器。鉴频是对调频信号进行解调，实现鉴频的电路称为鉴频器。图 4.4 中所示的解调器是检波器和鉴频器的总称，其作用是解调出低频信号（音频信号）。解调出的音频信号经低频放大后，推动扬声器发出声音。

图 4.3　无线电广播的发射

图 4.4　无线电广播的接收（直放式）

在如图 4.4 所示的框图中，输入调谐电路选出的高频已调波，经高频放大器直接放大后送到解调器。这种在解调前一直不改变高频已调波载波频率的接收机称为直放式接收机。直放接收机电路简单、易于安装、成本低，但有灵敏度低、选择性和稳定性差等缺点。因此，这种电路早已淘汰不用，而采用超外差式接收机。

4.1.2　调谐器的基本组成

现代无线电广播接收机都采用超外差式。超外差式接收机在输入调谐电路之后增加了变频电路，它把输入调谐回路选出的高频已调波的载频变换成频率固定且低于载波的中频，然后再对中频信号进行放大、解调、低频放大等处理。在超外差式接收机中，所有电台的高频信号都变成中频信号（调幅中频为 465kHz，调频中频为 10.7MHz），然后进行放大。由于频率 *f* 确定，电台信号便有了相同放大量。同时，由于中频频率固定且较低，所以中频放大电路可以设置为多级选频放大电路，从而使整机的灵敏度、选择性和稳定性大大提高。因此现代无线电广播接收机都采用超外差式，并且在现代高级音响设备中，将超外差式的调幅接收和调频接收的多波段收音部分称为调谐器。

调谐器的电路组成包括调幅 AM（中波 MW 和短波 SW）接收电路、调频 FM 接收电路及辅助电路。如图 4.5 所示为超外差式 AM/FM 调谐器电路结构方框图，图中的虚线将电路分成 3 部分：上部左边为调幅接收电路，由天线、中波输入调谐回路、短波输入调谐回路、变频电路、中放电路和检波电路等组成；下部为调频接收电路，由调频头电路、中放电路、鉴频电路、立体声解码电路和去加重电路等组成；上部的右边为辅助电路，由电源电路、指示电路等组成。调谐器的主要任务是接收广播电台发送的调幅广播和调频广播信号，并对其进行加工处理得到音频信号，传送给功率放大器电路进行功率放大，并由音箱还原成声音。

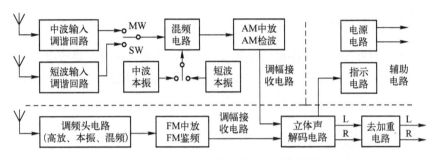

图 4.5　AM/FM 调谐器电路组成方框图

4.1.3　调谐器的主要性能指标

一台性能良好的调谐器应具有声音洪亮、音质好听、没有杂音，并且收到的电台多等几个方面，其电气性能指标主要有以下几个。

1．接收频率范围

接收频率范围也称为波段，是调谐器所能收到信号的频率范围。我国规定：调幅（AM）广播的中波（MW）频率范围为 535～1 605kHz；短波（SW）频率范围为 2.2～22MHz，可分为若干波段；调频（FM）广播的频率范围为 88～108MHz。显然，调谐器的波段越多，接收的频率范围越宽，接收到的电台也就越多。

2．灵敏度

灵敏度是表示调谐器正常工作时能够接收微弱无线电波的能力。显然，灵敏度高的调谐器能够收到远地的电台信号或微弱信号，而灵敏度低的调谐器则收不到。对于磁性天线，灵敏度用磁性天线处的电磁波的电场强度来表示，单位为毫伏/米（mV/m），A 类机应达 1.0mV/m 以下；对于拉杆天线，则以天线所感应的信号大小来表示，单位是微伏（μV），A 类机应达 100μV 以下。

3．选择性

选择性是指调谐器选择电台信号的能力，即调谐器分隔邻近电台信号的能力。选择性好的调谐器表现为，接收信号时只收到所选电台的信号，而无其他电台的信号干扰。选择性的大小以输入信号失谐±10kHz 时的灵敏度衰减程度来衡量。显然，衰减量越大，选择性越好（A 类机应达 30dB 以上）。

4．不失真输出功率

不失真输出功率是指调谐器在一定失真度以内的输出功率，以毫瓦（mW）或瓦（W）为单位。在失真度相等的条件下，额定功率越大，声音也就越响亮。

4.2 调幅接收电路

4.2.1 AM 调谐器电路组成

AM 调谐器（超外差式）电路结构如图 4.6 所示，由输入电路、高放电路（中低档机无此电路）、变频电路（混频器和本振）、中频放大电路、检波电路、自动增益控制（AGC）电路等组成。由检波器输出音频信号到后面的功率放大器。

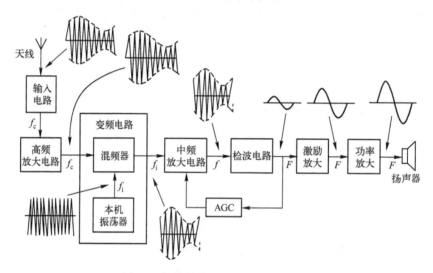

图 4.6 超外差式 AM 调谐器电路组成

图 4.6 中所示的各点波形，反映了接收机对接收信号的处理过程，输入电路从众多的无线信号中选出所要接收的电台信号，经高频放大电路放大后送入变频电路的混频器。送入混频器的还有本机振荡器产生的等幅高频振荡信号，其频率总比接收来的电台信号频率高465kHz。在混频器中，利用模拟乘法器的乘法特性对两路信号进行混频，产生一系列载频不同而包络与电台信号一致的调幅波，再利用选频网络选出载频为 465kHz 的中频（差频）信号，达到变换载频的目的。变频级输出的是 465kHz 的中频信号，利用中频放大器将幅度放大到检波电路所需要的幅度后，送入检波器。检波器对中频调幅波进行解调，得到音频信号，再经过音频电压放大电路和音频功率放大电路放大后，送入扬声器还原成声音。AGC电路为自动增益控制电路，用于当输入强弱不同的电台信号时，通过自动调节中放电路增益，使检波器输出的音频信号幅度基本不变，以防强信号时电路出现饱和失真。

4.2.2　AM 调谐器工作原理

1．输入回路

输入回路（又称为输入电路）的主要作用是选频，即从天线接收下来的各种不同频率的信号中选出所要接收频率的电台信号，并抑制掉其他无用信号及各种噪声信号。

常见的输入回路有磁性天线输入回路和外接天线输入回路两种。磁性天线输入回路用于中波广播的接收，外接天线用于短波和调频波广播的接收。这是由于频率过高时，磁性天线的高频损耗过大的缘故。

输入回路由调谐电容与调谐线圈组成的 LC 回路来选择所要接收的电台频率信号。当调节电容 C，使 LC 回路谐振在某一电台的频率上，则该频率 $f = 1/(2\pi\sqrt{LC})$ 的电台信号在电感线圈上的感应电动势最强，该频率的电台信号即被选择出来。

2．变频电路

变频电路的主要作用是变换电台信号的载波频率，即将输入电路选出的各个电台信号的载波都变为固定的中频（465kHz），同时保持中频信号的包络与原高频信号包络完全一致。它是外差式接收机的重要组成部分。

变频电路由本机振荡器、混频器和选频回路 3 部分组成，电路结构如图 4.7 所示。

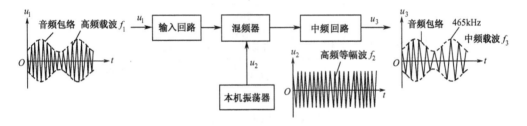

图 4.7　变频电路的结构

本机振荡器产生一个比电台信号 u_1 的频率 f_1 高 465kHz 的高频等幅振荡信号 u_2，其频率为 f_2，f_2 和 f_1 一起送入混频器，在混频器中利用模拟乘法器的乘法特性（或晶体管非线性的乘法功能），对两路信号进行混频（相乘）处理，结果使混频器输出频率分别为（$f_2 + f_1$）和（$f_2 - f_1$）的调幅波分量。在混频器的输出端，再利用谐振频率为 465kHz 的选频回路，选出 465kHz（即 $f_2 - f_1$）中频信号，从而完成变频过程。

例如，假设电台调幅信号为 $u_1 = U_{1m}(1 + m_A \sin\Omega t)\sin\omega_1 t = A \cdot \sin\omega_1 t$（其中的 $U_{Am}\cdot\sin\Omega t$ 为音频信号，$m_A = U_A/U_1$ 为调制度），本振信号为 $\sin\omega_2 t$。这两个信号经混频器相乘后其输出为：

$$u'_O = A \cdot \sin\omega_1 t \cdot \sin\omega_2 t = [\cos(\omega_1+\omega_2)t - \cos(\omega_1-\omega_2)t]A/2$$

式中，$\cos(\omega_1+\omega_2)t$ 为两个信号的和频分量；

$\cos(\omega_1-\omega_2)t$ 为两个信号的差频分量。

经过 465kHz 的选频回路，滤除和频分量并选出差频（$f_2 - f_1 = f_{中} = 465$kHz）分量后，即得到混频器的输出为：$u_o = A' \cdot \sin\omega_{\text{中}}t = U'_{1m}(1 + m_A \sin\Omega t)\sin\omega_{\text{中}}t$。可以看出，代表音频信号的振幅包络 A 未畸变，但载波频率却变成了中频 465kHz，从而实现了载波频率的变换。

3. 中放电路

中放电路的作用是放大和选频，即将变频电路送来的 465kHz 中频信号进行放大，以提高整机的灵敏度；同时还要通过选频回路对中频信号进一步筛选，以提高整机的选择性，然后将筛选出来的经放大的中频信号送到检波电路去检波。

中频放大电路通常由 2～3 级放大电路组成。中放电路性能的优劣，对整机的灵敏度、选择性及保真度等技术指标有着决定性的作用。

4. 检波电路

检波电路的作用是将中放电路送来的中频调幅波中的调制信号（音频信号）解调出来。现在的检波电路通常都采用同步检波器，其电路组成如图 4.8 所示。同步检波的主要电路是模拟乘法器，模拟乘法器有两个输入端，一个输出端，当一端输入中频调幅信号，另一端输入与调幅信号中的载波信号同频同相的等幅中频信号时，输出端可以将调幅信号中的调制信号解调出来。

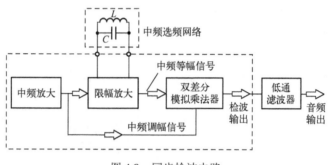

图 4.8　同步检波电路

在图 4.8 中，从中频放大电路输出的中频调幅信号一路直接送往模拟乘法器，另一路送到限幅放大电路，限幅放大电路外接一个中频选频网络，可以从中频调幅信号中取出中频等幅信号，送模拟乘法器。模拟乘法器将两个输入的信号进行乘法处理，在输出端得到这两个信号的和频成分（高频分量）和差频成分（低频分量），再经低通滤波器滤除高频分量后，就得到低频分量，这个低频分量就是音频信号。

例如，假设音频信号为 A，为便于分析，现假设调幅中频信号为 $A \cdot \sin\omega_i t$，而限幅器输出的等幅中频信号为 $\sin\omega_i t$，这两个信号经双差分模拟乘法器的乘法处理后，输出为：

$$A \cdot \sin\omega_i t \cdot \sin\omega_i t = [\cos(\omega_i + \omega_i)t - \cos(\omega_i - \omega_i)t]A/2 = A/2(\cos 2\omega_i t + 1)$$

式中，$\cos(\omega_i + \omega_i)t = \cos 2\omega_i t$ 为两个信号的和频分量；

$\cos(\omega_i - \omega_i)t = 1$ 为两个信号的差频分量。经过低通滤波器滤除和频分量 $\cos 2\omega_i t$ 后，即得到 $A/2$，这就是音频信号。

5. 自动增益控制电路

自动增益控制电路也称做 AGC 电路，其作用是根据接收电台信号的强弱自动调节放大电路的增益。即在接收信号较弱时，使放大器具有较高的增益；而当信号较强时，又能使放大器的增益自动降低，从而保证放大电路输出的信号大小基本不变。

自动增益控制是利用检波电路输出的直流分量作为 AGC 控制电压来控制中频放大电路的增益的。检波电路输出的信号经过容量较大的电容滤波后即可取出直流分量，接收的电台信号越强，则该直流分量就越大。将该直流分量作为 AGC 电压，通过 AGC 电路的负反馈作用加到中频放大器，使中放级的增益下降，从而保持检波输出的音频信号的稳定，即在接收强电台信号和接收弱电台信号时，检波器输出的音频信号的大小变化不大。

4.3 调频接收电路

4.3.1 FM 调谐器电路组成

调频广播接收电路（简称 FM 调谐器）也是采用超外差工作方式，其电路结构与调幅接收电路相似，如图 4.9 所示为典型超外差式调频接收的电路组成框图。

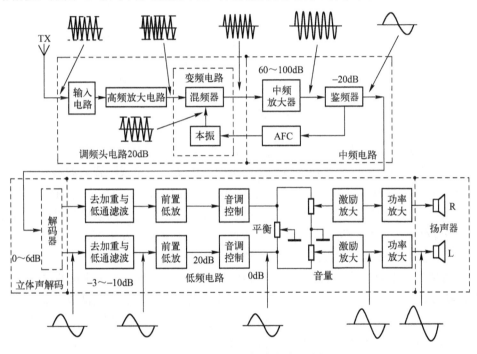

图 4.9 超外差式调频接收电路组成框图

调频接收电路由输入电路、高频放大电路、变频电路（混频器和本振）、中频放大器、限幅电路、鉴频器、自动频率控制（AFC）和立体声解码器等电路组成。

输入回路选出所要接收的电台信号经高频放大后送入变频电路，变频电路将载频变换成固定的 10.7MHz 中频，中频信号经过限幅器去除调频波的幅度干扰后成为等幅调频波，然后再经过鉴频器解调出音频信号。对于双声道调频立体声广播来说，鉴频器输出的是立体声复合信号，该立体声复合信号经解码器，分离为左、右声道的音频信号，再经两路前置低放和功率放大后送入扬声器还原成声音。AFC 电路称为自动频率控制电路，用来控制本机振荡频率，使本振频率始终稳定在比外来信号高 10.7MHz 的数值上。

4.3.2　FM 调谐器工作原理

1．调频头电路

调频头的作用是接收并选出所要收听的电台信号，经信号放大后送入混频器，在混频器中，电台信号与本机振荡信号进行混频，把所要收听的调频电台的载频频率变为 10.7MHz 的中频，然后送入中放电路。

调频头电路由天线、输入回路、高频放大器、混频器和本机振荡器组成，其电路框图如图 4.10 所示。

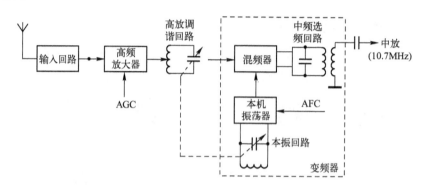

图 4.10　调频头电路组成方框图

（1）输入回路。调频头的输入回路分为固定调谐式输入回路和可变调谐式输入回路。固定调谐式输入回路通常用于普通的调频接收机中，由 LC 电路或陶瓷滤波器构成，它实际上是一个带通滤波器（BPF），其频带宽度为 88～108MHz，中心频率为调频波段的中间（98MHz）附近的固定值。可变调谐式输入回路通常用于一些高档调频接收机中，由可变电容器来构成 LC 可变谐振回路，使其与所要接收的电台频率信号发生谐振，而其他频率的干扰信号却受到很大的衰减，大大提高了接收质量。

（2）高频放大电路。由于调频广播发射功率小，为了提高调频接收机的灵敏度和选择性，在调频接收机中都设有高频放大电路。高频放大电路是一个高频调谐放大器，它可以对输入回路选出的信号进行放大和进一步选频，以提高整机的增益和信噪比。在调频接收机中，晶体管高频放大电路由于工作频率极高，所以通常采用共基极连接方式。另外，高放级一般加有 AGC 电路，其作用是抑制过大的输入信号。

（3）变频级电路及 AFC 电路。变频级电路由本机振荡与混频电路组成，其基本原理与调幅机相同。但由于调频本振频率较高，故本振电路一般采用电容三点式，变频后得到的中频信号频率为 10.7MHz。同时，为了保证本机振荡器的频率稳定，调频接收机中增加了自动频率控制（AFC）电路。AFC 电路利用鉴频输出信号的直流电压控制一只与本振调谐回路两端的变容二极管并联的结电容。当振荡频率偏移时，鉴频器输出的直流电压发生变化，使变容二极管的结电容发生变化，从而使本振频率得到微调，达到了自动控制的目的。

2．调频中放与限幅电路

调频中放与限幅电路的作用是对中频信号进行选频放大及限幅。

FM 中放电路一般由多级放大器构成，增益极高，最后由限幅电路将可能有幅度变化的 FM 中频信号限制在一定的幅值范围内，使之成为等幅的 FM 中频信号（开关脉冲），从而切除了 FM 信号的幅度干扰。

3．鉴频电路

鉴频电路也称做频率检波器或调频检波器，鉴频是调频的逆过程。鉴频器的作用是从 10.7MHz 的中频调频波中取出音频信号（接收立体声广播时，解调出立体声复合信号）。

鉴频器的种类很多，有移相乘积型鉴频器、脉冲计数式鉴频器和锁相环鉴频器，现在使用较多的是移相乘积型鉴频器。移相乘积型鉴频器又称为正交相位检波器，其电路结构如图 4.11 所示，由限幅器、移相器、乘法器和低通滤波器组成。

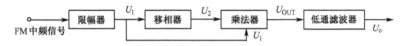

图 4.11　移相乘积型鉴频器电路组成框图

限幅后的等幅调频信号 U_1 分成两路，一路直接送到乘法器，另一路经过移相器后形成调频移相信号 U_2，而后也被送入乘法器，这样使 U_1、U_2 两路信号的相位产生差异，相位差 $\Delta\varphi$ 与信号的频偏 Δf 成比例（$\Delta\varphi \propto \Delta f$），从而使输入信号的频偏变化转换为 U_1 与 U_2 相位差的变化。在乘法器中，U_1、U_2 相乘后得到输出信号 U_{OUT}，再经低通滤波器平滑后取出其平均值，最终将频偏变化为信号的幅度变化，实现鉴频作用。

移相器的作用是将调频信号转换为调频移相信号。移相器由 LC 回路构成，当调频信号的频率 f 在中频 f_0=10.7MHz 上下变化时，LC 回路中电流的相位也要变化，则移相器输出信号（u_L 或 u_C）的相移也随之上下变化，从而将输入 FM 信号频偏的变化转换为输出信号相位的变化，即 u_o 与 u_i 的相位差 $\Delta\varphi$ 正比于 FM 信号的频率偏移 Δf（$\Delta\varphi \propto \Delta f$）。

乘法器的输出信号与两个输入信号的乘积成正比，即 $u_{out} \propto u_1 \cdot u_2$。其中 u_1 是等幅调频波，u_2 是既调频又调相的等幅调频移相波，由乘法器与低通滤波器构成相位检波器（也称为鉴相器），实现对两个输入信号的相位差的检测，使输出信号的大小与两个输入信号的相位差成正比，即 $u_o \propto \varphi$。

例如，假设两个有相位差为 φ 的同频等幅信号 $u_1 = U_m \sin\omega_c t$ 和 $u_2 = U_m \sin(\omega_c t + \varphi)$，馈入到乘法器的两个输入端时，则乘法器的输出信号 u_{out} 为：

$$u_{out} = u_1 \cdot u_2 = U_m \sin\omega_c t \cdot U_m \sin(\omega_c t + \varphi) = [\cos(2\omega_c t + \varphi) - \cos\varphi] \cdot U_m / 2$$

u_{out} 经低通滤波器 LPF 滤去 2 倍频分量后，滤波器的输出电压 u_o 为：

$$u_o = U_{om} \cos\varphi$$

上式中的 U_{om}=-U_m/2 为定值，输出电压 u_o 与两个输入信号的相位差 φ 之间的余弦关系称为 S 型鉴相特性。可见当两个有相位差为 φ 的同频等幅正弦信号加到鉴相器时，其输出信号的大小与这两个输入信号的相位差的余弦成正比。而在余弦曲线上，当 φ 在 $0\sim\pi$ 之间的中间区域变化时，对应的余弦曲线近似为一条直线。即在该中间区域，近似有 $u_o \propto \varphi$。

但实际中，限幅器输出的不是正弦波，而是等幅 FM 开关信号。当 u_1 和 u_2 不是正弦而是等幅开关脉冲时，数字上可以证明，在相位差为 $0 \sim \pi$ 的整个范围内，鉴相器的输出具有线性的鉴相特性：即 $u_o \propto \varphi$。又因移相器具有 $\Delta \varphi \propto \Delta f$ 的特性，所以由移相器和鉴相器构成的鉴频电路具有 $u_o \propto \Delta f$ 的特性，从而实现了鉴频功能。

另外说明一下，为简便起见，在上述分析中未用实际调频信号的数学表达式。假设用音频信号 $u_A = U_{\Omega m} \sin \Omega t$ 对高频载波 $u_C = U_{Cm} \sin \omega_c t$ 进行调频处理，若调制度为 m_f，则对应的调频信号的数学表达式应为 $u_{FM} = U_m \sin(\omega_c t + m_f \sin \Omega t)$，该调频信号经移相网络变换为既调频又调相的信号为 $u_{PM} = U_m \sin(\omega_c t + m_f \sin \Omega t + \varphi)$，这两个信号加到乘法器和低通滤波器的分析过程与分析结果与上述完全相同。

4．预加重和去加重

调频广播的预加重电路和去加重电路的作用是为了提高 FM 信号的高频抗干扰能力。

在调频发射机中，调频之前先将音频信号的高频成分提升，这就是预加重；在接收机中，将鉴频输出的音频信号的高频部分增益适当衰减，还原信号原来的频响特性，这就是去加重。经过预加重和去加重，音频信号的各种频率的幅度比例没变，而高频端的噪声可大大减小。

4.4 立体声解码电路

4.4.1 导频制立体声广播系统

1．导频制立体声广播的发送

我国调频立体声广播采用导频制，导频制发射系统的框图如图 4.12 所示。

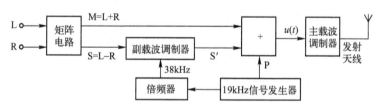

图 4.12 导频制发射系统的框图

左声道信号 L（Left）和右声道信号 R（Right），经矩阵电路的加法器和减法器后产生和信号（M=L+R）与差信号（S=L-R），其中和信号 M 也称为主信号，它包括左、右声道信号的全部内容。由于差信号 S 的频率范围与和信号 M 的频率范围完全相同（50Hz～15kHz），如果把两者直接混合后送到主载波调制发射出去，接收机将无法分离出左、右声道信号，因此必须把和、差信号的频率分割开，其方法是将差信号 S 对 38kHz 的副载波进行平衡调幅处理，从而产生 23～53kHz 的副信号 S′，S′ = S · $\cos \omega_{osc} t$，f_{osc} = 38kHz。为了节省发射功率，提高发射效率，在导频制广播发射系统中还将 38kHz 的副载波去掉，而只发送上、下两个边带（平衡调幅），有效地加深了有效边带的调制度，大大地提高了信噪比。但在接收端，为了能够解调出差信号 S，必须产生一个与发送端同频同相（同步）的 38kHz 的副载波，如果仅靠接收机是无法达到这个要求的，因此发射台还发送了一个称为导频信号 P 的 19kHz 的振荡信号与发射机同步，19kHz 导频信号 P 经倍频后可产生 38kHz 的副载波信号，而发射机用于调制差信号 S 的 38kHz 的副载波信号也是由这个 19kHz 的导频信号经倍频产生的，因此在发射端和接收端之间可以实现副载波信号的同频同相，从而解调出差信号 S。

2. 导频制立体声复合信号的组成

立体声复合信号由主信号 M、副信号 S′、导频信号 P 叠加而成，其表达式为：

$$u(t) = M + S\cos\omega_{osc}t + P = M + S' + P$$

式中，M 为和信号，即 $M = L + R$；

S′为差信号 S 被 38kHz 的副载波调制的平衡调幅波，即 $S' = (L-R)\cos\omega_{osc}t$；

P 为 19kHz 导频信号，供接收机中产生 38kHz 副载波用。

立体声复合信号 $u(t)$ 送到主载波调制器进行频率调制（FM），经放大后从天线发送出去。

3. 导频制立体声复合信号的特点

（1）导频制立体声复合信号频谱的特点。在导频制立体声复合信号 $u(t) = M + S\cos\omega_{osc}t + P = M + S' + P$ 中，和信号 M 的频率范围为 50Hz～15kHz，调制度为 45%；差信号 S 对 38kHz 副载波进行平衡调幅后产生调制信号 S′（又称为副信号），其频率范围为 23～53kHz，但不包含 38kHz 副载波信号，副信号的调制度也为 45%；用于恢复 38kHz 副载波的导频信号 P 的频率为 19kHz，调制度为 10%。

在接收机中，只要能对副信号 S′解调后取出差信号 S，再由 S 与 M 相加、减，便可得到左、右声道信号。即：$M + S = (L+R) + (L-R) = 2L$；$M - S = (L+R) - (L-R) = 2R$。

（2）导频制立体声复合信号的波形特点。导频制立体声复合信号的波形特点可以表述为：对应于 38kHz 副载波的正峰值时的立体声复合信号的包络线，即为左信号；对应于 38kHz 副载波的负峰值时的立体声复合信号的包络线，即为右信号。

因为立体声复合信号可表示为：$u(t) = M + S' + P = M + S\cos\omega_{osc}t + P$

式中，$\cos\omega_{osc}t$ 为 38kHz 的副载波信号；

P 为 19kHz 导频信号，为简便起见，可暂不考虑 P。

当 38kHz 的副载波 $\cos\omega_{osc}t$ 为正峰值时，亦即 $\cos\omega_{osc}t = 1$ 时，立体声复合信号为：

$$u(t) = M + S \times 1 = (L+R) + (L-R) \times 1 = 2L$$

即此时的立体声复合信号为左声道信号。

当 38kHz 的副载波 $\cos\omega_{osc}t$ 为负峰值时，亦即 $\cos\omega_{osc}t = -1$ 时，立体声复合信号为：

$$u(t) = (L+R) + (L-R) \times (-1) = 2R$$

即此时的立体声复合信号为右声道信号。根据立体声复合信号的波形特点，可以很方便地在立体声解码电路中将立体声复合信号分离成左声道信号和右声道信号。现在的立体声解码电路，都是依据这一波形特点进行的。

4.4.2 立体声解码电路

立体声解码电路的作用是从鉴频输出的立体声复合信号中分离出左、右声道的音频信号，并从鉴频输出的立体声复合信号中取出导频信号，由导频信号恢复 38kHz 的副载波。因此，立体声解码电路由立体声解码和副载波再生两部分组成。

1. 开关式立体声解码电路

现在立体声解码方式通常都采用开关式解码电路，开关式解码电路的结构简单，解码所得到的左、右声道信号的相位差和电平差较小，性能优良，因此被广泛采用。开关式解码电路的原理如图 4.13 所示。

由导频制立体声复合信号的波形特点可知，对应于 38kHz 副载波信号正、负峰值时的立体声复合信号的包络分别为左、右声道信号。在如图 4.13 所示的电路中，副载波发生器产生的 38kHz 开关信号被送入解码开关 VT_1、VT_2 的基极，同时立体声复合信号 $u(t)$ 经 VT_3 放大后被送入解码开关 VT_1、VT_2 的发射极。

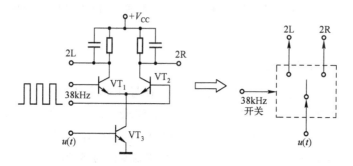

图 4.13 开关式解码原理图

当 38kHz 副载波开关信号为正时，解码开关的 VT_1 导通、VT_2 截止，立体声复合信号 $u(t)$ 经开关管 VT_1 的 e 极后从 c 极输出；当 38kHz 副载波开关信号为负时，解码开关的 VT_2 导通、VT_1 截止，立体声复合信号 $u(t)$ 经开关管 VT_2 的 e 极后从 c 极输出，因此解码开关管 VT_1 只在 38kHz 开关正峰值时有输出，VT_2 只在 38kHz 开关负峰值时有输出。再经 RC 元件滤波，取出其包络后即可分别得到左（L）、右（R）声道信号。

2. PLL 式副载波再生电路

开关式解码器能准确地分离左、右声道音频信号的关键是开关信号必须与原调制时的38kHz 副载波严格地同频率、同相位。采用锁相技术的锁相环（PLL）式副载波再生器是解决这一问题的最好办法。

PLL 式副载波再生电路组成如图 4.14 所示，由压控振荡器（VCO）、正交相位比较器（由乘法器构成的鉴相器）、低通滤波器（LPF）、直流放大器、分频器等构成的闭合环路系统组成。它是在 19kHz 导频信号的"导引"下，通过锁相环路来锁定再生的 38kHz 副载波（开关式解码电路的控制信号）的频率和相位。

在没有收到调频立体声广播，即没有 19kHz 导频信号送入锁相环路时，压控振荡器

VCO 工作于"自由振荡"的固有频率 f_0 上，电路设定 f_0 近似为 76kHz。压控振荡器产生的方波信号经两次分频后得到近似 19kHz 并移相 90°的方波信号送至正交相位比较器。正交相位比较器因只有这一方波信号输入而不工作，也就无比较信号 u_d 输出，于是 VCO 仍处于"自由振荡"状态。当接收到调频立体声广播时，由鉴频器输出的立体声复合信号，经解码器中的复合信号分离电路分离出 19kHz 导频信号，并送至正交相位比较器的另一输入端。正交相位比较器对输入的 19kHz 导频信号与近似为 19kHz 的方波信号进行相位比较，产生一个与两信号相位差/频率差相关的误差电压 u_d。误差电压 u_d 经低通滤波、直流放大后形成直流控制电压 u_c 并送至压控振荡器 VCO 的压控端。VCO 在 u_c 的作用下，其振荡频率朝趋近 76kHz 变化，使送入正交相位比较器的 19kHz 方波信号与导频信号的相位差/频率差明显减小。环路继续工作，直至输入正交相位比较器的两个比较信号能基本上保持同频/正交关系，环路进入锁定（维持）状态，此时 VCO 的振荡频率被锁定在 76kHz，经第一分频器分频后输出的 38kHz 方波信号与立体声复合信号中的副载波有较好的同频/同相关系，将它作为开关解码的开关控制信号，可显著减小因再生副载波相位差对立体声分离度的影响。

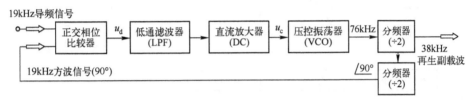

图 4.14　锁相环式副载波恢复电路框图

4.5　数字调谐器

随着电子技术的发展，现代调谐器普遍采用锁相环路技术与微机控制技术相结合的数字调谐系统（DTS, Digital Tuning System）来接收音频广播信号。

4.5.1　数字调谐器的特点与电路组成

1．数字调谐器的特点

数字调谐系统（DTS）采用锁相环频率合成技术和微电脑控制技术，用晶体振荡器作为本振频率的数字振荡源，用变容二极管代替各个 LC 调谐回路中的可变电容器。因此数字调谐器与采用可变电容器的机械式调谐器相比具有如下特点。

（1）具有自动搜索选台、记忆选台等智能特点。这是由于在数字调谐器中，采用了微电脑控制技术，使电子调谐实现了智能化，从而使 DTS 具有电台信号的自动搜索、频率预置、存储记忆等多种功能，同时也使调谐操作准确、快捷而方便。

（2）调谐准确，工作稳定。这是由于采用了锁相环路技术，使电子调谐的频率准确性和稳定性得到了明显的提高，无频率漂移等走台现象的出现。

（3）具有数字频率显示功能。由于采用了数字显示技术，可以直接用数字来显示所接收的电台频率，使调谐操作直观、简便，同时也便于遥控操作和轻触式操作的实现。

（4）可以实现多功能控制，且操作方便。由于采用了微电脑控制技术，因此可以很方便地实现定时开机、定时关机、睡眠、静噪调谐等多种控制功能，同时若将微电脑技术与红外遥控技术结合，还可以实现遥控操作。

（5）体积小、质量小、可靠性高、使用寿命长。由于采用了变容二极管来代替可变电容器，故无机械式调谐器中的可变电容器的机械磨损和接触不良，大大提高了调谐器的使用寿命和可靠性，同时也无须机械式调谐器所需的刻度盘、旋钮等传动机构，使整个调谐系统的体积大大缩小。

2. 数字调谐器的电路组成

数字调谐器是建立在性能较好的调幅/调频收音机电路基础上而实现的。数字调谐器一般由收音通道和数字调谐控制电路两部分组成，电路如图 4.15 所示。

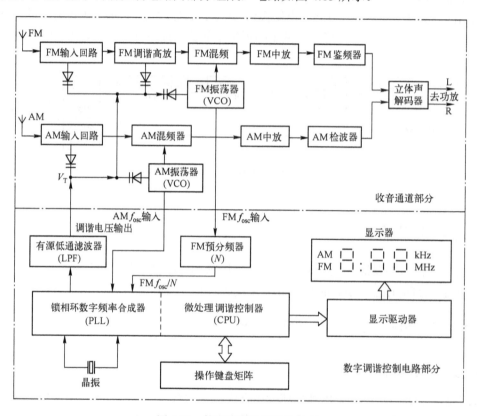

图 4.15　数字调谐器的电路组成

收音通道由 FM 接收通道和 AM 接收通道所组成，FM 接收通道包括 FM 输入回路、FM 调谐高放、FM 振荡、FM 混频、FM 中放、FM 鉴频器、立体声解码器等电路；AM 接收通道包括 AM 输入回路、AM 振荡器、AM 混频器、AM 中放、AM 检波器等电路。在 FM 和 AM 接收通道中，用于变频处理的本机振荡器都使用了压控振荡器（VCO），且在各个调谐回路均使用了变容二极管的电调谐方式，用改变变容二极管反偏电压的方法来改变各个调谐回路的谐振频率。

数字调谐控制部分是数字调谐器的核心部分，主要由锁相环（PLL）数字频率合成器和微处理（CPU）调谐控制器两部分组成。PLL 用来完成本振信号的频率合成、调谐电压的输出、数字频率的显示；CPU 主要用来实现调谐电压的控制、电台信号的自动搜索、电台频率的预置存储等控制任务。

上述电路组成情况可归纳如下：

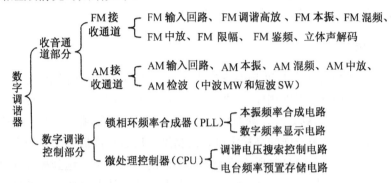

4.5.2　数字调谐器的工作原理

数字调谐系统（DTS），实际上是应用微处理器（CPU）实现锁相环（PLL）技术和频率合成技术相结合的一种自动控制系统。锁相是相位锁定的简称；频率合成是对高稳定度的频率进行加、减、乘、除基本运算，以产生一系列所需要的各种离散频率（收音通道部分的本机振荡频率）的技术，产生的离散频率与主晶振频率成严格的比例关系，使收音通道部分的工作频率极为稳定，数字调谐器与传统的调谐器的根本区别在于应用了数字调谐（DTS）技术，数字调谐系统的关键是锁相环式频率合成器。

1.　锁相环

锁相环（PLL）电路的结构组成框图如图 4.16 所示，它是一个能够实现两个电信号相位严格同步的自动控制系统。包括 3 个基本部件：压控振荡器（VCO）、相位比较器（PD）和环路低通滤波器（LPF）。

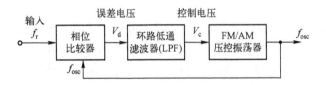

图 4.16　锁相环（PLL）电路的结构组成框图

相位比较器是把输出频率信号 f_{osc} 和输入参考频率信号 f_r 的相位进行比较，产生对应于两个信号相位差的误差电压 V_d。

压控振荡器（VCO）的频率受控制电压 V_c 的控制，使压控振荡器的频率 f_{osc} 向输入参考信号频率 f_r 靠近，致使差拍频率越来越低，直至频率差（$f_{osc} - f_r$）的消除而锁定。

环路低通滤波器（LPF）的作用是滤除误差电压 V_d 中的高频成分和噪声，得到控制电压 V_c，以保证环路所必须的性能指标和整个环路的稳定性。

当压控振荡器中心频率 f_{osc} 等于参考信号频率 f_r 时，即两个信号的相位差为 0°时，相位比较器输出的误差电压 V_d 为 0，则环路低通滤波器输出的控制信号 V_c 亦为 0，从而保证了压控振荡器（VCO）的输出频率必然为其中心频率 f_{osc}。

当输出信号频率 f_{osc} 不等于参考信号频率 f_r 时，则相位比较器输出的误差电压 V_d 不为 0，环路低通滤波器输出的控制信号 V_c 也不为 0，进而迫使压控振荡器（VCO）的中心频率朝着相位差消失的方向变化，保证了输出信号在频率和相位上与输入信号完全准确同步，达到输出信号锁定在输入的基准频率信号相位上的目的。

2. 频率合成器

频率合成技术就是将一个基准频率变换为另一个或多个所需频率的技术，一般均利用锁相环路来进行频率合成。实际中，基准频率往往由高稳定度、高精度的晶振产生，通过 CPU 的加、减、乘、除运算处理，获得所需的各种不同的离散频率，而这些所需的各种离散频率也具有与基准信号源一样的高稳定度、高精度。用这种离散频率作为调谐器的本振频率时，可以满足在接收电台信号时所需要的各种不同的本振频率，达到极好的接收效果。

锁相环频率合成器电路如图 4.17 所示。分别由石英晶体振荡器、参考分频器（分频数 R 由 CPU 设定为一固定值）、可编程分频器（分频数 N 由 CPU 设置，且在调谐过程中 N 变化）、锁相环部分的相位比较器（鉴相器）、环路低通滤波器（LPF）和压控振荡器（VCO）等部分组成。可编程分频器插入在锁相环路之中，锁相环所起的作用主要是使所合成的频率信号能与晶振同步。在如图 4.17 所示的锁相环式频率合成器中，由于可编程分频器的存在，利用 N 次分频的可变（可控），便可获得一系列离散的频率信号，从而满足音响系统数字调谐的需要。

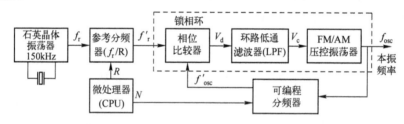

图 4.17 锁相环（PLL）式频率合成器的工作原理

设石英晶体振荡器的振荡频率为 f_r，经过参考分频器 R 次分频后所得参考信号的频率为 $f_r'(f_r' = f_r / R)$，若锁相环式频率合成器的输出信号频率为 f_{osc}，则经程序可变分频器 N 次分频所得信号频率为 $f_{osc}'(f_{osc}' = f_{osc} / N)$。两者（$f_r'$ 和 f_{osc}' 信号）同时送入相位比较器（鉴相器）进行相位比较，若两者存在相位差时，相位比较器输出一个幅值大小正比于该相位差的误差电压 V_d，误差信号 V_d 经环路滤波器的低通平滑滤波后，转换成为一个直流控制电压 V_c，这一直流控制电压 V_c 送入压控振荡器，使压控振荡器的频率（f_{osc}）和相位做相应变化，使它朝着减小两个信号（f_{osc}' 和 f_r'）的频率误差和相位误差方向变化，当这种变化达到稳态时，锁相环路的相位被锁定，最终使得相位比较器的两个输入信号（f_{osc}' 与 f_r'）的频率相等、相位差为一确定的值，LPF 输出一个确定的直流电压，此时压控振荡器的输出信号频率为：$f_{osc} = N \cdot f_{osc}' = N \cdot f_r'$。

由此可知，只要 CPU 输出的 N 数改变（即可编程分频器的分频系数 N 改变），PLL 频率合成器输出的信号频率就会改变。如 f_r'=500Hz，当 N 从 2000 变化到 4000 时，由 $f_{osc} = N \cdot f_r'$ 可得一系列离散的频率信号：1000kHz、1000.5kHz、1001kHz、…、2000kHz，这些频率信号就可作为调谐器的收音部分中波变频电路的本振频率信号，同时这种频率信号具有与石英晶体振荡器相仿的频率稳定度和精确度。

通常，我们把频率步跳的间隔 f_r' 称为数字调谐的步长，它决定了锁相环式频率合成器所产生信号的频率离散程度。调谐步长 f_r' 取得愈小，在调谐操作中，每次增加（或减小）的频率值就愈小，会使一个频点紧接着下一个频点，从而调谐就愈精确，愈不容易漏台。但调谐步长 f_r' 也不宜取得太小，否则环路同步的捕捉时间过长，调谐操作费时而不方便。对于调频广播（FM）频段的数字调谐，一般取调谐步长 f_r' 为 25 kHz；对于调幅广播（AM）中波波段的数字调谐，一般取调谐步长 f_r' 为 500 Hz；对于调幅广播（AM）短波波段的数字调谐，一般取调谐步长 f_r' 为 5 kHz。

可编程分频器的作用是：一方面使压控振荡器产生的信号频率经分频后降低至参考信号频率附近，以便于相位比较器进行两者的相位比较，利用相位比较器所产生的误差信号来纠正压控振荡器的频率；另一方面是有序地改变（调节）锁相环式频率合成器输出信号的工作频率。设锁相环式频率合成器原锁定于 $f_{osc1}(f_{osc1} = N_1 \cdot f_r')$，当可变程序分频器的分频比改变（调节）为 N_2 时，则 $f_{osc1} / N_2 = f_{osc1}' \neq f_r'$，暂时使环路进入失锁状态。经过锁相环路的自动调整后，又将使锁相环式频率合成器输出信号的工作频率在 $f_{osc2}(f_{osc2} = N_2 \cdot f_r')$ 上重新锁定，完成自动调谐本机振荡频率的调节。

由于调频波段频率范围为 87～108 MHz，调频中频频率为 10.7 MHz，也就是说本机振荡器的最高本机振荡频率应为 $f_{max} = 108 + 10.7 = 118.7$ MHz。本机振荡器的最低本机振荡频率应为 $f_{min} = 87 + 10.7 = 97.7$ MHz。若以调谐步长 $f_r' = 25$ kHz 的锁相环式频率合成器来担任本机振荡器，则该频率合成器内的可编程分频器的分频数的最大值为 $N_{max} = f_{max} / f_r'$ $= 118.7$ MHz/25 kHz $= 4748$，最小值为 $N_{min} = f_{min} / f_r' = 97.7$ MHz/25 kHz $= 3\,908$，因此，分频比 N 必须在 4 748～3 908 的范围内变化，才能满足调频广播接收的要求。同理，对于调幅广播：中波段接收频率范围为 520～1 610 kHz，中频频率为 450 kHz，也就是说本机振荡器的最高振荡频率应为 $f_{max} = 1\,610 + 450 = 2\,060$ kHz。本机振荡器的最低振荡频率应为 $f_{min} = 520 + 450 = 970$ kHz。若以调谐步长 $f_r' = 9$ kHz 的锁相环式频率合成器来担任本机振荡器，则该频率合成器内的可编程分频器的分频数的最大值为 $N_{max} = f_{max} / f_r' = 2060$ kHz/9 kHz $= 228$；最小值为 $N_{min} = f_{min} / f_r' = 970$ kHz/9 kHz $= 107$。分频比 N 必须在 228～107 的范围内变化，才能满足调幅广播接收的要求。

根据不同的频率接收范围的调谐步长的不同选择，通过 CPU 对可编程分频器分频比 N 的编程设计，可以方便地得到相应间隔的大量离散的本机振荡频率，以满足调谐选台的需要。而各个波段的调谐步长 f_r' 值，也由 CPU 根据所选择的波段通过分频数 R 的大小来设置，即 $f_r' = f_r / R$。例如，晶振频率为 150 kHz，则在 FM 波段时，调谐步长为 25 kHz，CPU 输出的分频数 $R = f_r / f_r' = 150$ kHz/25 kHz $= 6$；在 AM 的短波段时，调谐步长为 5 kHz，CPU 输出的分频数 $R = f_r / f_r' = 150$ kHz/5 kHz $= 30$。

*4.5.3 数字调谐器电路实例

随着数字调谐技术的发展，音响系统中数字调谐装置的新颖品牌不断涌现。其中，采用单片 DTS 集成电路 TC9307AF 所构成的数字调谐器是一种应用较为广泛而典型的电路。采用该芯片作为数字调谐器的产品有：日本的东芝 DTS-12 型调谐器、国产的伯龙 HS-490

型调谐器、东港 L220 型调谐器、咏梅 9111 型调谐器等。下面以东芝 DTS-12 型数字调谐器为例进行介绍。

DTS-12 型数字调谐器的接收频率范围及调谐频率步长如下：

FM 波段：87.5～108MHz（频率步长为 50kHz 或 25kHz）；

MW 波段：531～1 602kHz（频率步长为 9kHz 或 10kHz）；

SW_1 波段：2.3～6.2MHz（分为 120m，90m，75m，60m，49m 5 个国际标准米波段，频率步长为 5 kHz）；

SW_2 波段：7.1～21.85MHz（分为 41m，31m，25m，21m，19m，16m，13m 7 个国际标准米波段，频率步长为 5kHz）。

它的整机功能有：手动上行/下行搜索调谐选台、自动扫描调谐选台（能自动检索捕捉电台频率）、快速调谐、自动存储调谐；能预置存储 20 个电台频率及各波段最后收听的电台频率；设有 12 小时制/24 小时制时钟显示、定时开机、定时关机及睡眠自动关机等功能。整机采用 LCD 液晶显示，可对时间、波段、频率、存储电台等功能字符给予清晰的显示。采用的晶振频率为 75kHz 或 150kHz。

1. 整机电路组成

DTS-12 型全波段数字调谐器的整机电路组成如图 4.18 所示。

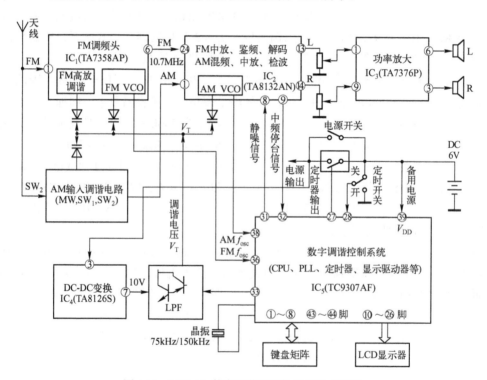

图 4.18　DTS-12 数字调谐器整机电路组成框图

该数字调谐器（DTS）的核心部分是全集成数字调谐单片集成电路 TC9307AF（IC_5），内含 4 位微处理器（CPU）、锁相环式频率合成器、定时器和显示驱动器。收音电路由 IC_1、IC_2 和 IC_3 所组成。其中集成块 IC_1（TA7358AP）是 FM 高频头集成电路，内含 FM 高放、本振、混频。集成块 IC_2（TA8132AN）是 AM/FM 中频放大器集成电路，其 AM 通道含 AM 本机振荡器（VCO 压控振荡器）、混频器、中频放大、AGC 和检波器；而 FM 通道含 FM 中频放大、鉴频及立体声解码器。集成块 IC_3（TA7376P）是双通道音频功率放大器集成电路，以保证左、右声道的音频信号有足够功率的立体声效果。集成块 IC_4 是 DC-DC 直流变换电路，以实现整机低电源电压（+6V）向较高电源电压（+10V）的转换，用来满足变容二极管反偏调谐电压的要求。

2. 数字调谐控制集成电路

TC9307AF-008 集成电路内部主要由锁相环频率合成器（PLL）、微处理器（CPU）、LCD 液晶显示驱动器等部分组成。

（1）TC9307AF 引脚功能。东芝 DTS-12 数字调谐收音机中的 DTS 中央控制单元，采用 TC9307AF 集成电路，该电路是一块 4 位 CMOS 单片数字调谐（DTS）专用微处理器，共有 44 只引出脚。其中第 3～8 脚是键盘扫描信号输出接口端子（即键盘矩阵的行母线端子），第 1，2 脚和第 43，44 脚是键盘扫描信号输入接口端子（即键盘矩阵的列母线端子），以利于键矩阵操作的实现。第 9～26 脚是 LCD 液晶显示驱动器各相关驱动信号的输出端子，第 24～30 脚是 IC 内 I/O 接口连接端子，可见第 24～26 脚具有上述双重兼容功能。第 31 脚是静噪控制信号输出端，第 32 脚是中频自动停台信号注入端，第 33 脚和第 34 脚是 IC 内相位比较器的两个缓冲器的输出端子，第 35 脚是中断控制输入端，第 36 脚是 FM 本机振荡注入端子，第 37 脚是整个集成块的公共接地端子，第 38 脚是 AM 本机振荡注入端子，第 39 脚是整个集成块的电源电压（$+V_{DD}$）供给端子，第 40 脚和第 41 脚是晶振回路外接端子，第 42 脚是整个系统的复位置入端。上述各引出脚的功能如表 4.1 所示。

表 4.1　TC9307AF-008 引脚功能

引　脚	符　号	引 脚 功 能	电压与波形
1	K_2	键输入接口端子	直流：0V
2	K_3		
3	T_0	键输出接口端子	直流：3、4 脚为 0.6V，其余约 5.3V
4	T_1		
5	T_2	键输出接口端子	直流：3、4 脚为 0.6V，其余约 5.3V
6	T_3		
7	T_4		
8	T_5		
9	VLCD	IF 输出电子开关	直流：约 2.6V
10	COM_1	液晶显示器（LCD）显示的公共输出端口	
11	COM_2		
12	COM_3		
13	COM_4		
14	S_1	LCD 显示的段输出端口	直流：约 4V 波形：1/4 占空比矩形波，频率为 125Hz，峰–峰值为 4V
15	S_2		
16	S_3		

引 脚	符 号	引 脚 功 能	电压与波形
17	NC（空）		
18	S_4		
19	S_5		
20	S_6		
21	S_7		
22	S_8		
23	S_9		
24	S_{10}/P_{22}		
25	S_{11}/P_{21}		
26	S_{12}/P_{20}		
27	S_{13}/P_{13}	定时器输出口	直流：0V；定时起作用时约 5.3V
28	P_{12}	定时器输入口	

29	P_{11}	外部接波段转换开关，进行电平转换，以控制内部的分频数据	波段/脚号	FM	MW	SW_2	SW_1	H=5.3V L=0.6V
			29	L	H	H	L	
30	P_{10}		30	L	L	H	H	

引脚	符号	引脚功能	电压与波形
31	MUTE	静噪控制端	直流：0V；自动搜索时约 5.3V
32	IF-IN	中频计数器输入端	直流：约 2.6V 波形：自动搜索时有计数脉冲，频率在变化
33	DO_1	PLL 鉴频器输出口	直流：约 1V 波形：占空比变化的矩形波，峰–峰值约 5V
34	DO_2		
35	INH	方式设置输入口	直流：收音状态为 6V；时钟状态为 0V
36	FM-IN	FM 分频计数器输入口	直流：FM 波段时 2.6V；AM 波段时 0V 波形：FM 本振信号，峰–峰值约 4V
37	GND	接地端	直流：0V
38	AM-IN	AM 分频计数器输入口	直流：AM 波段时 2.6V；FM 波段时 0V 波形：AM 本振信号，峰–峰值约 4V
39	V_{DD}	电源供给	直流：约 5.3V
40	X_1	石英晶振	直流：40 脚为 2.6V，41 脚为 2V 波形：正弦波，频率 150kHz，峰–峰值约 4V
41	X_2		
42	INT	复位（初始化）输入端	直流：约 5.3V
43	K_0	键输入端	直流：0V
44	K_1		

（2）TC9307AF 的主要特点。

① 内存容量大。在 TC9307AF 内部，用于数据存储的随机存储器（RAM）的容量为 4 位×128 字节，用于指令程序存储的程序存储器（ROM）的容量为 16 位×2 048 字节，因此，它的内存容量大，其内部的指令系统非常丰富。

② 输入/输出（I/O）接口完善。该芯片的 I/O 接口设置十分完善，除专用的键盘矩阵 I/O 接口外，还有波段 I/O 接口，定时器 I/O 接口，LCD 显示的段信号输出接口。此外，该芯片内部还设置有 LCD 专用的 3V 稳压器，并能直接输出 LCD 各段所需的动态驱动信号。

③ 选台功能丰富多样。既可手动升/降调谐（锯齿波扫描方式），也可自动搜索调谐，

另外还有半自动存储选台、存储器扫描选台等。

④ 定时功能。具有定时开机与定时关机功能，并可同时设定；睡眠定时的设定可以在 l～90min 之间以每隔 10min 的间隔进行预置。

⑤ 采用中频信号自动停台方式。该芯片内部专门设置了 16 位通用中频计数器输入接口，可以将收音通道的中频电路输出的 AM 或 FM 信号进行分频，并检出自动调谐停止信号，使调谐搜索自动停止（即锁台），且可有效地抑制干扰信号及本地特强电台侧边峰信号的出现。

⑥ 工作电压低、适用范围宽。TC9307AF 的工作电压为 3～5.5V，IC 内部设置有 3V 稳压电路，可用于便携式数字调谐收音机、收录机、组合音响、汽车收音机等。

3. 数字调谐控制电路分析

DTS-12 全波段数字调谐收音机整机通过 IC_5（TC9307AF-008）内部设置的 4 位微处理器（CPU）实现波段转换控制、调谐电压（V_T）控制、静噪调谐控制、自动扫描调谐停台控制、定时开/关控制（含睡眠关机控制）和 AM/FM 本振信号频率注入控制等多种控制功能。现将 DTS-12 整机线路中的上述控制电路单独予以描述，如图 4.19 所示。

（1）波段切换控制电路。DTS-12 整机波段的切换控制是通过外接转换开关 SA-2C 的切换与 VD_6～VD_9 二极管的配合，使 IC_5 第 29 脚（P_{11} 端子）和第 30 脚（P_{10} 端子）分别置于不同高低电平的组合状态，经 IC_5 内相关接口而致使 IC_5 工作于相应的波段接收状态的。当转换开关 SA-2C 置于如图 4.19 所示的 FM 位置时，4 只二极管 VD_6～VD_9 均处于正向导通状态（经 SA-2C 接地）。使 IC_5 第 29 脚（P_{11} 端子）和第 30 脚（P_{10} 端子）全部置于低电平，于是通过 IC_5 内相关接口使 IC_5 工作于 FM 调频接收波段。当转换开关 SA-2C 置于 SW_2 位置时，二极管 VD_6、VD_7 负极相接端子悬空，则二极管 VD_8、VD_9 正向导通，二极管 VD_6、VD_7 断开。使 IC_5 第 29 脚（P_{11}）和第 30 脚（P_{10}）全部置于高电平，于是通过 IC_5 内相关接口使 IC_5 工作于 SW_2 短波波段接收状态。当转换开关 SA-2C 置于 MW 位置时，IC_5 第 30 脚（P_{10} 端子）接地为低电平，而 IC_5 第 29 脚（P_{11} 端子）因二极管 VD_9 的正向导通而处于高电平。于是，通过 IC_5 内相关接口使 IC_5 工作于 AM 中波（MW）波段接收状态。当转换开关 SA-2C 置于 SW_1 位置时，IC_5 第 29 脚（P_{11} 端子）经开关 SA-2C 直接接地而处于低电平，IC_5 第 30 脚（P_{10} 端子）因二极管 VD_8 的正向导通而处于高电平。于是，通过 IC_5 内相关接口又使 IC_5 工作于 AM 的短波 1（SW_1）波段接收状态。

（2）静噪调谐控制电路。为了保证 DTS-12 全波段数字调谐收音机在调谐搜索电台的过程中，使扬声器不产生任何杂音，IC_5 设置有静噪控制功能。当整机按下调谐键 UP（向上搜索电台）或 DOWN（向下搜索电台）时，微处理器（CPU）通过相关接口使 IC_5 第 31 脚输出 1 个高电平，该高电平电压一方面直接送至 IC_2（TA8132AN）第 8 脚使 IC_2 内中放输出关断，另一方面，这一高电平电压又通过限流电阻 R_{15} 加至外接静噪开关管 V_3 的基极，迫使静噪开关管 V_3 进入深度饱和状态，致使 IC_2 第 19 脚的 AM/FM 检波输出为 0（通过 V_3 直接到地），保证调谐搜索电台时的静音效果。

（3）自动搜索调谐锁台控制电路。当收音机在调谐搜索电台（包括自动扫描搜索电台）的过程中，一旦捕捉到电台频率信号时，IC_2（TA8132AN）第 9 脚将检测所得到的中频信号（IF）馈送至 IC_5 第 32 脚（IF-IN 端），经放大计数产生控制信号迫使 IC_5 内的扫描搜

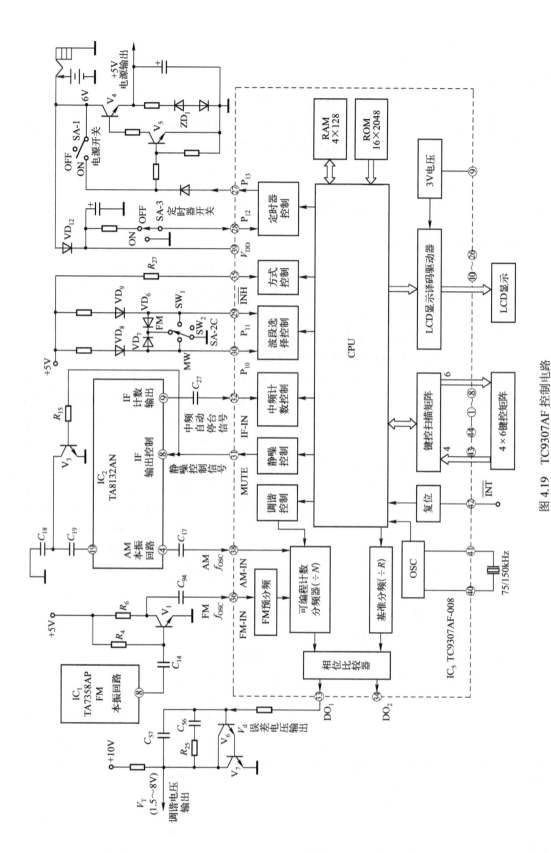

图 4.19 TC9307AF 控制电路

索停止，并切断静噪输出信号使 IC$_5$ 第 31 脚置于低电平，于是静噪控制自动解除（静噪开关管 V$_3$ 进入截止断开状态、IC$_2$ 第 8 脚置于低电平，使 IC$_2$ 的中频输出接通），实现自动扫描调谐的停台控制，以接收该电台信号。

（4）定时开/关机控制电路。为了满足 IC$_5$ 的定时控制工作和时间显示的需要，整机直接由外接电池（6V）经两级 LC 组成的 π 形滤波器和二极管 VD$_{12}$ 构成辅助电源单独为 IC$_5$ 第 39 脚提供电源（+V$_{DD}$）电压。同时由晶体管 V$_4$、V$_5$ 构成整机主电源的电子开关电路，外接电池（6V）须经该电子开关电路的通断控制才能为收音通道（IC$_1$、IC$_2$、IC$_3$、IC$_4$）提供工作电源。该电子开关的接通和断开主要受电源开关 SA-1 及 IC$_5$ 第 27 脚（P$_{13}$ 端子）输出电平的控制，当电源开关 SA-1 置于接通（ON）位置或 IC$_5$ 第 27 脚（P$_{13}$ 端子）输出高电平时，晶体管 V$_4$、V$_5$ 进入深度饱和导通状态，电子开关电路接通，经稳压二极管 ZD$_1$ 稳压后为整机提供（+5V）主电源。当电源开关 SA-1 置于断开（OFF）位置或 IC$_5$ 第 27 脚输出低电平时，晶体管 V$_4$、V$_5$ 进入截止断开状态，电子开关电路关断，整机（+5V）主电源关断，整机收音通道（IC$_1$、IC$_2$、IC$_3$、IC$_4$）因无电源供电而不工作，同时 IC$_5$ 中断控制端（第 35 脚）也因得不到电源供电而置于低电平，致使 IC$_5$（TC9307AF）内与收音通道有关的所有电路均处于关闭状态。只有 IC$_5$ 内的定时器和 LCD 液晶显示器部分通过辅助电源获得（+V$_{DD}$）电源供给（第 39 脚）而照常工作，用来显示时间及定时器有关字符，这时整机耗电电流在 30μA 以内。

整机定时器的开启与关闭是通过外接定时开关 SA-3 的切换来实现的。当定时开关 SA-3 置于如图 4.19 所示（OFF）位置时，使 IC$_5$ 第 28 脚（P$_{12}$ 端子）置于高电平，于是 IC$_5$ 内定时器无效（不工作），定时器输出端 P$_{13}$（IC$_5$ 第 27 脚）为低电平，主电源的电子开关电路维持原状态。当定时开关 SA-3 置于另一端（ON）位置时，使 IC$_5$ 第 28 脚（P$_{12}$ 端子）直接接地而置于低电平，于是 IC$_5$ 内定时器开启（有效工作）。若设定为定时开机工作状态，则一旦到预先设定的开机时间时，IC$_5$ 第 27 脚（P$_{13}$ 端子）即自行翻转，输出高电平，迫使主电源电子开关电路接通（开关管 V$_4$、V$_5$ 进入深度饱和导通状态），主电源供电，收音通道（IC$_1$、IC$_2$、IC$_3$、IC$_4$）进入工作状态。与此同时，IC$_5$ 中断控制端（第 35 脚）亦置于高电平而迫使 IC$_5$ 内与收音通道有关的所有电路全部解锁而进入收音工作状态，从而完成定时开机的任务。同理，若设定为定时关机工作状态，则一旦到预先设定的关机时间时，IC$_5$ 内 CPU 使第 27 脚（P$_{13}$ 端子）自行翻转为低电平，迫使主电源电子开关电路关断（开关管 V$_4$、V$_5$ 进入截止断开状态），主电源供电被切断，收音通道（IC$_1$、IC$_2$、IC$_3$、IC$_4$）全部不工作。同时，由于主电源的切断，IC$_5$ 中断控制端（第 35 脚）也因得不到电源供电而置于低电平，迫使 IC$_5$ 内与收音通道有关的所有电路均进入关闭状态，从而完成定时关机的任务。当然，在使用 DTS-12 机内定时装置实现上述定时开机和定时关机功能时，必须使手动电源开关 SA-1 置于 OFF 位置，而定时器控制开关 SA-3 必须置于 ON 位置，方能使键盘矩阵操作相应的按键所设置的定时开机和定时关机时间有效。

（5）本振信号注入电路。DTS-12 全波段数字调谐收音机的 AM 本机振荡信号由 IC$_2$（TA8132AN）产生，一般它的信号幅度较大，故从 IC$_2$（TA8132AN）第 4 脚输出的 AM 本机振荡信号频率经隔直耦合电容 C$_{17}$ 直接注入 IC$_5$ 第 38 脚至 IC$_5$ 内的程序可变分频器进行计数分频。而由 IC$_1$（TA7835AP）产生的 FM 本机振荡信号，因其幅度较小，在整机设计时，设置了单一晶体管 V$_1$ 构成的共射放大级，于是从 IC$_1$ 第 8 脚输出的 FM 本机振荡信号

频率经 V_1 管放大后送至 IC_5 第 36 脚，再送至 IC_5 内预分频器，经预分频后再进行吞咽式计数分频。

（6）调谐电压 V_T 控制电路。IC_5（TC9307AF-008）锁相环式频率合成器中鉴相器输出的误差信号电压经内设缓冲器缓冲放大后，从 IC_5 第 33 脚（DO_1）或第 34 脚（DO_2）输出至外接晶体管 V_6、V_7 构成的有源低通滤波器输入端（晶体管 V_6 基极）。RC 网络（R_{25}、C_{56}、C_{57}）是有源低通滤波器的比例积分网络，通过 RC 参数的选择可获得合适的低通滤波特性。IC_5 第 33 脚（DO_1）输出的代表压控振荡器（VCO）信号频率与基准信号频率之间的相位误差电压 V_d，经有源滤波器滤除交流分量后转换放大为相关大小的直流调谐电压 V_T。有源低通滤波器的电源电压（+10V），由+5V 主电源经 IC_4 组成的直流变换电路（DC-DC 变换）的变换提升后获得，从而保证了有源低通滤波器输出的调谐电压 V_T 有足够的变化范围（1.5～8V），以利于驱动各相关调谐回路变容二极管反偏电容的相应变化，实现理想的数字调谐效果。

（7）键控矩阵电路。DTS-12 全波段数字调谐收音机的键控矩阵位置排列如图 4.20 所示，T_0～T_5 是 IC_5（TC9307AF）的键控信号输出端，K_0～K_3 是键控信号的输入端。共设置瞬时按键 17 个，可完成自动扫描、向上手动调谐/向下手动调谐、快速搜索调谐、节目预置存储等多种功能，设置有二极管设定键 7 个，用来设定初期程序功能。整机设置有键盘锁定开关，当其置于锁定位置时，4 条键输入线（K_0～K_3）经二极管 VD_{13}～VD_{16} 均直接接地而被全部箝位于低电平，使所有键操作无效而工作于锁定状态。

	T_0	T_1	T_2	T_3	T_4	T_5
K_3	E_2	时钟	手动上调	M_3	睡眠	M_2/转换
K_2	E_1	测试	快速调	M_2/定时器	M_6	波段
K_1	E_0	波段输出	手动下调	M_1/定时器	M_5	自动搜索存储
K_0	SAM disable	后退	自动	存储	M_4	方式

☐：有线框的为瞬时键，其他为二极管设定键；
E_0～E_2：用于设定所接收的国家和地区；
SAM disable：用于选择是否采用"自动"功能键；
（注）：使用测试键时，需将二极管串接于该键。

图 4.20　键控矩阵排列图

4. 收音通道电路分析

DTS-12 全波段数字调谐收音机的 AM/FM 收音通道主要由 IC_1、IC_2、IC_3 承担。

（1）FM 调频头电路。FM 调频头电路由 IC_1 集成电路 TA7358AP 构成，TA7358AP 的内部功能框图与典型应用电路如图 4.21 所示。

当整机工作于 FM 接收状态时，由外接天线所得 FM 广播电台信号，经带通滤波器选择 FM 频段信号后注入 FM 高频头集成块 IC_1 第 1 脚进行高频（射频）放大，IC_1 第 3 脚外接带变容二极管 VD_1 的 LC 调谐回路，是该高频（射频）放大器的选频负载。经高频放大后的

FM 广播电台信号经隔直耦合电容 C_9 送至 IC$_1$ 第 4 脚注入 FM 混频级。IC$_1$ 第 8 脚外接带变容二极管 VD$_3$ 的 LC 本振回路是 FM 本机振荡器的谐振回路。FM 本机振荡信号一方面经 IC 内部缓冲放大器送至混频器作混频用，另一方面本振信号从 IC$_1$ 第 8 脚输出经隔直耦合电容 C_{14} 耦合，并经一个放大器（V$_1$）放大后送至 IC$_5$ 第 36 脚（FM-IN 端子）注入 IC$_5$ 内预置分频器。经 IC$_5$ 内吞咽式计数系统分频，与参考信号频率鉴相比较后得到的相位误差信号电压（V_d），由 IC$_5$ 第 33 脚送 V$_6$、V$_7$ 管有源低通滤波器滤波，滤波所得直流调谐电压 V_T 再加至 FM 高放、本振调谐回路（变容二极管 VD$_1$ 和 VD$_3$ 上），实现数字式锁相环频率合成的要求，完成 FM 数字调谐任务。VD$_1$ 和 VD$_3$ 均采用硅平面型变容二极管 ISV101，它具有较小的内阻（0.3Ω左右）和较大的容量变化范围，当反偏电压（机内调谐电压 V_T）在 3～9V 范围内变化时，电容量可在 30～13pF 范围内调节。上述的 V$_1$、V$_6$、V$_7$ 等电路参见前述的图 4.19 的 TC9307AF 控制电路所示。

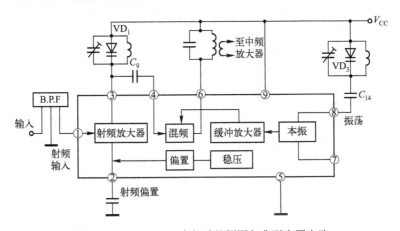

图 4.21　TA7358AP 内部功能框图与典型应用电路

（2）FM 中频和立体声解码电路。FM 中频和立体声解码电路以及 AM 的高中频电路均由 TA8132AN（集成块 IC$_2$）构成，TA8132AN 的内部功能框图与典型应用电路如图 4.22 所示。

在 FM 高频头集成块 IC$_1$ 第 6 脚外接 FM 中频变压器 T$_1$ 上所获得的 10.7MHz 的 FM 中频广播电台节目信号，经外接晶体管 V$_2$ 选频放大和隔离缓冲后送至 IC$_2$ 第 24 脚进行 FM 中频放大，陶瓷组件 Z$_1$（10.7MHz）是晶体管 V$_2$ 选频放大器的选频负载。经 IC$_2$ 内 FM 中频放大、限幅、FM 鉴频（正交检波）所得调频立体声复合信号，通过 IC$_2$ 内 AM/FM 电子开关的自动切换，从第 19 脚经耦合电容 C_{22} 送至第 18 脚进行调频立体声解码。解码所得左（L）、右（R）双声道立体声广播节目的音频信号，分别从 IC$_2$ 第 13 脚和 14 脚输出，其中陶瓷组件 Z$_3$（10.7MHz）是 FM 鉴频（正交检波）负载，Z$_4$ 是 FM 立体声解码电路的锁相环中压控振荡器（VCO）的选频负载（456kHz），经 IC$_2$ 内设置的 1/12 分频器分频，可获得 38kHz（456kHz/12 = 38kHz）的副载波。在完成上述双声道 FM 立体声广播解码的同时，IC$_2$ 第 9 脚提供中频计数输出信号以实现自动扫描调谐的停台控制，而 IC$_2$ 第 8 脚又可接收 IC$_5$（CPU）送来的静噪调谐控制信号，实施 IC$_2$ 中放输出的通/断控制。

（3）立体声音频功率放大电路。IC$_2$ 第 13 脚、第 14 脚输出的 FM 立体声左、右声道广播节目音频信号经 RC 去加重网络处理后送双通道音频功率放大器集成电路（IC$_3$）进行功

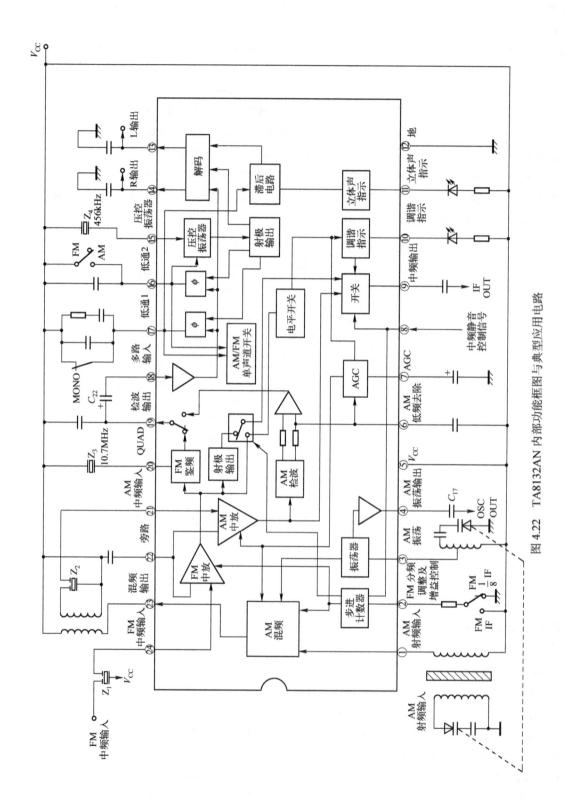

图 4.22 TA8132AN 内部功能框图与典型应用电路

率放大后，由扬声器或左、右声道的外接立体声耳机获得理想的调频立体声广播节目的收音效果。

（4）AM 通道电路。当整机工作于 AM 接收状态时，由 AM 三波段（MW、SW_1、SW_2）输入调谐回路所选择的 AM 广播电台信号，注入 IC_2 第 1 脚内的 AM 混频器。AM 本机振荡 LC 回路外接于 IC_2 第 3 脚，AM 混频所得 465kHz 调幅中频信号从 IC_2 第 23 脚输出。AM 输入调谐回路和本振回路均连接有硅平面型变容二极管 ISV149 作调谐用，它们具有较宽的电容容量变化范围。当调谐电压 V_T（反偏电压）在 1～8V 范围内变化时，其等效电容容量可在 540～30pF 范围内变化。AM 本机振荡器在向 AM 混频器注入本振信号的同时，还通过缓冲器（整形）从 IC_2 第 4 脚输出 0.5V 本振信号频率矩形波，经隔直耦合电容送至 IC_5 第 38 脚直接注入 IC_5 内程序可变分频器分频，而后送至锁相环鉴相器进行 AM 的相位比较。465kHz 的 AM 中频信号由混频器选频负载（陶瓷滤波器 Z_2）选频后注入 IC_2 第 21 脚继续进行中频放大和检波，此时，通过外接转换开关 SA-2f 的切换使 IC_2 第 16 脚置于高电平（$+V_{CC}$），从而迫使 IC_2 内立体声开关解码电路关闭而仅起音频信号放大作用。于是，AM 广播节目的音频信号由 IC_2 第 13 脚、第 14 脚输出，经后续功率放大器（IC_3）的放大输出，完成 AM 收音任务。

（5）直流电压变换电路（DC-DC 变换）。为了满足 DTS-12 全波段数字调谐收音机便于携带的要求，本机用+6V 外接电池作为整机的电源供电。而机中数字调谐锁相环式频率合成器中变容二极管所需的反偏电压（调谐电压 V_T），在各波段的高端往往需要比+6V 高得多的电源电压。为此，机中锁相环中的有源低通滤波器（晶体管 V_6、V_7）采用+10V 的高电源电压供电，以获得 1.5～8V 的调谐电压，达到对变容二极管容量的调节控制作用。因此，在整机设计中采用了 DC-DC 直流变换集成电路 TA8126S（IC_4），由它来完成+5V 低压直流电源变换为+10V 高压直流电源的要求。

TA8126S 集成电路具有较宽的电源电压范围，供电电源 V_{CC} 在 1.8～10V 范围内均能正常工作。通过 IC_4 内 DC-DC 转换可获得+10V、+15V、+30V 3 挡直流电源电压（$+V'_{CC}$）的输出。如图 4.23 所示是集成电路 TA8126S 的内电路结构和典型应用电路。IC_4 内设置有电感三点式振荡器电路，将+5V 直流电源转换为交流电，并经振荡变压器次级绕组的升压，然后送到倍压整流电路整流，再经稳压电路稳压后获得+10V、+15V、+30V 3 组较高的直流电压电源（$+V'_{CC}$）。

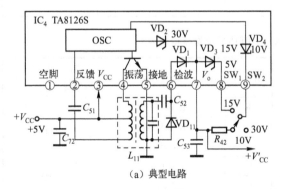
（a）典型电路

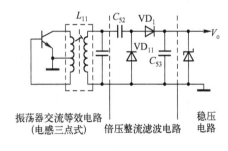
（b）升压原理

图 4.23 TA8126S 内部结构和应用电路

IC_4 第 1 脚为空脚，第 2 脚是 IC_4 内振荡器的正反馈注入端，第 3 脚是电源电压（$+V_{CC}$）供给端子，第 4 脚是振荡器的振荡变压器外接端子，第 5 脚是 IC_4 接地端子，第 6 脚外接电容 C_{52}、整流二极管 VD_{11} 及第 7 脚外接电容 C_{53} 和 IC_4 内部的二极管 VD_1，一起构成倍压整流电路，倍压整流提升所得直流电压经 IC_4 内部稳压管 VD_4、VD_4+VD_3、VD_2 稳压后分别提供+10V、+15V、+30V 较高的直流电压电源（$+V'_{CC}$）。在东芝 DTS-12 数字调谐器中，经 IC_4 使+5V 直流电源电压转换为+10V 高直流电压电源。为了减少 IC_4 内振荡器通过电源对外的辐射干扰，在 IC_4 的电源供给（+5V）电路中专门设置了两级 *LC* 滤波器予以抑制。

5. 各集成电路主要引脚的功能与工作电压

为了进一步全面了解东芝 DTS-12 全波段数字调谐器，现将该机各集成电路主要引脚的功能及工作电压列于表 4.2 至表 4.5，供大家学习和进行故障检修时参考。

表 4.2 IC5（TC9307AF）直流工作电压

引脚	功能	直流电压（V）		引脚	功能	直流电压（V）	
		AM	FM			AM	FM
32	IF 中频停台信号输入	0.3	0.3	38	AM 本振信号输入	0.3	0
33	PLL 控制信号输出	1.2	1.2	39	V_{DD} 电源供给	5.0	5.0
34	PLL 控制信号输出	1.2	1.2	40	X_1 石英晶振	0.6	0.6
35	INH 方式设置输入口	3.5	3.5	41	X_2 石英晶振	0	0
36	FM 本振信号输入	0	0.3	42	INT 中断输入	5.0	5.0
37	GND 接地	0	0				

表 4.3 IC1（TA7358AP）引脚功能及直流电压表

引脚	功能	直流电压（V）	引脚	功能	直流电压（V）
1	FM 高频信号输入	0.7	6	FM 混频输出	4.3
2	高频旁路	1.4	7	FM 本振检测	3.9
3	FM 高频信号输出	4.3	8	FM 本振回路	4.3
4	FM 混频输入	1.3	9	V_{CC} 电源	4.3
5	地	0			

表 4.4 IC2（TA8132AN）引脚功能及直流电压表

引脚	功能	直流电压（V）		引脚	功能	直流电压（V）	
		AM	FM			AM	FM
1	AM 高频信号输入	4.6	4.0	8	IF 输出控制	0	0
2	FM 分频调整	4.3	4.0	9	IF 计数输出	4.5	4.3
3	AM 本振	4.6	3.8	10	调谐指示	0	0
4	AM 本振输出	4.2	4.3	11	立体声指示	3.6	0.2
5	V_{CC} 电源	4.6	4.3	12	GND 地	0	0
6	AM 高通滤波	2.6	3.1	13	立体声解码输出（L）	0.8	0.8
7	AGC 滤波	0.7	0.5	14	立体声解码输出（R）	0.8	0.8

引 脚	功 能	直流电压（V）		引 脚	功 能	直流电压（V）	
		AM	FM			AM	FM
15	副载波 VCO	3.8	3.6	20	FM 鉴频回路	3.8	3.5
16	立体声解码滤波器	5.0	2.8	21	AM-IF 输入	4.5	4.2
17	立体声解码滤波器	5.0	2.8	22	AM/FM 中频旁路	3.8	3.8
18	立体声复合信号输入	0.5	0.5	23	AM 混频输出	4.5	4.2
19	AM/FM 检波输出	1.1	0.8	24	FM-IF 输入	4.5	4.2

表 4.5　IC$_3$（TA7376P）引脚功能及直流电压表

引 脚	功 能	直流电压（V）	引 脚	功 能	直流电压（V）
1	音频信号输入（L）	0	6	音频信号输出（R）	2.4
2	负反馈（L）	0.7	7	滤波	1.3
3	音频信号输出（L）	2.4	8	负反馈（R）	0.7
4	VCC 电源	5.2	9	音频信号输入（R）	0
5	GND 地	0			

 本章小结

调谐器是音响设备的主要信号源之一，用来接收调幅广播或调频广播信号，并采用超外差接收方式对其进行变频处理，然后再进行中频放大和解调，取出所需的音频信号。

输入回路是用来选择所要接收频率的电台信号。变频电路的作用是将电台信号与本振信号进行混频处理，使所接收的电台信号的载波频率变为固定的中频。中放电路对中频信号进行多级放大和选频，以保证整机的灵敏度和选择性。

检波器是用来从中频调幅信号中解调出音频信号。自动增益控制（AGC）电路的作用是根据接收电台信号的强弱，自动调节接收机的增益，以保证接收在接收强、弱电台信号时，都能得到大小基本稳定的音频信号。

调频广播具有频带宽、音质好、噪声小、抗干扰性能好等特点。调频接收机的电路组成与调幅接收机相类似，不同的是有专用的调频头电路、自动频率控制（AFC）电路、限幅器、鉴频器和立体声解码电路等。

调频头电路由输入回路、高频放大、本振与混频电路组成，用来接收和放大调频电台信号，并将载波变换成 10.7MHz 的中频信号。

在调频中放电路后加入限幅器，可以有效地切除调频波中的寄生调幅干扰信号。鉴频是调频调制的逆过程，它的作用是从 10.7MHz 的中频调频波中解调出音频信号。如果接收的是立体声广播，则解调出的是立体声复合信号。

在导频制立体声调频广播中，立体声复合信号由主信号、副信号、导频信号 3 部分组成，且各信号的频率范围不同，同时对应于副载波正、负值的包络线分别为左信号和右信号。

立体声解码电路的作用是从鉴频器输出的立体声复合信号中分离出左、右声道的音频信号。通常采用开关式解码方式，其电路结构主要由开关式解码电路、锁相环副载波恢复电路等组成。

数字调谐器（DTS）是采用变容二极管来代替传统调谐器中的可变电容器，并且运用了锁相环频率合成技术和微处理器控制技术，使 DTS 具有自动调谐、存储记忆、数字频率显示等智能功能，同时具有调谐准确、工作稳定、可靠性高等特点。

　　数字调谐器的电路由收音部分和数字调谐控制部分组成。收音部分的电路组成与传统的调谐器基本相同，数字调谐控制部分是 DTS 的核心，由锁相环频率合成器和微处理控制器两部分构成，完成本振频率合成、数字频率显示、自动搜索调谐控制、波段切换、定时开/关机、静噪调谐、电台频率预置存储等功能。

 习题 4

4.1　调谐器的主要性能指标有哪些？什么叫灵敏度？什么叫选择性？

4.2　画出调幅超外差式收音机电路方框图，简述信号接收处理过程。

4.3　变频电路的作用是什么？输入信号、本振信号、中频信号的频率之间有什么关系？

4.4　同步检波器的电路结构如何？简述同步检波器的工作原理。

4.5　画出立体声调频接收机电路方框图，简述信号接收处理过程。

4.6　调频头电路、中放和限幅电路及鉴频器的作用各是什么？

4.7　移相乘积型鉴频器的电路结构如何？简述其工作原理。

4.8　导频制立体声复合信号由哪些部分组成？它的频谱特点和波形特点如何？

4.9　数字调谐器有哪些特点？

4.10　数字调谐器的电路组成情况如何？

4.11　集成电路 TC9307AF 有哪些特点？

4.12　集成电路 TC9307AF 具有哪些控制电路？

4.13　简述 TC9307AF 是如何实现自动搜索调谐的锁台控制的？

第 5 章　调　音　台

教学导航

教学目标	1. 了解调音台的基本功能与种类，知道调音台技术指标的含义； 2. 理解调音台的电路组成与基本原理，懂得调音台电路中的信号流程与处理过程； 3. 掌握调音台各输入与输出接口的功能，各控制开关与旋钮的作用； 4. 熟悉调音台的基本操作方法。
教学重点	1. 调音台的电路组成，调音台电路中的信号流程； 2. 调音台各输入与输出接口的功能，各控制开关与旋钮的作用； 3. 调音台的基本操作方法。
教学难点	1. 调音台电路中的信号流程； 2. 调音台各输入与输出接口的功能，各控制开关与旋钮的作用。
参考学时	10 学时

　　调音台是音响系统的主控音频设备，也是专业音响系统的控制中心，用来对音频信号进行加工润色和实现有关功能的调节与控制。调音台实际上是一个音频信号混合处理控制台（Audio Mixing Controler），是一种多路输入、多路输出的调音控制设备，它将多路输入信号进行放大、混合、处理、分配，进行音质修饰和音响效果加工，是现代电台广播、舞台舞厅扩声、音响节目制作等系统中进行播放与录音的重要设备。

5.1　调音台的功能与种类

　　调音台可以接收多路不同阻抗、不同电平的输入音源信号，并对这些信号进行放大及处理，然后按不同的音量对信号进行混合、重新分配或编组，产生一路或多路输出。通过调音台还可以对各路输入信号进行监听。

5.1.1　调音台的主要功能

　　调音台的功能很多，但最基本、最主要的功能是信号放大、处理、混合及分配。

1. 信号放大

　　调音台的输入信号源有传声器（话筒）、录音机、CD 唱机、调谐器、电子乐器等，它们的电平大小不同。从话筒来的信号很微弱，约为几 mV～200mV，而从 CD 唱机来的信号可能高达 1000mV，这就要求调音台能对各种大小不同的信号进行不同程度的放大，使各种信号的幅度最终相差不多，以便在调音台内对它们进行处理。同时，调音台为适应输入信号的不同电平大小，通常在调音台输入端设有高电平（线路输入）和低电平（传声器输入）两个插口，前者主要接收录音机、CD 唱机、调谐器所输出的大信号，也可接收来自混响器等效果装置返回的较强信号，后者接收来自话筒的微弱信号，并进行足够的放大，同时放大器的增益可以进行调节控制。

2．信号处理

调音台最基本的信号处理是频率均衡处理。调音台的每一个输入通道均设有频率均衡器（EQ），调音师按照节目内容的要求，对声音中的低、中、高等不同频率成份进行提升或衰减，以美化声源的音色。通过频率调整可以弥补声音的"缺陷"，提高音频信号的质量，以达到频率平衡这一基本要求。在现代音响设备中，还专门配备有多段频率均衡器设备。

此外，调音台还有对各输入通道信号进行音量控制，以达音量平衡；有的调音台在输入通道中还设有滤波器（例如低切滤波器），用来消除节目信号中的某些噪声；有的含有音频信号的延迟混响处理，使音频信号产生一定的混响效果；有的调音台设置了"压缩/限幅器"（Compressor/Limiter），用来对音频信号的动态范围进行压缩或限制，把信号的最大电平与最小电平之间的相对变化范围加以减小，达到减小失真和降低噪声等目的。现代音响设备中也有专门的效果处理器、听觉激励器、压缩／限幅器、扩展器等设备供选择。

3．信号混合

调音台具有多个输入通道或输入端口，例如连接有线话筒的话筒（MIC）输入、连接有源声源设备的线路（LINE）输入、连接信号处理设备的断点插入（INSERT）和信号返回（RETERN）等。而最后通过调音台输出的主信号可能只有一路或两路，这就需要调音台将这些端口的输入信号进行技术上的加工和艺术上的处理后，按一定比例混合成一路或两路信号输出。因此，信号混合是调音台最基本的功能，从这个意义上讲，调音台又是一个"混音台"。

4．信号分配

调音台不仅有多路输入，而且具有多个输出通道或输出端口。除了单声道（MONO）输出，立体声（STEREO）主输出外，还有监听（MONITOR）输出、辅助（AUX）输出、编组（GROUP）输出等。调音台要将混合后的输入信号按照不同的需求分配给各输出通道。例如，需要对某一路的人声施加混响效果，则除了将该路人声送往主输出外，还需要从该路取出（分配）一部分信号，馈入接有混响器的辅助输出通道，混响器对人声进行处理后，再返送到调音台，并混合至调音台的主输出上，即可听到混响效果了。

立体声调音台的"声像定位"是信号分配的又一典型应用示例，它是利用调音台输入通道上的声像电位器（PAN），来调节在立体声输出左、右两路声道中的信号分配比例，获得不同的信号强度，实现声像定位控制。

由此可见，调音台实质上是一种矩阵，即具有任何一路输入可送往任何一路输出，而任何一路输出可以是任何若干路输入的混合。

除了上述四大主要功能之外，调音台还有监听、显示、编组、遥控、对讲等辅助功能。调音台可以单独监听各路输入信号或输出信号，也可以有选择地监听混合信号，为系统调音提供依据；调音台上均设有音量表或数字化发光二极管指示光柱，用来指示各种信号电平的强弱，以便调音师在监听的同时，可以通过视觉对信号电平进行监测，以判断调音台内各部件工作是否正常；调音台上还专门设有一个通信话筒接口，可接入一个动圈式话筒，供音响操作人员与演出人员对讲使用，当开启调音台上的对讲开关时，除接通通信话筒外，同时将其他话筒从节目传送系统转接到通信对讲系统。

5.1.2 调音台的种类

调音台的种类很多，并且有多种不同的分类方法。

（1）按输入路数分类：有 4 路、6 路、8 路、12 路、16 路、24 路、32 路、40 路、48 路、56 路等。常用的有 8~24 路。

（2）按主输出路数分类：有单声道、双声道（立体声）、三声道、四声道、多声道等。最常用的是双声道调音台。此外，输出路数有时还需考虑编组输出和辅助输出的路数。

（3）按结构形式分类：有一体化调音台和非一体化调音台两大类。一体化调音台通常也称为便携式调音台，它是将调音台、功率放大器、均衡器和混响器等功能集于一身，装在一个机箱中，一般这种调音台的输出功率较小，不超过 2×250W，操作简便，特别适合流动性演出、卡拉 OK 厅与夜总会等娱乐场所。非一体化调音台往往也称为固定式调音台，它的最显著特征是不带功率放大器，这种调音台与功率放大器及其他设备可视具体情况进行单独匹配，以满足不同场合的需要。

（4）按信号处理方式分类：有模拟式调音台和数字式调音台。数字式调音台含有模数转换（A/D）、数模转换（D/A）和数字信号处理（DSP）等功能单元，功能较多、价位较高。

（5）按功能与使用场所分类：有录音调音台（Recording Console）、音乐调音台（Music Console）、剧场调音台（Theatre Console）、扩声调音台（P.A.. Console）、数字选通调音台（Digital Routing Console）、 带功放的调音台（Power Console）、有线广播调音台（Wired Broadcast Console）、无线广播调音台（On Air Console）、便携式调音台（Compact Mixer）、立体声现场制作调音台（Stereo Field Production Console）等。

在会堂、歌舞厅中常用扩声调音台。就扩声调音台而言，按其功能和结构不同又可分为普通调音台、编组输出调音台、带混响和功放的调音台。普通调音台的结构比较简单，通常只有立体声主输出、单声道输出和辅助输出等，均衡器段数也较少；编组输出调音台的结构相对较复杂，除具有上述输出外，还带有 4 个以上的编组输出或矩阵输出等，均衡器段数也较多且具有扫频功能；带混响和（或）功放的调音台一般是在普通调音台的基础上增加了混响器和（或）音频功率放大器，是一种混响和（或）功放一体化调音台。

此外，还有卡拉 OK 厅专用的 AV 混音控制台及家用卡拉 OK 放大器、卡拉 OK 伴唱机等。严格说来，这类设备在专业上不能称其为调音台，但它们都具有与调音台类似的混音功能。

5.1.3 调音台的技术指标

不同的调音台，其产品说明书中可能会罗列多项指标，其主要技术指标主要是以下几方面的内容。

1．增益（Gain）

增益一般是指调音台的最大增益，即通道增益控制器置于灵敏度最高位置。其数值应为 80～90dB。该增益足以满足灵敏度最低的传声器对放大器的要求及调音台约有 20dB 电平储备值的要求。

2．频率响应（Frequency Response）

这项指标是在通道中所有均衡器或音调控制器和滤波器都在"平线"（即任何频段不提升也不衰减，滤波器断开不用）位置时进行测量所得的值。一般调音台要求带宽 30Hz～15kHz，频率不均匀度小于±1dB；高档调音台要求带宽 20Hz～20kHz，频率不均匀度小于±0.5dB。

3．等效噪声和信噪比（Equivalent Input Noise and S/N Ratio）

调音台输入通道一般都设有传声器输入和线路输入。传声器输入用折算到输入端等效噪声电平来表示；线路输入则用 0dB 增益时的信噪比来表示。

输入端等效噪声电平等于输出端噪声电平与调音台增益之差。

由于调音台噪声主要来自前置放大器，当它的增益一定时，噪声是恒定的，而调音台的音量衰减器是可调整的，这样测得的信噪比也就不一致，但是输入端等效噪声电平却是不变的，这一指标能比较准确地表明"输入"前置放大器部件的噪声性能，故被采用。

线路输入以信噪比表示其噪声指标，它是单独一路的输入/输出单元的质量指标，一般大于 80dB。

4．非线性失真（Distortion）

非线性失真是指在整个传输频带内的"总谐波失真"，一般调音台都小于 0.1％，较高档的调音台小于 0.05％。

5．分离度（Impedance）或串音（Crosstalk）

分离度或串音指相邻通道之间的隔音度。高频隔音度往往比低频隔音度差，一般要求 60～70dB 以上。有些产品还标明总线之间的分离度，它应比通道之间更严格，一般在 70～80dB 以上。

5.2 调音台的组成与工作原理

调音台的种类繁多，面板上的各种控制旋钮与插口非常繁杂，初学者刚接触调音台时往往觉得很复杂，面对繁多的控制钮与接口感到茫然不知所措。其实，只要抓住它的基本规律，掌握调音台并不难。要掌握并灵活运用调音台，关键在于：

（1）弄懂并掌握调音台的系统方框图，这是掌握调音台的首要关键。在弄懂调音台的系统图中，着重搞清信号流程、输入和输出单元的构成规律和特点。

（2）结合系统方框图，掌握调音台面板上旋钮和控制键的排列规律与功能。通常，调音台输入单元在面板上的排列顺序由上而下为：增益控制（GAIN）、均衡器（EQ）的音调调节（高、中、低音）、辅助音量控制（AUX，可有多个）、声像电位器（PAN）及推子（FADER）等，也有少数例外。

（3）结合系统图搞清调音台上各输入输出接口（插口）的作用与接法，从而明确系统的接线。此外，还要弄清系统各级电平图。

（4）掌握调音的一般规律与技巧。

下面分析一下调音台系统构成的一般规律。

5.2.1 调音台的组成

从系统构成来说，调音台基本上可分为三大部分：输入部分、总线部分、输出部分。在系统图上，输入、输出两部分是以总线（BUS）为分界的，总线又称母线，是连接输入与输出的纽带。调音台主干通道的系统组成如图 5.1 所示。

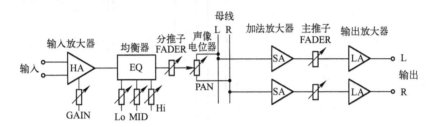

图 5.1　调音台主干通道的系统组成

1. 输入部分（INPUT）

调音台输入部分是由一排竖向并列的许多路相同的输入单元组成，每一个单元可以接受一路输入信号，例如，对于 12 路的调音台，就有 12 个相同的输入单元。现在调音台的品牌型号尽管众多，但输入单元的构成基本相同，即总包含有如图 5.1 左半部分所示的四个基本部分：输入放大器（HA）、均衡器（EQ）、音量控制（FADER，俗称推子）、声像电位器（PAN）。不同型号的调音台，只是在这 4 个基本部分的中间或前后，增设一些功能键、插口或部件。

输入放大器（HA）是用来调节输入信号放大量（增益）大小的。它是输入信号的第一级放大器，其增益的调节由图中增益（GAIN）电位器实现。

均衡器（EQ）用作频率均衡或补偿，以美化音色。通常分为高音（HIGH）、中音（MID）、低音（LOW）三挡电位器可调。有的简单调音台只有高音、低音两挡调节，复杂的也有四挡（高音、中高音、中低音、低音）调节，一般是中心频率不变，通过电位器旋钮的提升或衰减来调节音色，近来在中音（MID）挡也常用半参量式调节，即分为中心频率（MID FREQ）和均衡量调节。

音量控制（FADER）推子是一个直推式电位器，用以调节该输入通道音量的大小。在多路信号输入经混合输出的情况下，它实际上是调节该路信号在总输出信号中所占的比例大小。增益（GAIN）旋钮和 FADER 推子都可调节输入通道的音量大小，一般前者作为音量的粗调，而后者推子作为音量细调。

声像电位器（PAN）又称全景电位器，它实际上是一个同轴转动的双连电位器，随着旋轴转动，一路输出增大，另一路输出则减小。当 PAN 旋钮转至 L，则 L（左）路输出最大、R（右）路输出最小，合成的声像将出现在左路扬声器一侧。同理，当 PAN 旋钮转到 R，则 R（右）路输出最大，声像在右路扬声器一侧。当旋钮转到中间位置 C，则 L、R 两路电位器输出相等，故声像定位于中央。

以上说明了调音台输入单元的主干通道。为了扩展功能，例如监听和效果功能，输入单元至少还增设监听和效果两条支路，带有扩展功能的调音台系统如图 5.2 所示。

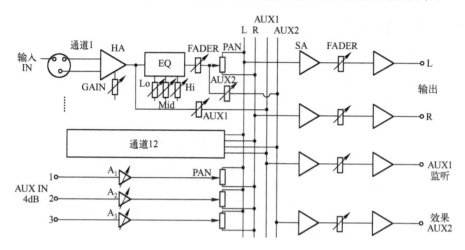

图 5.2　调音台含辅助功能的系统组成

这两条辅助支路（AUX1、AUX2）从输入单元主干通道上取出信号的分支点位置通常有两个：一个是在输入通道的音量 FADER 推子之前（PRE），一个是在直推电位器之后（POST）。效果用支路一般在推子后面取出，这样可使效果声在输入通道进行响度调整时，能与之同步变化；监听用支路则通常在推子前面取出位置，这样能使监听信号的音量调整不受输入通道推子的影响。另外，有些调音台为了在使用上更具通用性，还配置信号取出位置选择开关，用来选择取出点位于推子之前或之后。调音台的监听和效果所用的英文缩写，各个厂家不尽相同，例如监听（MON），有的用 CUE（选听）、FB（返听）等，通常取自推子之前信号的监听使用 PFL 按键，取自推子之后的监听使用 AFL 按键。

以上叙述了调音台输入单元的基本形式。各种型号调音台为了适应不同使用要求，往往还增设一些其他功能开关或插口。例如，在输入单元的输入端，通常设有传声器输入（MIC IN）和线路输入（LINE IN）两种插口，传声器输入插口为低电平输入，比如-60dB（参考电平 0dB 相当于 0.775V），一般为低阻（LOW-Z），接插件多为平衡式的卡侬（Canon）插头，并配以幻像供电（PHANTOM）开关，供电容传声器使用；而线路输入为高电平，一般为高阻（HIGH-Z），使用不平衡式插头。随后，在输入放大器之前，有时接有衰减量为-20dB 的固定衰减器（PAD）按键，按下该键使该输入通道的输入信号衰减20dB，从而扩展了输入通道的动态范围。

此外，还常在输入放大器与 EQ 均衡器之间设置插入（IN-SERT）插口，以便在此处将待外接的压限器、噪声门或频率均衡器等插入输入通道。由于经过输入放大器放大，故处理的是高电平信号。另外，有时在输入通道中，还设置倒相开关（Φ 或 PHASE INV）、滤波器（低切或高切）、编组开关（GROUP）、静音控制（MUTE）等。

2．总线部分（BUS）

总线又称母线（BUS），是各路输入通道信号的汇流处（或汇合点），它可以看作调音台输入部分与输出部分的分界线，各路输入信号在这里汇合并送往输出部分进行叠加。母线的多少与调音台的功能有关，通常母线越多，调音台的功能越强。一般调音台最基本有四条母线：左（L）输出母线、右（R）输出母线、监听母线和效果母线，后面两条母线都是辅助（AUX）母线，故有时称为辅助 AUXl、AUX2 母线。复杂的调音台母线可达十几条。

3．输出部分（OUTPUT）

如图 5.1 和图 5.2 所示，调音台的输出单元从母线开始，通常以"加法放大器（记作 SA 或 Σ）→音量控制（FADER 或音量电位器）→输出放大器（LA 或 PA）"形式构成。相加放大器 SA 的功能是将各个输入单元来的信号在此进行叠加、放大。实际上，这种功能利用具有加法器功能的运算放大器是很容易实现的。音量控制可以采用直推式电位器（FADER，称为输出推子），也可采用旋转式电位器（旋钮）输出。输出放大器 LA 完成放大和阻抗变换的功能。通常，一条信号母线就有一路输出单元送出。因此，母线越多，输出端口也越多。

在立体声调音台中还常配置总输出（MASTER）或和输出（SUM OUT），它是左（L）、右（R）主输出信号之和（L+R）。它可用于厅堂扩声的中央声道，也可用于输出监听信号和声控信号的拾取等。

在带功放的调音台中，输出部分还含有图示均衡器、功率放大器和效果器等。

4．LED 显示和 VU 表、PPM 表指示

在调音台的输入部分和输出部分中还有显示单元，用以指示信号音量的大小。调音台的显示部件有 LED（发光二极管）、VU 表和 PPM 表三种，其中 LED 灯一般用于指示输入单元的信号大小，VU 表和 PPM 表一般用于输出部分。例如，接在输入单元的均衡器 EQ 之后的峰值（PEAK）LED 或过载削波（CLIP）LED 指示灯，用来指示该输入通道信号的峰值。当它闪亮太频繁或总是亮着时，表明输入信号过强，这时需调小调音台输入放大器增益，或调节节目源的输出电平使输入信号减小，否则就会产生过载削波失真；反之，如果该 LED 灯长灭不亮，表明激励不足，应将输入信号幅度调大，否则会导致信噪比下降。

VU 表（Volume Unit，音量单位表）和 PPM 表（Peak Programme Meter，峰值音量表）通常接在输出通道上，用来指示输出信号的电平大小。VU 表采用平均值检波，PPM 表使用峰值检波器。由于 VU 表只能指示输入信号的准平均值，不能指示输入信号的峰值，因而当电路过载引起节目失真时，VU 表往往指示不出来，这是 VU 表的缺点。而 PPM 表就不存在这个问题，因为它能指示峰值的大小，测出信号的摆幅情况，能精确地指示出节目的峰值。所以，PPM 表做监测声频节目电平时比 VU 表优越。但峰值的大小并不能直接体现出响度的高低，因此 PPM 表的指示值不能表示信号的响度，这是 PPM 表的缺点。人的耳朵对声音的响度，更多地接近于 VU 表，而不是接近于 PPM 表。

5.2.2 调音台的基本原理

调音台具有多个输入通道和输出通道，而且它的基本功能之一就是要将多路输入信号混合后重新分配到各输出通道。因此，调音台的信号流程是多向的，其基本原理框图及电平图如图 5.3 所示。

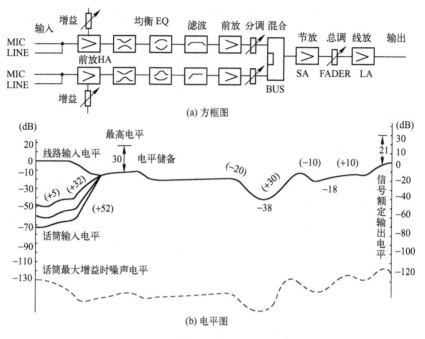

(a) 方框图

(b) 电平图

图 5.3　调音台基本原理框图和电平图

1. 信号输入

调音台每路输入通道都设有低阻抗（Lo-Z）话筒（MIC）输入端和高阻抗（Hi-Z）线路（LINE）输入端，分别用来连接传声器和有源设备。

在话筒输入端，装有一个+48V 直流幻像电源，它是为专业电容话筒提供工作电压的，通过幻像电源开关可控制其通断。有些调音台的幻像电源开关设置在各输入通道上，它们单独控制着各通道，相互间互不影响；还有很多调音台只设置一个总的幻像电源开关，它控制所有通道的话筒输入端所加的幻像电源，当某些话筒输入端（不一定是全部）需要接电容话筒时，就要接通此开关，这时每一路话筒输入端都加有+48V 直流电压，以供电容话筒使用，此时并不影响动圈话筒的正常使用。需要注意的是，当幻像电源接通时，话筒输入端不可误接其他有源设备，以免使其损坏。当系统中不使用电容话筒时，最好将幻像电源切断。

调音台为电容话筒提供+48V 直流电源的幻像电源原理电路如图 5.4 所示。所谓"幻像

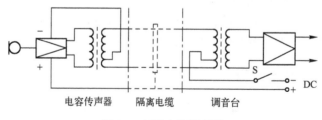

图 5.4　幻像电路原理图

（PHANTOM）电路"是指没有专用的导线而能传输电流的一种电路。电容话筒与调音台之间原有的双芯屏蔽电缆传输音频电流，同时该电缆内的两条导线按同一电位接直流电的一极，隔离网状外皮则作为直流电另一极的接线，音频与直流互不干扰，节省了两条导线。

现代调音台大多将话筒输入和线路输入结合起来，使用同一路前置放大器。该放大器实际为差动（平衡）输入运算放大器，其原理示意图如图 5.5 所示。由于传声器信号很微弱而有源设备信号电平较高，要求放大器应有较高的增益调节范围，通常在 60～70dB 以上。输入信号经电平提升后，再送到电平调整器（实际上是一个衰减器）控制信号强度。这种先将

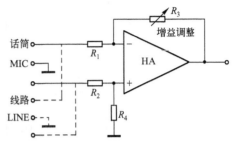

图 5.5　前置放大器原理示意图

信号电平提升再进行电平衰减调整的方式，是为了降低通路中固有噪声对声音信号的干扰，以保证信号在通路中能有足够高的信噪比。如果直接对传声器等输入的弱信号进行电平调整，则电平调整电位器引入的感应噪声、电位器调节噪声以及放大器本身的热噪声的影响势必增加。

必须指出，由于话筒输入与线路输入共用一个通道。因此调音台输入通道的话筒输入端和线路输入端不能同时使用。也就是说，当某通道话筒输入端接有话筒时，该通道的线路输入端就不得接入其他设备。有些调音台还专门设置有话筒／线路输入切换开关，以便用户使用，但此时要注意通道增益（输入灵敏度）的调节。

通常，调音台的输入端口都是平衡式的，而后面的电路是不平衡的，因此输入信号要经过平衡／不平衡转换才能送入后面的电路。调音台之所以采用平衡式输入（多数为浮地式平衡），是为了减少各信号源向调音台输送信号时感应噪声和它们的信号互串。

现代调音台各输入端口与信号源之间采用跨接方式连接，即调音台输入端口的输入阻抗远大于（至少 5 倍）对应信号源的输出阻抗，这是为了保证各种信号源能有较高技术指标而采取的措施。例如，某调音台话筒（MIC）输入端阻抗 1.8kΩ（通常也称低阻输入端），线路（LINE）输入端阻抗 10kΩ（也称为高阻输入端）等。

2．频响控制

调音台各输入通道还设置有进行频率特性调整的频响控制电路，以便对某些有频率特性欠缺的信号进行频响校正。或借助频响控制电路有意识地改变信号的音色，达到某种特殊的效果。

普通调音台的频响控制电路一般只对信号的高频分量、中频分量和低频分量进行提升或衰减，通常称为音调控制，也可将其看成一个三段均衡器。其典型电路及频响控制曲线如图 5.6 所示，调整电位器 R_{PL}、R_{PM}、R_{PH}，即可分别提升或衰减低频、中频、高频所对应的中心频率点及其带宽内信号的电平，从而达到改变音色或音调的目的。

在如图 5.6（a）所示电路中，由于各电容 C_L、C_M、C_H 在低音、中音和高音时的容抗大小不同，调节 R_{PL}、R_{PM} 和 R_{PH} 时，从电位器上输出的音频信号的高低音的效果就会不同。R_{PL} 是低音控制电位器，调节 R_{PL} 对中音和高音的影响不大，而对低频信号的影响较显著；

R_{PM} 是中音控制电位器，调节 R_{PM} 对低音和高音的影响不大，而对中频信号的影响较显著；R_{PH} 是高音控制电位器，调节 R_{PH} 对中音和低音的影响不大，而对高频信号的影响较显著。U_i 是输入音频信号，U_o 是经过高音和低音控制的音频输出信号。

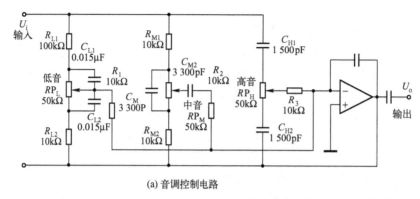

(a) 音调控制电路

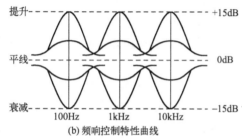

(b) 频响控制特性曲线

不同电容量在低音、中音、高音时的容抗值

音调	频率 f	X_{CL} (C_L=0.015μF)	X_{CM} (C_M=3300pF)	X_{CH} (C_H=1500pF)
低音	100Hz	106kΩ	482kΩ	1.06MΩ
中音	1kHz	10.6kΩ	48.2kΩ	106kΩ
高音	10kHz	1.06kΩ	4.82kΩ	10.6kΩ

(c) 各电容在不同频率时的容抗大小

图 5.6 音调控制电路和频响控制特性曲线

（1）高音控制电路的工作原理。高音控制电路由 R_{PH}、C_{H1}、C_{H2} 和 R_3 构成，信号从输入端传递至输出端有 2 条路径：一条是信号输入端的 U_i 信号从该支路送至运放输入端所经过的路径；另一条是运算放大器的负反馈路径，该路径是从运放的输出端经该负反馈支路返回到运放的反相输入端。这 2 条路径的阻抗分别为：

① 信号的通路阻抗 $Z_{H 通路}$＝$-jX_{CH1}+R_{PH 上}+R_3$，该阻抗越小，信号的衰减就越小，信号的输出则越大。

② 信号的反馈阻抗 $Z_{H 反馈}$＝$-jX_{CH2}+R_{PH 下}+R_3$，该阻抗越大，运放的增益就越大，信号的输出则越大。

由于该支路中 C_H 的容量很小（1500pF），对高频（f=10kHz）所呈现的容抗（X_{CH}=10.6kΩ）远小于调节电位器（R_{PH}=50kΩ）；而对中频（f=1kHz）和低频（f=100Hz）所呈现的容抗（X_{CH} 分别为 106kΩ和 1.06MΩ）都远大于调节电位器的阻值，所以调节该电位器 R_{PH} 时（阻值从 0～50kΩ变化），对高频信号的影响很显著，而对中频信号和低频信号的影响都不是很明显，可以忽略不计。

当 R_{PH} 的动片滑到最上端时，$R_{PH 上}$为 0，$R_{PH 下}$为最大，信号的通路阻抗 $Z_{H 通路}$最小（$Z_{H 通路}$=$-jX_{CH1}+R_{PH 上}+R_3$=$-j10.6$kΩ+0Ω+10kΩ），运放的负反馈阻抗最大（$Z_{H 反馈}$=$-jX_{CH2}+R_{PH 下}+R_3$=$-j10.6$kΩ+50kΩ+10kΩ），其高频信号的输出得到最大的提升；反之，当 R_{PH} 的动片滑到最下端时，$R_{PH 上}$为最大，$R_{PH 下}$为 0，其高频信号的输出得到最大的衰减，当 R_{PH}动片滑到中间位置时，电路的设计对高频段信号既不提升也不衰减。

（2）低音控制电路的工作原理。低音控制电路由 R_{PL}、R_{L1}、R_{L2}、C_{L1}、C_{L2} 和 R_1 构成。该支路的信号通路阻抗为 $Z_{L\text{通路}} = R_{L1} + (R_{PL\text{上}}//-jX_{CL1}) + R_1$；信号的反馈阻抗 $Z_{L\text{反馈}} = R_{L2} + (R_{PL\text{下}}//-jX_{CL2}) + R_1$。

由于该支路中 C_L 是并联在调节电位器的滑动片上，且容量较大（0.015μF），对低频（$f=100$Hz）所呈现的容抗（$X_{CL}=106$kΩ）与调节电位器（$R_{PL}=50$kΩ）阻值相差不是很大；而对中频（$f=1$kHz）和高频（$f=10$kHz）所呈现的容抗（X_{CL} 分别为 10.6kΩ 和 1.06kΩ）都远小于调节电位器的阻值，所以调节该电位器 R_{PL} 时（阻值从 0～50kΩ变化），对低频信号的影响很显著，而对中频信号和高频信号的影响都不是很明显，可以忽略不计。

R_{PL} 动片向上调节时，信号的通路阻抗减少，信号的反馈阻抗增大，使低音得到提升；反之，R_{PL} 动片向下调节时，低时得到衰减。

（3）中音控制电路的工作原理。中音控制电路由 R_{PM}、R_{M1}、R_{M2}、C_{M1}、C_{M2} 和 R_2 构成，该支路中 C_{M1} 是并联在调节电位器 R_{PM} 的两端，C_{M2} 是串联在电位器的滑动片上，对中频（$f=1$kHz）信号而言，C_M 所呈现的容抗（$X_{CM}=48.2$kΩ）与调节电位器（$R_{PM}=50$kΩ）阻值基本相等，调节 R_{PM} 时（阻值从 0～50kΩ变化）对中频信号的传递影响很大；对低频（$f=100$Hz）信号来说，由于串联的 C_{M2} 的容抗（$X_{CM}=482$kΩ）远远大于 R_{PM}，所以调节 R_{PM} 时对低频信号的影响很小，可以忽略；对高频（$f=10$kHz）信号，由于并联在 R_{PM} 两端的 C_{M1} 的容抗（$X_{CM}=4.82$kΩ）远远小于 R_{PM}，所以调节 R_{PM} 时对高频信号的影响可以忽略不计。

高档调音台的频率控制电路通常采用 4 频段以上的多频段均衡器，这种电路将音频全频带或其主要频带分成多个频率点进行提升和衰减，而且有些频段的中心频率点还可以调整，各频率点间互不影响，从而可以对音色进行更细致地调整。有关多频段均衡器的原理将在后续章节详细讨论。

此外，有些调音台的输入通道还设有高、低频频带限制电路，也就是高、低通滤波器，以供某些特殊音色的需要，或用来消除高、低频噪声及干扰。

3. 电平调整

调音台各输入通道和输出通道均设有电平调整器（FADER），也就是音量控制器。输入通道的电平调整器通常称为分电平调整（简称分调），它只能控制对应输入通道送至信号混合电路的电平，输出通道的电平调整器设在节目放大器之后，称为总电平调整器（简称总调），用来调整混合以后的信号送到输出端口的总电平。

调音台大多采用无源式电平控制器，它是利用电位器分压原理来实现的，如图 5.7（a）所示，电位器可采用旋转式或推拉式结构，由于调整方便且直观，现代调音台多数采用直线推拉式电位器作为电平控制器，对信号实施衰减调整，从而控制信号电平以改变音量，习惯上将电平控制器称为电平（或音量）衰减器。调音台对这种电位器的质量要求很高，必须调整平滑（即电位器线性要好）、噪声小、寿命长。

新式调音台的电平控制还采用了先进的有源电子衰减器，它实际上是一个放大电路，用外部控制直流电压来调整通道信号电平，称为压控放大器（Voltage Controlled Amplifier，简称 VCA），如图 5.7（b）所示。当改变电平调整电位器抽头位置时，即改变了场效应管的栅极偏压，从而使漏—源两极等效电阻随之改变，运算放大器的负反馈量也发生变化，达到电平调整的目的。由于电子衰减器不是用电位器去直接控制信号，因此能消除调节时的滑动噪声，同时信号不经过电位器，避免了电位器引线的感应噪声，这种电平调整的方式也便于实现先进的遥控和自动调整功能。

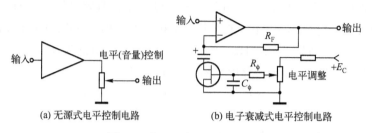

图 5.7　电平（音量）控制电路

4. 声像方位控制

调音台各输入通道都专门设有一个方位控制器（Panorama Potentiometer，简称PANPOT），它是由一只同轴电位器构成的，如图 5.8（a）所示。其作用是将对应输入通道的单声道输入信号按一定比例分配到立体声输出的左声道和右声道上，获得听觉上不同声像位置的效果，从而使听众能够感觉到不同声源的位置。这实际上就是把各单声道输入信号混合成为具有立体声效果的节目输出。

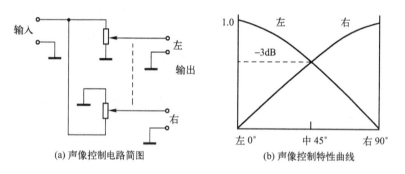

图 5.8　声像控制电路与控制特性

图 5.8（a）中，当电位器调至中点位置时，送至左、右两声道的信号大小相等，声像方位在正中央；当改变电位器动臂位置时，就会使输入通道送至左、右声道的信号比例不同，从而使声像方位向左或向右移动，使听者感觉到该通道的声源偏左或偏右，这就是所谓的立体声声像方位。声像控制特性曲线如图 5.8（b）所示。

对于家用立体声扩音机、卡拉 OK 机等立体声设备，左右两个声道相对音量输出的调整，是通过平衡控制（Balance Control）电位器进行的，如图 5.9 所示。

5. 信号混合

调音台输入信号经各自的分电平调整器控制电平和电平比例，然后混合在一起，按要求送到各路输出。信号混合是通过混合电路来完成的。调音台的混合电路就是将输入信号合成为节目所需的声道信号（单声节目为一个声道，立体声节目为两个或四个声道等）的电路。

按照混合方式，混合电路可分为电压混合（高阻混合）电路、电流混合（低阻混合）电路和功率混合（匹配混合）电路 3 种。

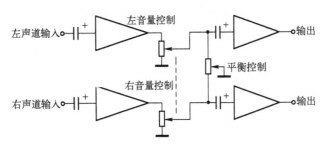

图 5.9 双声道立体声平衡控制

（1）电压混合电路。电压混合电路是在节目放大器为高输入阻抗时的混合电路。为了使混合电路既起到混合信号又不致影响前面电路的正常工作（包括使前面电路的工作负载符合要求，并且隔离各路输出端），信号混合时应在每一个输入通路的输出端，接入一个高阻值的混合电阻 r（混合电阻），如图 5.10（a）所示。

由于电压混合电路的混合总阻抗较高，其本身的热噪声大，而且抗干扰能力差，一般调音台是不采用的，它多用在简单的民用电声设备上。

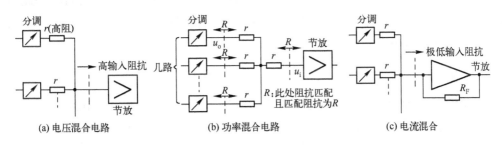

图 5.10 信号混合电路

（2）功率混合电路。功率混合电路是调音台使用的一种混合电路，其原理框图如图 5.10（b）所示。为了既混合信号又隔离各路输出，需要在该电路每一个输入通路的输出端设置混合电阻 r，其阻值应使每一输入通路的输出端，与后面节目放大器的输入端达到阻抗匹配。

由于功率混合电路有匹配的要求，其混合电阻的阻值必须满足下列匹配关系式：

$$r + (R + r)/n = R$$

式中，R 为阻抗匹配点的匹配电阻值，即前面输入通路的输出阻抗和后面节目放大器的输入阻抗值；

r 为混合电阻的阻抗；

n 为混合路数。

混合电阻值 $r = R(n-1)/(n+1)$。

这种混合电路会引起每一路信号电压的衰减。对于每一路信号，经混合后其电压传输系数为：

$$K = \frac{U_i}{U_o} = \frac{R}{R+(1+n)r} = \frac{1}{n}$$

可见，混合路数越多，每一路输入信号的混合衰减量越大，这就意味着降低了后面节目放大器的输入信号电平，对节目放大器输入处的信噪比指标不利，故这种功率混合方式不宜在混合路数较多的电路中使用，通常限制混合路数不超过 10 路（即 $n \leqslant 10$）。

（3）电流混合电路。现代调音台广泛使用电流混合电路。电流混合电路是使用低输入阻抗节目放大器时的混合电路，它实际上是一个加法运算放大器电路，如图 5.10（c）所示。这里的运算放大器也就是后面的节目放大器。

由于这时的混合电路包括放大器，因此又称为有源混合电路。

根据负反馈原理，这种电流混合电路的每一路信号的传输系数（连同放大器）K 应取决于混合电阻 r 和负反馈电阻 R_F 的比值：$K = R_F / r$。

混合衰减量（连同放大器）N 为：$N = 20 \lg(r/R_F)$。通常，反馈电阻 R_F 已在放大器内预置。控制混合电阻 r 的数值即可达到所需的衰减量。

当前面输入通路的输出端需要阻抗匹配时，混合电阻 r 可取值为所需的匹配阻抗值。当然，这时的混合衰减也就随之固定。若需更改混合衰减量，就必须变更放大器反馈电阻 R_F 的数值。

电流混合电路的混合点阻抗很低（放大器采用输入端并联负反馈，一般只有几欧姆），不但可以降低各输入路信号通过混合的互串，而且也有利于改善节目放大器的等效输入噪声指标（当然这个噪声的大小与混合电阻的阻值以及混合路数也有关）。由于上述这些优点，目前调音台大多都采用电流混合电路。

6. 节目放大

调音台各输入通道的输入信号混合以后即成为节目信号，因此混合电路以后紧跟着的放大器（在电流混合时，该放大器已与混合电路组成一体）就是节目放大器，又称混合放大器或中间放大器，简称"节放"、"混放"或"中放"等，如图 5.10（c）所示。现代调音台的节目放大器多采用集成运算放大电路。

节目放大器是将混合后已经变弱的信号再次放大，以便送入总电平调整放大器。在电流混合电路中，节目放大器又起着加法运算放大器的作用。

7. 线路放大

调音台最终输出的放大器就是线路放大器（LA），也称为输出放大器，简称"线放"，它位于混合（或称输出）总线（BUS）之后，担负着将节目电平提升到所需值和将输出阻抗变换到所需值的任务，以供信号的传输或录音、监听之用。与"节放"相同，其电路也采用集成运算放大器电路。

当调音台用于录音或短距离传输信号（扩声系统即为此情况）时，线路放大器额定输出电压大致有以下一些规格：准平均值为 0.775V（以 600Ω、1mW 为参数时，相当于0dB）、准平均值为 1.228V（标准 VU 表的 0VU）、准平均值为 1.55V（以 600Ω、1mW 为参数时，相当于+6dB）、准平均值为 1V（以 1V 为参数时，相当于为 0dB）、准峰值为 1.55V（标准 PPM 的 0dB）。

按照规定，要求调音台线路放大器输出与其负载之间呈跨接方式连接，即把"线放"的输出阻抗设计得远小于（起码 5 倍）额定负载阻抗，使"线放"基本上处于空载状态。这不但可以使"线放"能达到较高的电声指标，而且负载配接也比较方便。

现代调音台线路放大器的输出阻抗大多在 200Ω 以下。对于 1kΩ 的额定负载，可以满足起码 5 倍比值的跨接要求。

以上着重讨论了调音台的基本工作原理，对于监听、电平指示等将在后续和调音台实例中加以介绍。

5.3 调音台典型电路分析

不同型号的调音台的基本原理是相同的。英国声艺（Soundcraft）Spirit LIVE 4.2 型（译为"实况 4.2"）调音台，是扩声系统中常用的档次较高、性价比较好的大中型调音台。下面以其为例说明其工作过程。LIVE 4.2 型调音台电路组成方框图如图 5.11 所示，各单元均安装在相应的母线（BUS）上，实施信号的混合和分配。

声艺 LIVE 4.2 型调音台依据输入通道路数分为 12 路、16 路、24 路、32 路和 40 路 5 种规格（立体声输入不计在内），它还有以下几个特点：

4 编组输出，1 组立体声（2 路：L/R）主输出。

4 段均衡，中间两段可选频。

18dB/倍频程高通滤波器。

均衡器（EQ）旁路开关。

6 组辅助输出，其中 4 组可选择衰减器推子前或推子后。

4 组哑音编组作分场用途。

6×2 矩阵输出，提供额外 2 组独立混音输出。

除话筒及线路输入外，另有 4 组额外立体声输入（12 路的只有 2 组）。

4 组立体声效果返回。

每组单声道输入设有独立倒相开关。

8 通道扩展组件（选购件）。

下面通过对该调音台具体电路的介绍，希望能起到举一反三的作用。

5.3.1 输入通道电路

调音台设置了多路话筒及线路的单声道输入通道，这些通道具有相同的功能与特点；还设置了一组或几组专门的立体声输入作为额外的输入通道，但不计入调音台的路数。

1. 话筒与线路输入电路

声艺 LIVE 4.2 型调音台的话筒输入与线路输入电路如图 5.11 左边上部分电路所示。

（1）输入信号处理。调音台各输入通道上都设有一个话筒输入端口和一个线路输入端口，接收各种平衡或不平衡输出的音源。话筒输入端接+48V 直流幻像电源，它为专业电容话筒提供工作电压。

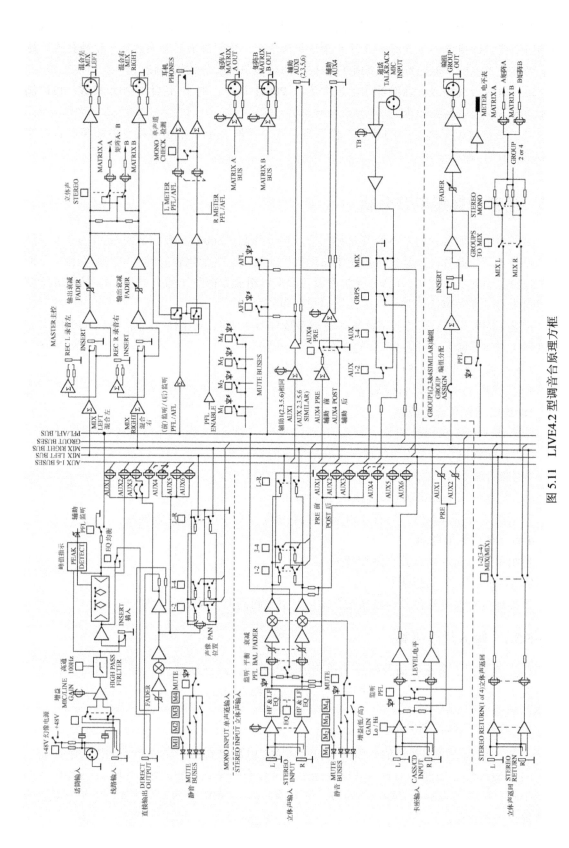

图 5.11 LIVE4.2 型调音台原理方框

输入信号首先经放大器进行放大，其增益旋钮（GAIN）用来调节该放大器的增益大小，以适应话筒或线路输入信号的电平。控制增益大小的电位器，采用低噪声电位器，该调音台所有"旋钮"的控制电位器都采用低噪声电位器（以后不再特别说明）。LIVE 4.2 型调音台各输入通道都设有下限截止频率为 100Hz，18dB/倍频程的高通滤波器（High-Pass Filter），专门用来过滤 100Hz 以下的舞台脚踏噪声和话筒的喷气噪声，该滤波器在调音台面板上设有一个通/断控制开关，按下此键滤波器接入电路，输入信号即通过滤波器，反之滤波器被断开，输入信号不经滤波器而直接送至后级。有些高档次调音台还设有低通滤波器，用以消除高频干扰噪声。

各输入通道都有一个"断点插入"端口，使用 1/4 英寸平衡直插件，插件的"顶"部是调音台的输出端，用于外接其他音频信号处理设备（如压缩器，扩展器），以便对所在通道的话筒输入信号或线路输入信号进行加工处理，加工处理后的信号再经插件的"环"部送入该通道的后部电路。此端口不接入设备时，不影响信号传输。

LIVE 4.2 型调音台的每个输入通道都有独立的 4 段均衡器，由均衡器旁通开关"EQ"来选择均衡器的接入或旁路。对本通道信号进行频响控制，用以下 6 个旋钮分别进行调节控制。

① 高音音调控制（HF），用一个旋钮来控制进入该通道音源信号的高频成分的电平，它对应一个固定中心频率 12kHz、低 Q 值、宽频带带通滤波器，最大提升量和最大衰减量为±15dB。

② 高中音音调控制（HMID），用两个旋钮控制，其中一个用来选择高中频带通滤波器的中心频率，另一个用来控制高中频成分的电平，它对应一个高 Q 值，窄频带，中心频率在 550Hz～13kHz 连续可调的带通滤波器，实现对高中频成分电平的提升和衰减。

③ 低中音音调控制（LMID），用两个旋钮控制，作用与高中音音调控制相同，这里对应的频带范围在 80Hz～1.9kHz。

④ 低音音调控制（LF），用一个旋钮控制输入信号低频成分电平的提升和衰减，它对应一个中心频率为 80Hz、低 Q 值、宽频带的带通滤波器。

（2）输入信号流向控制。经过前面放大器、滤波器以及均衡器处理后的信号，要经过通道衰减器推子（FADER）衰减后再放大，以控制本通道信号送入立体声主输出左、右声道总线（MIX LEFT BUS、MIX RIGHT BUS）和编组输出总线（GROUT BUS）上的电平大小，达到调整各路话筒或音源之间的平衡。因为一场演出要使用很多话筒对不同声源拾音，有时还要使用电子乐器等其他线路输入的音源设备，这样就要通过这个衰减器来调节它们之间的电平比例，使之平衡。

LIVE 4.2 型在衰减放大后，进行声像控制（PAN），另一方面设置了直接输出（DIRECT OUTPUT）端口。

利用声像控制来控制立体声声像的位置，或者说是对本通道输入信号进行立体声平衡处理。当旋钮置于"0"位，输入信号将以同样大小送入立体声主输出（扩声系统中的主扩声）的左声道总线和右声道总线及各编组总线。当反时针调节旋钮时，送入左声道及编组"1"和编组"3"的信号较大（编组"1"和编组"3"可作为扩声系统中辅助扩声的左声道）；反之，送入右声道及编组"2"和编组"4"的信号较大（编组"2"和编组"4"可作为扩声系统中辅助扩声的右声道）。

利用声像控制可以进行声源的声像定位。例如，某乐器（声源）在舞台左侧位置，通过话筒拾音进入调音台，此时将声像电位器旋钮置于左方向（逆时针调节），这样扩音系统中的左路扬声器系统放出的声音较强，听众就会感到该乐器的声音来自自己的左方，与乐器所在位置一致。如果对整个乐队及歌唱演员的拾音进行类似立体声方位处理（即不同的声像定位），可使整个节目有明显的立体声方位感，还可以制作立体声声场效果。例如，把涛声声源在 8 小节之中进行声像处理，使该旋钮从左逐渐旋至右时（即从左到右顺时针调节），其音响效果是涛声从左逐渐向右拍向海岸，给听众以亲临大海、近闻不同方向海涛声浪的效果。

有些高档调音台各输入通道专门设置直接输出端口，用平衡式 1/4 英寸直插件直接输出该通道输入的音源信号，它通常设在通道衰减器（推子 FADER）和均衡后输出，主要用于外接效果处理器或多声轨录音机。它实际可视做是调音台的输出通道，只是它输出的是未经混合的信号，是对应输入通道的独立信号。

通常，调音台都设有几路辅助输出通道。LIVE4.2 型调音台有 6 路辅助输出，而且在调音台各输入通道均设有与辅助输出通道对应的辅助输出电平调节旋钮 AUX 1～6，用来控制相应输入通道分别送到各辅助总线（参见图 5.11 中 AUX 1～6 BUSES）上的信号电平，该信号与其他通道送到辅助总线的信号混合后，送至辅助输出通道放大后输出，作为下级设备的信号源，顺时针调节旋钮，送入辅助总线的信号电平增加；置"0"位时关闭，即该通道信号不送入辅助总线，辅助输出的节目信号中就不含这个输入通道的信号。

调音台的辅助输出信号可用于扩声系统的辅助扩声、舞台返送监听，也可用于调音室、演员休息室等其他场合监听或录音等。辅助输出还可用来连接效果器等信号处理设备，此时辅助输出信号送入信号处理设备，经加工处理后，再从信号处理设备输出端送回到调音台主控部分的立体声返回（STEREO RETURN）端口，将信号送到立体声主输出总线，如图 5.11 所示中的 MIX LEFT BUS 及 MIX RIGHT BUS 和编组总线，与其他输入通道信号混合后输出。

调音台输入通道信号送入辅助总线的常用模式用两种：一种是信号不经输入通道的衰减器推子和均衡器处理直接送入总线，称为推子前/均衡前（PRE）模式；另一种是信号经输入通道的衰减器推子和均衡器处理后送入总线，称为推子后/均衡后（POST）模式。各调节旋钮和输出端口分别与之相对应，实际中使用哪种模式要视具体要求而定。一般情况下，在外接信号处理设备时选择推子后/均衡后模式，录音时也可选择此模式；用于辅助扩声或监听时，通常要外接专门的多频段均衡器，所以多数选择推子前/均衡前模式，有时也可选择推子后/均衡后模式，但此时辅助扩声或监听的声音会受到输入通道衰减器推子调节和均衡器调节的影响。

调音台的辅助输出还有另外一种模式，即推子前/均衡后模式。其意义与上述模式相似，其区别在于信号只通过均衡器而不进入推子。

LIVE 4.2 型调音台的辅助"1"、"2"和"3"均为推子前/均衡前模式，但通过内部跳线可更改为均衡后。辅助"3"还可通过内部跳线改为推子后；辅助"5"和"6"只设置为推子后/均衡后模式；辅助"4"比较特殊，它通常设置在推子后/均衡后模式，但通过设在主控部分的控制键（AUX4 PRE）可转换为推子前/均衡前模式。

LIVE 4.2 型调音台将进行声像控制后的信号送到输出通道选择电路，由一组控制开关

MIX、1-2、3-4 控制输入信号送至混合 L/R（MIX LEFT、MIX RIGHT）或 4 编组输出。

① MIX：混合。按下此键，输入信号将送入立体声主输出的左（L）、右（R）两个声道；抬起此键，将切断送入立体声主输出的信号。左、右声道输出信号中不含该输入通道的信号。

② 1-2 和 3-4：与 MIX 键相同，分别对应编组"1"、编组"2"和编组"3"、编组"4"输出。这组按键是相互独立的，按下或抬起某键，不影响其余按键的操作。若将输入信号送入上述所有输出通道，可将这组键全部按下。

顺便指出，编组输出多的调音台，这组键的个数也多；无编组输出的调音台，不需设置通道选择开关。

大中型调音台的每个输入通道都备有静音（MUTE）控制，按下静音时该通道信号被切断，不送入各输出通道，但不影响其他各输入通道。为了防止操作时出现"喀呖"等噪声，故不能简单地用机械开关把电路切断，而是采用场效应管组成的电子开关来控制电路的电平。MUTE 键按下时，该通道信号大幅度衰减，从而获得"静音"的效果（事实上，调音台及其他专业音响设备的选择键几乎都采用这种控制形式），具体电路从略。

LIVE4.2 型调音台还设置了静音编组开关（M_1、M_2、M_3、M_4），该开关与主控部分的静音编组键配合，可以将静音编为 4 组，独立控制静音，此功能适宜用在演出中的分场，控制不同组合的话筒。这组按键对应有一个指示灯（红色发光二极管），指示其工作状态。

另外，每个输入通道设置了独听开关 PFL（Pre-Fader Listening）来选择本通道信号衰减前独立监听。按下 PFL 键，本通道信号在未进入衰减器之前就进入监听总线（PFL/AFL BUS，参见图 5.11），通过调音台面板上耳机插孔接入的监听耳机，使调音师可以单独监听本通道信号的状态，同时可以通过调音台面板主控部分的 L/R 电平表单独对该通道的信号电平进行监视，从而在演出中为调音师调音监听提供方便。耳机音量可以通过调音台上的耳机音量电位器控制（设在主控部分），且调整耳机音量时不影响总输出。在监听状态时，指示灯（PK）亮。指示灯是一个红色发光二极管，由于调音台各输入通道是独立的，因此可以同时监听一路或几路甚至于全部输入通道的信号，只要将对应通道的 PFL 键按下即可，这时各通道信号互不影响。

指示灯（PK）还可用于本通道信号的峰值指示（Peak Detect）。调音台正常使用时，PFL 键抬起，指示灯不亮；当本通道输入信号电平过强时，指示灯闪亮；当本通道信号的电平在将要产生削波失真前 3dB 时，指示灯就会闪烁，提醒调音师要减小输入增益，即把输入灵敏度调低。

特别需要注意的是，当输入信号电平过高时，仅向下拉衰减器推子是不起作用的，这样只是减小了本通道信号在调音台输出的音量。而进入调音台的音源信号电平仍然很高，会使输入信号产生削波失真。因为峰值信号的取出点是在衰减器之前，即信号在进入衰减器之前已经失真，所以拉低衰减器推子是不会改善失真的，只有减小输入灵敏度，才能消除输入电平过高时而引起的失真现象。

2. 立体声输入（STEREO INTPUT）和卡座输入（CASS/CD INTPUT）电路

有许多调音台除设置多路话筒及线路单声输入通道外，还设置一组或几组专门的立体声输入，LIVE4.2 型调音台还设卡座/CD 机输入，作为额外的输入通道，不计入调音台的路数（有的调音台将其按每组 2 路计入路数）。一组立体声包括左、右两个声道，用同一组控制键控制。这部分的电路如图 5.11 左边的中部电路所示。

专业立体声设备（如电子乐器等）的立体声左（L）、右（R）声道信号用一对平衡 1/4 英寸直插件从立体声输入端口（STEREO INTPUT L/R）输入。当音源为单声道设备时，则将其接入左声道，此时相当于单声道线路输入。

与单声道输入通道比较，区别之一，是这里有高、低频两段均衡器，高频（HF）中心频率可选 6kHz 或 12kHz，低频中心频率可选 60Hz 或 120Hz，根据音源情况通过按键选择高、低频中心频率；其二，立体声通道的辅助"1"、"2"和"3"是推子前/均衡后模式；使用立体声平衡调节（BAL）来控制左、右声道送入混合总线（MIX L/R BUS）及编组总线（GROUP BUS）信号的比例。其余电路及信号控制与单声道输入通道相同。

卡座或 CD 立体声信号从卡座输入（CASS/CD INTPUT）端口输入后，此通道与前者不同的是设置了高（Hi）、低（Lo）增益选择，以与市面上半专业设备的标准电平（−10dB）和民用设备的标准电平（−20dB）匹配，没有均衡器（EQ）。左、右声道送入相应混合总线的电平由 LEVEL（混音电平调节）电位器同时调节。卡座/CD 通道的信号不送入编组总线，卡座/CD 通道的信号只有两路辅助输出，且信号进入衰减器推子，信号经两组推子前辅助输出电平调节（PREAUX1～AUX2）送入辅助总线。

3. 立体声返回（STEREO RETURN）通道电路

LIVE4.2 型调音台有 4 路立体声返回（STEREO RETURN）通道，每路分左、右两声道输入，对应有 8 个输入端口，采用平衡 1/4 英寸直插件。这部分电路（一个通道）如图 5.11 左边的下方电路所示。

调音台立体声返回通道主要用来连接信号处理设备的输出端口，使加工处理后的立体声信号再送回到调音台的混合总线（左声道和右声道）或编组总线上，4 个电平调节旋钮和 4 个选择键，分别对应 4 路立体声返回通道。电平调节旋钮用来控制立体声返回通道送回调音台的信号电平，送回调音台的信号是送入混合总线还是编组总线，由对应的选择键选择，这样调音台输出的信号即为加工处理过的信号。该通道还可用于额外的立体声输入。

立体声返回通道也可作为单声道输入使用，此时只需接入左（L）声道。

5.3.2 输出通道电路

1. 立体声主输出通道（MIX L/R）

立体声主输出通道电路如图 5.11 右边上方的电路所示。由混合总线（MIX LEFT BUS、MIX RIGHT BUS）送来的信号经左、右混合放大器放大后，一路作为立体声主输出，经总电平调整（混合输出衰减器推子 MIX FADER L/R）后，采用平衡卡侬（XLR）插件，用来连接扩声系统中的主扩声扬声器系统。立体声主输出左、右声道的信号电平，由一组峰值光柱式电平表（L METER、R METER）显示其大小，它由两列红、黄、绿 3 种颜色的发光二极管组成。正常使用时，调节混合输出衰减器推子，使其处在电平表绿线常亮的位置。在演出过程中，如果电平上升，表明输出电平较高，但此时不一定产生失真；如果所有红灯都亮了，而且确切地听到失真状态的声音，这时就要将推子逐渐往下拉，以消除由于调音台输出信号电平过高而产生的失真现象。这组电平表还有一个功能，即当任何通道选择独立监听时（PFL 键按下），该电平表显示的是监听电平，便于调音师在调校时监测。有些调音台单独设置监听电平表。左、右混合放大器放大的信号，也可经过混合断点插入端口（MIX INSERT L/R）连接外部信号处理设备。

另一路送到录音输出端口的录音左/右（REC L/REC R），此处−10dBu 电平可匹配卡座或数字磁带录音机（DAT）录音。

2. 编组输出通道与辅助输出通道等电路

编组输出通道与辅助输出通道主要有以下电路。

（1）编组输出通道（GROUP OUT）。编组输出通道电路如图 5.11 右边下方的电路所示。输入通道、立体声输入通道、立体声返回通道信号通过编组总线（GROUP BUS）送入各自所选择的编组通道放大后，或由断点插入（INSRT）送到外部信号处理设备处理加工后再送入或直接继续放大，经编组输出衰减器推子（FADER）衰减后输出，并由电平表（METER）显示输出电平大小。LIVE4.2 型调音台有 4 路单声道编组输出，采用平衡卡侬插件，可用来连接扩声系统中的辅助扩声扬声器系统或录音机。也可通过输入通道的 PAN 按钮控制，将编组"1"、"3"和编组"2"、"4"分别编为左声道和右声道立体声输出。还可以由编组输出方式选择"STEREO MONO"和"GROUPS TO MIX"这两个按键，将对应编组"1-2"或编组"3-4"通道的信号送至混合总线（按下 GROUPS TO MIX 键），使编组通道信号从编组通道输出的同时也从立体声主输出通道输出。输出方式可选择立体声（STEREO），或独立单声道（MONO）两种方式，即按下或抬起 STEREO MONO 键。所谓立体声方式即将编组"1-2"或编组"3-4"通道的信号同时送入立体声主输出的左、右两个声道（MIX L、MIX R）；而单声道方式是将编组"1"或编组"3"通道的信号送入立体声主输出的左声道，同时将编组"2"或编组"4"通道的信号送入立体声主输出的右声道。对输出方式选择操作时，不影响编组通道本身的输出信号。

（2）矩阵输出电路（MATRIX A/B OUT）。LIVE 4.2 型调音台有两组特殊的输出（有许多调音台不设置这样的输出），其信号取自 4 个编组通道和立体声主输出的左/右声道，然后重新混合成两路（A/B）独立的输出信号，因此将这两组输出称为 6×2 矩阵输出，其输出端口设置在主输出板块。这两路独立的矩阵 *A* 和 *B* 的输出，可用来连接其他音响设备。编组通道送入矩阵 *A* 和矩阵 *B* 的信号电平，由 4 个编组通道共 8 个（4×2）矩阵电平调节旋钮（MATRIX A/B）进行调节。而立体声主输出送入矩阵 *A* 和矩阵 *B* 的信号电平则由两个矩阵主控（MATRIX MASTER A/B）电平调节旋钮来控制。立体声选择（STEREO）可将两路主控矩阵输出变换成为立体声信号，按下此键为立体声输出，矩阵 *A* 为左声道，矩阵 *B* 为右声道。

（3）辅助输出通道。辅助输出通道电路如图 5.11 右边中部电路所示。输入通道、立体声输入通道、卡座/CD 信号由辅助总线（AUX 1~6 BUSES）送入辅助输出通道，LIVE4.2 型调音台有 6 个辅助输出通道，其输出信号总电平调节分别由 AUX1~AUX6 电平调节旋钮控制。信号从辅助输出端口（AUX1～AUX6）输出，采用 1/4 英寸直插件，用于连接信号处理设备等。

（4）静音控制。LIVE4.2 型调音台可对静音进行编组，用 4 个按键与输入通道的静音编组键配合来控制 4 组静音编组，指示灯指示工作状态。

5.3.3　其他电路

其他电路有以下几部分。

（1）通信。通信话筒输入端口（TALKRACK MIC INPUT），专门用于连接调音师讲话用话筒，以便调音师与演出者对话。

通信话筒控制（TB LEVEL、AUX 1～2、AUX 3～4、MIX、GRPS）。这组控制有一个电平调节旋钮和 4 个通道选择键。调音师可通过通信话筒电平调节钮（TB LEVEL）控制通话话筒（TB MIC）的音量，并可通过选择键分别选择辅助"1"和"2"（AUX 1～2）辅助"3"和"4"（AUX 3～4）、立体声主输出（MIX）、编组（GRPS）通道作为通话通道，其选择方式是独立的，且不影响各通道原有的输出信号。

（2）监听。调音台都设有立体声耳机输出通道，以方便调音师调音时对各路信号进行监听。耳机插孔均使用平衡 1/4 英寸直插件，它送出的是立体声信号，插件的"顶"部为左声道，"环"部为右声道。耳机输出通道有一个电平调节旋钮，用来控制耳机的音量。

LIVE4.2 型调音台可以分别对各话筒输入与线路输入通道，立体声输入与卡座输入通道，编组输出通道的信号进行推子前独立监听 PFL（PRE-FADER LISTENING）；对立体声主输出和各辅助输出进行推子后监听 AFL（AFTER-FADER LISTENING），其中，辅助 4 有一个模式选择键"AUX4 PRE"，可将辅助 4 由原来的推子后（AFL）模式改为推子前（PFL）模式。按下此键，即改变模式，指示灯亮。

当调音台上的任何一个 PFL 或 AFL 被按下时，对应的指示灯亮。

耳机输出通道还可以进行单声道检查控制（MONO CHECK），当遇到相位问题时，让左/右声道输出信号相加，做系统检测（有的调音台无此功能）。

（3）电源（图 5.11 中未画出）。LIVE 4.2 型调音台工作电压是直流 17V。LIVE 4.2 型调音台专门配有外接直流电源，通过面板上的 5 芯插座输入。有些调音台的直流电源设在调音台内，而调音台面板上设有交流输入插座。必须注意，进口设备的交流电源端口通常设有 110V/220V 电压转换开关，使用时一定要将转换开关设置在正确的位置，我国市电电压为 220V。

另一个是直流+48V 幻像电源。有两个指示灯分别作为供电电源接通和幻像电源接通的指示。

5.4　调音台的操作使用

不同型号的调音台不仅基本原理相同，而且基本组成与操作功能也是大同小异。下面以韩国产 Bard1 调音台为例，介绍调音台的操作使用方法。韩国产 Bard1 调音台的面板图如图 5.12 所示，各部分的操作使用方法如下。

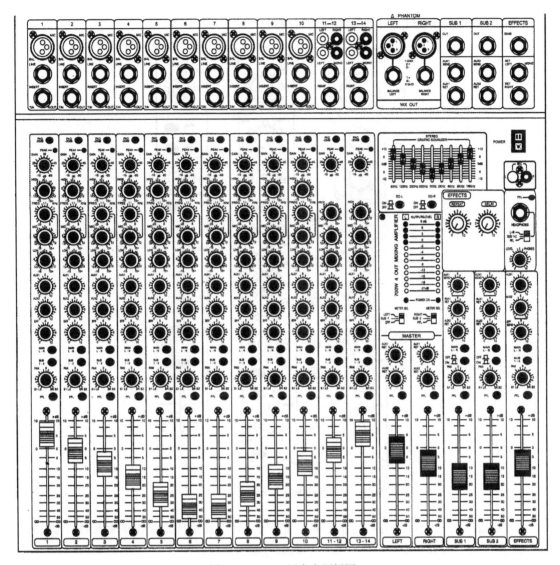

图 5.12　Bard1 调音台面板图

5.4.1　话筒输入与线路输入通道部分的操作

所有带和不带功率放大器的调音台的每个输入通道都是相同的，Bard1 调音台单个输入通道部分的控制面板如图 5.13 的①～⑱所示，各部分的控制功能与操作如下：

① 话筒输入。平衡的 XLR（卡侬）插座，连接各种平衡或不平衡的话筒信号，并且提供+48V 幻像电源，由幻像电源开关控制。1 脚=屏蔽地，2 脚=信号+，3 脚=信号−。

② 线路输入。平衡的 1/4 英寸插座，连接平衡或不平衡的高阻输入信号，例如不平衡话筒信号（非专业话筒信号）、键盘、卡座或其他电子乐器。

顶=信号+，环=信号−，筒=屏蔽地。

由于调音台的话筒输入端阻抗较线路输入端的阻抗低，因此话筒输入端称为低阻输入端，线路输入端称做高阻输入端。必须注意，因为话筒输入和线路输入共用一个通道，所以调音台的话筒输入端和线路输入端不能同时使用。

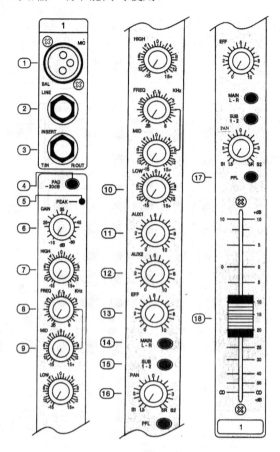

图 5.13 话筒与线路输入通道部分控制面板图

③ 断点插入。平衡的 1/4 英寸插座，插头的"环"连接话筒或线路输入的信号输出到外部设备，"顶"连接外部设备加工处理后的信号输入调音台。

④ 衰减按钮。按下此开关，输入信号衰减 20dB。

⑤ 信号峰值电平指示。在超过削波电平时，该指示灯亮。

⑥ 增益调节。配合衰减按钮的按入与否，可实现本通道增益调节。

⑦ 高音音调控制。

⑧、⑨ 中音音调控制。两旋钮配合，可实现对被选择的某中音频率信号提升或衰减。

⑩ 低音音调控制。

⑪、⑫ 辅助输出电平调节。调节本通道信号经辅助总线（AUX BUS）送到辅助输出通道的电平大小。

⑬ 混响效果控制。调节本通道信号经效果器总线（EFF BUS）送到外接效果或内部混响延时器的电平大小，可得到不同的延时效果。

⑭、⑮ 输出通道选择开关。按下"MAIN L-R"，本通道信号送到主控输出通道；按下"SUB 1-2"，本通道信号送到编组输出（SUB 1、2 OUT，编组"和"信号 1、2 输出以下同）通道。

⑯ 声像控制。调节该旋钮，可将信号以不同量分配到左、右声道总线（LEFT、RIGHT BUS）上，当旋钮处于中点位置时，分配到左、右主干线的信号大小一样，当旋往右边时，右声道信号增大，左声道信号减小；旋往左边时，左声道信号增大，右声道信号减小；当往右旋到底时，则左声道关闭；反之，则右声道关闭。

⑰ 独听开关（PFL，Pre-Fader Listening 衰减器前独立监听）。配合总监听/独听控制开关（参考监听选择开关部分）使用。本开关按下时，可以单独监听本通道的信号输出情况。

⑱ 通道衰减器（Channel Fader）。配合本通道衰减开关、增益调节，以控制本通道信号在混合输出信号中的比例。

5.4.2　立体声输入部分的操作

Bard1 调音台立体声输入部分的控制面板如图 5.14 中的⑲～㉞所示，各部分的控制功能与操作如下：

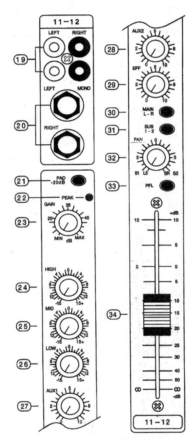

图 5.14　立体声输入部分控制面板图

⑲ 左、右声道输入信号插座。接收外部音源设备（如录音机等）的立体声信号输入到调音台。

⑳ 左（单声道）/右声道信号断点插入。用 1/4 英寸插座平衡连接立体声左、右声道信号到外接设备。

㉑～㉞ 分别与输入通道中的④～⑱类似。

5.4.3 主控输出部分的操作

Bard1 调音台主控输出部分的控制面板如图 5.15 中的㉟～㊷所示，各部分的控制功能如下：

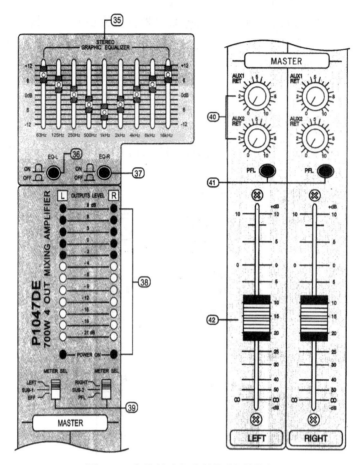

图 5.15 主控输出部分的控制面板图

㉟ 立体声图示均衡器。

㊱、㊲ 均衡器连接选择开关。分别选择主控左、右声道是否连接均衡器输出。

㊳ 输出电平指示。

㊴ 输出电平指示选择开关。

㊵ 辅助通道返回电平调节。调节辅助返回电平（AUX RETURN）经左、右总线（LEFT RIGHT BUS）到主控输出通道的电平大小。

㊶ 独听开关。本开关按下，独立监听及指示辅助返回信号电平的大小。

㊷ 主控输出衰减器（推子、MASTER FADER）。控制混合后的左、右声道总输出电平大小。

5.4.4 混响效果控制部分及其他的操作

Bard1 调音台混响效果控制部分及其他部分的控制面板如图 5.16 中的㊸～㊼所示，各部分的控制功能如下：

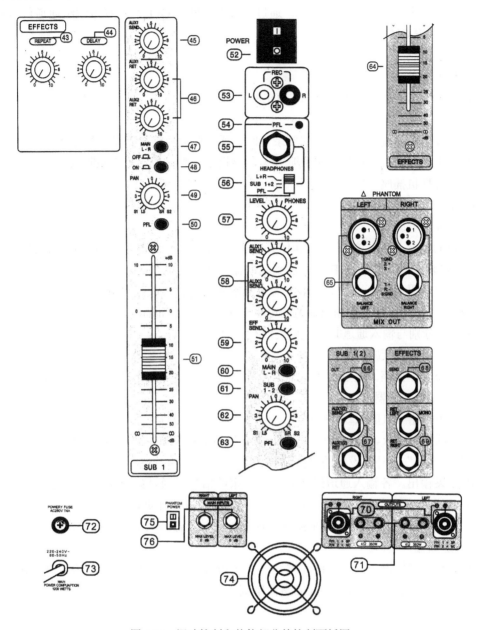

图 5.16　混响控制和其他部分的控制面板图

㊸ 回声电平调节。控制回声电平的大小。

㊹ 延时时间控制。

㊺ 辅助输出电平调节（AUX 1、SEND）。调节辅助输出通道送往外接信号处理设备的电平大小。

㊻ 辅助返回电平调节（AUX 1、2 RETURN）。调节辅助返回电平通过编组输出总线（SUB BUS）送到编组输出（SUB 1、2）电路的电平大小。

⑰ 主控输出选择。按下该键，本编组通道信号经编组通道衰减器（SUB FADER）后由

编组总线（SUB BUS）送入主控输出（MASTER）通道。

㊽ 编组输出（SUB 1、2）选择。通过本开关 ON 或 OFF 来选择本编组通道信号从编组输出端口（SUB OUT）输出与否。

㊾ 声像控制。

㊿ 独听开关。

(51) 编组输出通道衰减器（SUB FADER）。

(52) 电源开关。

(53) 录音输出插座。混合信号需要录音时，通过此插座连接到录音机输入端。

(54) 独听指示。按下任何一个独听开关，该指示灯亮，说明处于独听状态。

(55) 监听耳机插座。

(56) 监听选择开关。

(57) 监听音量调节。

(58) 辅助电平调节。效果器或其他外接信号加工处理设备的返回信号（RETURN L、R），它经过辅助总线（AUX BUS）送到辅助输出通道的电平大小，由该旋钮来调节。

(59) 混响效果返回电平调节。效果器或混响器或其他外接信号处理设备的返回信号，经过左、右声道总线送到主控输出通道的电平大小，由该旋钮调节。

(60)～(63) 分别与输入通道⑭～⑰相类似。

(64) 效果器通道衰减器。

(65) 主控输出插座。通过卡侬（XLR）或 1/4 英寸插座平衡或不平衡输出，左、右声道信号连接到功率放大器。

(66) 编组输出（SUB 1②OUT）。

(67) 辅助通道输入、输出插座。辅助输出“AUX SEND”接外部信号处理设备的输入端；“AUX RETURN”接外部设备的输出端。

(68) 效果输出。各输入通道经效果总线送来的信号，通过此插座连接到内部混响器或送到外部效果器。接外部效果器时，内部混响器的输入信号自动断开。

(69) 左（单声道）、右声道电平返回。连接外部效果器或其他信号处理设备的立体声或单声道信号返回输入端口。

(70)、(71) 连接扬声器插座和接线端（注：机内带功率放大器时才备 70、71、74、76）。使用机内功率放大器时，信号由此插座输出到扬声器。

(72) 保险盒。

(73) 交流电源输入。

(74) 排热风扇。

(75) 幻像电源开关。

(76) 机内功率放大器输入信号插座。

本章小结

本章着重讨论了调音台的功能、种类、技术指标及电路组成与基本原理，并通过具体调音台实例介绍了调音台电路的信号处理过程与操作使用方法。

调音台是音响系统的调音与控制的核心，对其技术要求很高。调音台的功能很多，但最基本、最主要的功能是对输入的信号进行放大、处理、混合和分配等，其中最基本的信号处理功能是频响控制和电平调整。调音台的种类也很多，但它们的基本原理和功能大同小异。调音台的技术指标主要包括增益、频带响应、等效噪声和信噪比、总谐波失真、分离度等。

　　从系统构成来看，调音台由三大部分组成：输入部分、总线部分、输出部分。在系统图上，输入、输出两部分是以总线（BUS）为分界的，总线又称母线，是连接输入与输出的纽带。调音台具有多个输入通道和输出通道，其信号具有多个流向的特点，电路结构比较繁琐，现代调音台基本上都采用电流混合的方式进行信号的混合，其母线（BUS）即为对各路节目进行混合的混合放大器的输入。

　　在调音台的实际应用中，英国声艺 LIVE 4.2 型调音台，是扩声系统中常用的档次较高、性价比较好的大中型调音台。本章以此为例，介绍了该调音台电路的信号处理过程，分析了它的信号流向及控制调节功能。

　　不同类型的调音台虽然有些差异，但其操作方法基本相似，主要是应掌握调音台各接线端口与各键钮的功能及调控方法。要熟练掌握调音台的调控技术，读者还需多了解不同类型的调音台并要进行大量的实践。

 习题 5

5.1　调音台的主要功能有哪些？

5.2　按功能与使用场所分有哪些种类？

5.3　调音台有哪些主要技术指标？

5.4　调音的系统组成如何？画出主干通道的系统组成电路。

5.5　现代调音台采用哪种混合电路，试画出其原理电路图，并说明它有什么优点？

5.6　调音台对输入信号进行放大后为什么还要进行电平衰减？

5.7　调音台有哪几种辅助输出方式？

5.8　试举一调音台实例，简述各控制键钮功能及操作方法。

第6章 音频信号处理设备

 教学导航

教学目标	1. 熟悉常见音频信号处理设备的种类与主要功能； 2. 了解常见音频信号处理设备的电路组成与工作原理； 3. 理解并掌握常见音频信号处理设备的操作要领与使用要求。
教学重点	1. 常见音频信号处理设备的种类与主要功能； 2. 常见音频信号处理设备的操作要领与使用要求。
教学难点	常见音频信号处理设备的电路组成与工作原理。
参考学时	10 学时

音频信号处理设备（Audio Signal Processor）是指在音响系统中对音频信号进行修饰和加工处理的部件、装置或设备。信号处理设备是现代音响系统中必不可少的重要组成部分，它充分体现出音响工作具有"艺术"与"技术"相结合的综合性专业特点，给广大的调音师、录音师等音响大师们提供了进行艺术创作的强有力的技术手段，使他们能够在扩声、音乐制作等领域，把主观能动性与客观的技术设备充分结合起来，导演出更多更优美的音响作品，同时也给广大音响艺术和音乐爱好者们提供了更加优美动听的欣赏条件。

在专业音响设备中，音频信号处理设备可以作为调音台、扩音机等设备内部的一个部件，例如，前述调音台及扩音机内置的频率均衡电路或混响电路；也可以做成一台完整的独立设备，作为扩声等音响系统的组成部分，例如，各种专业的图示频率均衡器、延时器混响器、激励器等等。在剧院、歌舞厅等场所的扩声系统中，大量使用着各式各样的信号处理设备，其中不少还进入民用音响领域，它们对声音信号的音质起着至关重要的作用。

在专业音响系统中，音频信号处理设备通常是围绕调音台连接的，因此也将独立的信号处理设备称为调音台的周边设备，简称周边设备（习惯上，在专业音响中，将除调音台、功率放大器、音箱以外的其他设备都可以看成周边设备）。

音频信号处理设备种类很多，最通常的划分方法是按照信号处理设备的用途来划分。扩声系统中常用的有以下几类：

（1）滤波器和频率均衡器。通过对不同频率或频段的信号分别进行提升、衰减或切除，以达到加工美化音色和改进传输信道质量的目的，并可以对扩声环境的频率特性加以修正。

（2）延时器和混响器。通过电子电路的方法来模拟闭室内声音信号的延时和混响特性，使音乐更加丰富和亲切，并可制造一些特殊的音响效果。利用延时器和混响器并结合计算机技术，构成具有多种特殊效果的多效果处理器。

（3）压缩/限幅器和扩展器。这是一种其增益随着信号大小而变化的放大器，其作用是对音频信号进行动态范围的压缩或扩展，从而达到美化声音，防止失真或降低噪声等多种不

同的目的。

（4）听觉激励器。在原来的音乐信号的中频区域加入适当的谐波成分，以模拟现场演出时的环境反射，使信号更具有自然鲜明的现场感和细腻感，并使声音更具穿透力。

（5）声反馈抑制器。这是一种利用计算机技术产生出能够快速扫描、自动寻找出声音反馈啸叫的信号频率，并自动生成一组与该啸叫频率相同的窄带滤波器，来切除啸叫的频率信号，达到抑制声音信号的反馈啸叫、提高传声器增益之目的。

（6）电子分频器。这是一种有源分频器，其作用与音箱中的分频器相似，它将宽频带音频信号分成高、中、低等不同的频段，通过不同的音箱达到分频段扩声的目的。

6.1 频率均衡器

在音响扩声系统中，对音频信号要进行很多方面的加工处理，才能使重放的声音变得优美、悦耳、动听，满足人们的聆听需要。均衡器（Equalizer，简称 EQ）是一种频率处理设备，它将音频信号分为多个不同频段，然后通过不同频段的中心频率，对各频段信号电平按需要进行提升或衰减，以期达到听觉上的平衡。均衡器是扩声系统中应用最广泛的信号处理设备。

多频段均衡器普遍都使用推拉式电位器作为每个中心频率的提升和衰减调节器，电位器的推键排列位置正好组成与均衡器的频率响应相对应的图形，故多频段的频率均衡器又称之为图示均衡器。

6.1.1 频率均衡器的作用与技术指标

1．频率均衡器的作用

（1）改善声场的频率传输特性。改善传输特性是频率均衡器最基本的功能。任何一个厅堂都有自己的建筑结构，其容积、形状及建筑材料（不同的材料有不同的吸声系数）各不相同，因此构造不同的厅堂对各种频率的反射和吸收的状态不同。某些频率的声音反射得多，吸收得少，听起来感觉较强；某些频率的声音反射得少，吸收得多，听起来感觉较弱，这样就造成了频率传输特性的不均衡，所以就要通过均衡器对不同的频率进行均衡处理，才能使这个厅堂把声音中的各种频率成分平衡传递给听众，以达到音色结构本身完美的表现。

（2）对声源的音色结构加工处理。扩声系统中，声源的种类很多，不同的传声器拾音效果也不同，加之声源本身的缺陷，可能会使音色结构不理想。通过频率均衡器对声源的音色加以修饰，使之达到美化音色、提高音质的音响效果。

（3）满足人们生理和心理上的听音要求。人们对声音在生理上和心理上会有某些要求，而且人对不同频率的信号听音感觉也不一样。通过频率均衡器可以有意识地提升或衰减某些频率的信号，以取得满意的聆听效果。

（4）改善音响系统的频率响应。音响设备是由电子线路构成的，而一个音响系统又是由许多音响设备组成的，音频信号在传输与处理放大过程中会造成某些频率成分的损失，通过频率均衡器可以对其进行适当的弥补。均衡器还可以用来抑制某些频率的噪声或干扰，例如，衰减 50Hz 左右的信号，可以有效地抑制工频交流电的干扰等。

多频段均衡器具有许多用途，和其他信号处理设备配合，会收到非常理想的效果，这需要在实践中深刻体会。

2．频率均衡器的分类

多频段的图示频率均衡器（Graphic EQ）也称多段频率音调控制器，是现代音响扩声系统中最常用的一种音质调节设备，它把音频全频带或其主要部分，分成若干个频率点（中心频率）进行提升或衰减，各频率点之间互不影响，因而可对整个系统的频率特性进行细致的调整。因此频率均衡器常按分频点的多少进行分类。

一般的家用频率均衡器常将 20Hz～20kHz 的全频段音频信号分成 5～11 个频段，各频段的中心频率按 2 倍频、2.5 倍频、3.3 倍频和 4 倍频进行划分，所谓倍频是指后一个频率点是前一个频率的倍数。如 5 频段的图示均衡器按 3.3 倍频划分的中心频率分别为：100Hz/330Hz/1kHz/3.3kHz/10kHz，若按 4 倍频划分则为：63Hz/250Hz/1kHz/4kHz/16kHz；又如 7 频段按 2.5 倍频划分的中心频率为：63Hz/160Hz/400Hz/1kHz/2.5kHz/6.3kHz/16kHz；9 频段按 2 倍频划分的中心频率为：63Hz/125Hz/250Hz/500Hz/1kHz/2kHz/4kHz/8kHz/16kHz；11 频段的 2 倍频为：20Hz/40Hz/80Hz/160Hz/320Hz/640Hz/1.25kHz/2.5kHz/5kHz/10kHz/20kHz。各频段的音量控制范围多为±10dB 或±12dB。

常用的专业多频段图示均衡器多为 15 频段和 31 频段。双通道均衡器的两个通道的频率特性独立调整，互不影响。一般 15 段均衡器和 31 段均衡器的中心频率分别在音频全频段内按 2/3 倍频程（倍频程是指：$f_2/f_1=2^n$，n=2/3．亦即后一个频率是前一个频率的 $2^{2/3}=1.6$ 倍）和 1/3 倍频程（即后一个频率是前一个频率的 1.3 倍）选取。如 31 频段的中心频率点为：20Hz/25Hz/31.5Hz/40Hz/50Hz/63Hz/80Hz/100Hz/125Hz/160Hz/200Hz/250Hz/315Hz/400Hz/500Hz/630Hz/800Hz/1kHz/1.25kHz/1.6kHz/2kHz/2.5kHz/3.15kHz/4kHz/5kHz/6.3kHz/8kHz/10kHz/12.5kHz/16kHz/20kHz。31 段均衡器是最多点的均衡器，通常用于需要精细补偿的系统。各频率点的最大提升和最大衰减因均衡器不同而异，一般多为±15dB 和±12dB。

3．频率均衡器的技术指标

作为信号处理设备的多频段均衡器的技术指标主要有：

（1）频响。音频范围内各频率点处于干线位置（不提升也不衰减）时，均衡器的频率响应，此时的频响曲线越平坦越好。

（2）频率中心点误差。各频率点实际中心频率与设定频率的相对偏移，通常用百分数表示，此值越小误差越小。

（3）输入阻抗。指均衡器输入端的等效阻抗。为了满足与前级设备的跨接要求，均衡器输入阻抗很大，并且有平衡和不平衡两种输入方式，平衡输入阻抗是不平衡输入阻抗的 2 倍。

（4）最大输入电平。是指均衡器输入回路所能接受的最大信号电平（平衡/不平衡）。

（5）输出阻抗。指均衡器输出端的等效阻抗。为了满足与后级设备的跨接要求，均衡器输出阻抗很小，并且有平衡和不平衡两种输出方式，平衡输出阻抗是不平衡输出阻抗的 2 倍。

（6）最大输出电平。指均衡器输出端能够输出的最大信号电平（平衡/不平衡）。

（7）总谐波失真。均衡器电路的非线性会使传输的音频信号产生谐波失真，总谐波失真越小越好。

（8）信噪比。用于衡量均衡器的噪声性能，信噪比越大，说明均衡器噪声影响越小。

6.1.2　频率均衡器的原理

频率均衡器是通过改变频率特性来对信号进行加工处理的，因此必须具有选频特性。多频段的频率均衡器是由许多个中心频率不同的选频电路组成的，而且均衡器对相应频率点的信号电平既可以提升也可以衰减，即幅度可调。如在调音台电路中介绍的音调控制器就是一种简单的由 RC 元件所组成的可变幅度均衡器，这里所说的频率均衡器是有源均衡器，其内部还设置有放大器电路。

频率均衡器的电路通常分为 LC 型和模拟电感型两大类，下面分别加以讨论。

1．LC 型图示频率均衡器

LC 型频率均衡电路由电容、电感和电阻构成多个频率各不相同的串联谐振电路，并将这些电路等效地接在放大器的输入端和负反馈电路中，通过电位器的调节来改变放大器输入端的某一中心频率信号的大小及放大器的负反馈量（即放大器的增益）的大小，从而实现对该频率信号的提升或衰减控制。

图 6.1 为 LC 型 5 频段均衡器原理图，由运算放大器和多个不同中心频率的 LC 串联谐振回路（选频电路）组成。在电路中，$L_1C_1 \sim L_5C_5$ 构成 5 个串联谐振支路。其谐振频率 $f_0 = 1/2\pi\sqrt{LC}$，分别为 100Hz、330Hz、1kHz、3.3kHz 和 10kHz，$R_{P1} \sim R_{P5}$ 为 5 个频率信号的音调控制电位器，LC 串联谐振回路连接在 R_P 电位器的活动臂与"地"之间。下面以其中的 L_1C_1 支路为例说明该电路的工作原理。

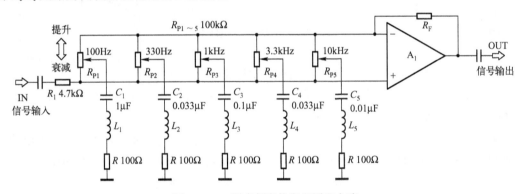

图 6.1　LC 型多频段均衡器原理电路

对 L_1 与 C_1 串联谐振电路而言，其谐振频率为 100Hz，该支路对 100Hz 的音频信号所呈现的阻抗为 0。当 R_{P1} 电位器的活动臂移至最上端时，100Hz 的输入信号经 L_1C_1 串联谐振支路旁路到地为最小，此时送至放大器输入端的信号由 4.7kΩ 电阻与（R_P+R）的分压所得，其值最大；同时放大器的负反馈电路中，对 100Hz 信号的反馈系数由 R 与 R_F 的比值决定，其值最小，负反馈最弱，放大器对 100Hz 的信号的增益最大，从而使 100Hz 信号的输出最大，所以当 R_{P1} 调至最上端时，该电路对 100Hz 信号的提升最大。

反之，当 R_{P1} 电位器的活动臂移至最下端时，经 L_1C_1 串联谐振支路旁路到地的 100Hz 信号为最大，此时送至放大器输入端的信号由 R_1（4.7kΩ）与 R（100Ω）的分压所得，其值最小；同时放大器的负反馈电路中，对 100Hz 信号的反馈系数由（R_P+R）与 R_F 的比值决定，其值最大，负反馈最强，放大器对 100Hz 信号的增益最小，从而使 100Hz 信号的输出最小，所以当 R_{P1} 调至最下端时，该电路对 100Hz 信号的衰减最大。

当 R_{P1} 处于中间位置时，对 100Hz 的信号既不提升又也不衰减，即 0dB。此外，LC 串联回路中的 R 用来设定谐振电路的 Q 值，以决定提升或衰减的幅度和单频频带的宽度，电路的设计可使提升量与衰减量分别为+10dB 和-10dB。

电路中的其他 LC 支路，对 100Hz 信号而言都工作在非谐振频率范围内，呈现很大阻抗，可视为开路，电位器的调节位置对 100Hz 信号输出的影响可忽略。

LC 型频率均衡器的优点是能获得大的提升或衰减量，电路简单，早期设备用得较多。其缺点是电路中的较大的电感线圈容易造成磁芯的磁饱和失真，并且电感线圈容易拾取外界电磁场的干扰信号，使噪声增加，同时大电感的体积也较大，成本较高，现在的音响设备中已较少采用。

2. 模拟电感型图示频率均衡器

近年来生产的多频段图示均衡器已普遍使用由晶体管或集成运算放大器组成的模拟电感（Simulated Inductor）来代替电感线圈，使均衡器的性能有了很大提高，体积也大为缩小。

（1）模拟电感原理。由运算放大器组成的模拟电感电路如图 6.2 所示。在该电路中，利用运算放大器输出端与同相输入端之间的电容引入正反馈，使输入阻抗呈感性变化，这时运算放大器输入端可等效为一个电感 L 和一个电阻 R_1 的串联，其中等效电感的电感量 $L = R_1R_2C$，只要改变 C 的容量就可获得所需的等效电感值，而 R_1、R_2 的数值通常为固定电阻值。

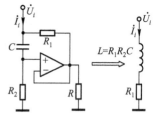

图 6.2 模拟电感电路

在图 6.2 中，运算放大器的"+、-"输入端的电压和电流均为 0（称为"虚短和虚开"），而电路的设计中通常 R_1 取值为几百至几千欧姆，R_2 取值为几十千欧姆，满足 $R_2 \gg R_1$，$X_C \gg R_1$ 的关系（如 R_1 取值 1.2kΩ，R_2 取值 68kΩ）。

因为运算放大器的二个输入端电压为 0，所以有：$U_{R1}=U_C$；又因为运放的输入电流为 0，所以有：$I_C = I_{R2}$。而模拟电感的电路元件的取值须满足：$R_2 \gg R_1$、$X_C \gg R_1$ 的要求。因此有：
$$\dot{I}_C = \dot{I}_{R2} \ll \dot{I}_{R1}，\quad \dot{I}_i = \dot{I}_{R1} + \dot{I}_C \approx \dot{I}_{R1}$$
而
$$\dot{I}_{R1} = \dot{U}_{R1}/R_1 = \dot{U}_C/R_1 = \dot{U}_i(-jX_C)/R_1(R_2 - jX_C) = \dot{U}_i/R_1(1 + j\omega R_2 C)$$
所以，该电路的输入阻抗为：
$$Z_i = \dot{U}_i/\dot{I}_i = \dot{U}_i/(\dot{I}_{R1} + \dot{I}_C) \approx \dot{U}_i/\dot{I}_{R1} = R_1 + j\omega R_1 R_2 C$$

设 $L=R_1R_2C$，则 $Z_i=R_1+j\omega L$。由此可得到模拟电感：$L=R_1R_2C$。其等效电路如图 6.2 右图所示，其中的 R_1 大小决定由该电路串接 C'后所构成 RLC 串联谐振电路的 Q 值。

我们也可从下面来定性理解：在该模拟电感电路中，当频率 $f\uparrow \rightarrow$ 容抗 $X_C\downarrow \rightarrow$ 电容两端电压 $U_C\downarrow$（因为 U_C 由 R_2 与 C 分压所得）$\rightarrow$ 输入端总电流 $I_i\downarrow$（因为 $I_i \approx I_{R1}=U_C/R_1$）$\rightarrow$ 电路的总阻抗 $Z_i\uparrow$（$Z_i = U_i / I_i$）$\rightarrow$ 所以该电路具有电感的特性，只需在该电路输入端串入电

容 C′，即构成串联谐振回路。

（2）模拟电感型图示频率均衡器。采用模拟电感的图示均衡电路种类很多，并已经逐步形成集成化模式。由 TA7796P 构成的 5 段模拟电感型图示频率均衡电路如图 6.3 所示，TA7796P 是东芝公司生产的 5 段图示均衡集成电路，可以对 100Hz、330Hz、1kHz、3.3kHz、10kHz 的频率信号进行提升或衰减。

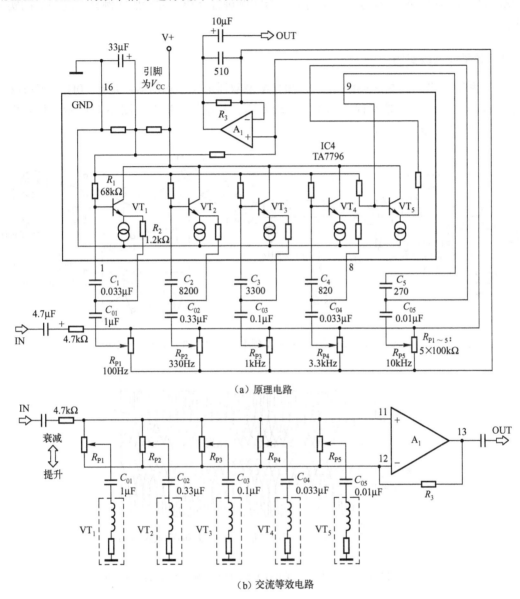

图 6.3　由 TA7796P 构成的 5 段模拟电感型图示频率均衡电路

该电路由两块 TA7796P 构成左、右声道的频率均衡电路，图中仅画出左声道的频率均衡电路。信号由 TA7796P 的 11 脚输入，经频率均衡控制后由 13 脚输出，$R_{P1} \sim R_{P5}$ 分别为 5 个频率点的控制电位器。TA7796P 内部由 5 个模拟电感电路和一个公用放大器构成，其工作原理与前述图 6.1 所示的 LC 型多频段均衡器原理基本相同。

6.1.3　频率均衡器的应用

在现代音响扩声系统中，通常要使用多台多频段均衡器，用于改善音质等，因此有必要对均衡器设备有所了解。频率均衡器常见的专业级名牌产品有美国的 UREI、ART、DOD，英国的 Rebis、KLARKTEKNIK，法国的 SCV，日本的 YAMAHA 等。下面以日本 YAMAHA 的 Q2031A 型双通道频率均衡器为实例进行介绍，并参照实例介绍均衡器的实际应用。

1．频率均衡器实例

（1）系统结构。日本 YAMAHA 的 2031A 型双通道频率均衡器，是在 20Hz～20kHz 音频范围内的 31 段 1/3 倍频程立体声图示均衡器。其系统方框图如图 6.4 所示（只画出一路），控制特性如图 6.5 所示。

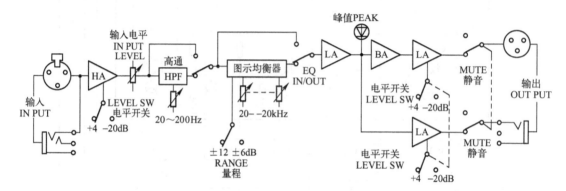

图 6.4　日本 YAMAHA 的 Q2031A 型频率均衡器电路方框图（一个声道）

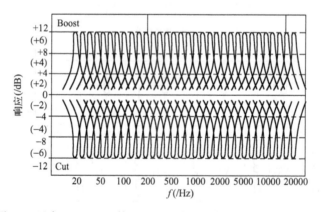

图 6.5　日本 YAMAHA 的 Q2031A 型双通道频率均衡器控制特性

各通道都有斜率为 12dB 的高通滤波器，截止频率为 20～200Hz 可调。开机后自动静噪 3～5s，防止瞬间冲击对功放或音箱的损害。

（2）主要性能。YAMAHA 2031A 型双通道频率均衡器的主要性能有：

频率响应：20Hz～20kHz，±0.5dB。

谐波失真：<0.1％。

噪声级：-96dB（EQ 平直，位于 0dB）。

增益控制范围：±12dB 或±6dB。

（3）前面板键钮功能。YAMAHA 2031 型均衡器前面板如图 6.6 所示。各控制键功能如下：

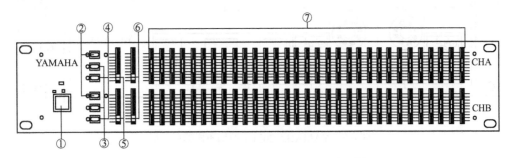

图 6.6　YAMAHA 2031 型均衡器的前面板

① 电源开关键（POWER ON/OFF）：按下后，电源接通，相应的指示灯亮。再按一次，电源断开，指示灯熄灭。

② 范围选择键（RANGE）：用来选择图示均衡器的控制范围。该键在正常位置时，控制范围为±12dB，按下该键后，控制范围缩小，但控制精度提高。

③ 高通滤波器开关（HPF）：用来选择是否在图示均衡器之前加入高通滤波器。在正常（抬起）位置时，高通滤波器断开，输入信号直接进入图示均衡器；按下该键后，高通滤波器接通，输入信号经过高通滤波器后再进入图示均衡器，这时左边的指示灯点亮。

④ 均衡开关（EQ）：用来选择是否接入均衡器。该键在正常位置时，均衡器断开，输入信号不经均衡处理而直接输出，或者说均衡器被旁路（BY PASS）；按下该键后，均衡器接通，输入信号经过均衡器的均衡处理后才输出，这时左边的指示灯亮。该键可以帮助我们比较均衡前后的效果有什么不同，或者需要迅速取消某种特殊的均衡效果时也是十分有效的。

注：有时该键的英文标记是：IN/OUT 或 BYPASS。

⑤ 输入电平控制钮（LEVEL）：用来调整本机的输入灵敏度，以适应不同信号源的输出电平。输入信号电平太低会降低信噪比，而输入电平太高又会导致过激失真。调节该钮，以过载指示灯（PEAK）偶尔闪亮为佳。

注：有时该键的英文标志是 GAIN。

⑥ 高通滤波器（HPF）：用来调节高通滤波器的转折频率，本机的转折频率在 20～200Hz 范围内连续可调，低于所选转折频率的信号将以每倍频程 12dB 的斜率迅速衰减。

该功能的作用有：

a. 可以用来消除房间中的低频驻波。

b. 消除卡拉 OK 演唱时的气流或风在话筒中引起的低频噪声。

c. 减小各种原因引起的交流噪声。

⑦ 提升/衰减控制（BOOST CUT）：用来控制各自对应中心频率处信号的提升或衰减幅度。置于中间时，对该频率的信号不提升也不衰减；向上推动该电位器，就会将其对应频率的信号加以提升；反之，向下拉电位器就是将信号加以衰减。事实上，这 31 个电位器所形成的曲线就是该均衡器此时的均衡曲线。

（4）后背板插口和开关功能。后背板如图 6.7 所示，各插口和开关功能如下：

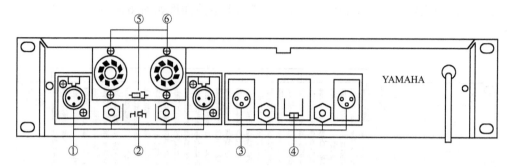

图 6.7　YAMAHA 2031A 型均衡器的后盖板

① 输入插座（INPUT）：包含两个平衡式的卡侬插座和两个非平衡式的大二芯插座，可选用其中的一组输入。输入电平为：+4dB/-20dB，输入阻抗为 15kΩ。

② 输入电平选择（INPUT LEVEL）：有 +4dB 和 -20dB 两挡可供选择。根据前面所连设备的输出电平来设定。通常应设在 +4dB 挡上。

③ 输出插座（OUTPUT）：包含两个平衡式的卡侬插座和两个非平衡式的大二芯插座，可选用其中的一组输出。输出电平为：+4dB/-20dB，输出阻抗为 150Ω。

④ 输出电平选择（OUTPUT LEVEL）：有 +4dB 和 -20dB 两挡可供选择。根据后面所连设备的输入电平来设定。

⑤、⑥是八脚输入变压器的插座和旁路开关，是专门为美国和加拿大设计的。

2．频率均衡器的使用

应用均衡器能美化人声或乐器声的音质，因此正确使用均衡器显得十分重要。为了正确使用均衡器，不仅需要掌握各类均衡器的性能和特点，还要熟悉声频各频段的音质特点，以及各种声源的基本频率范围。

均衡器的不同频段对音质或听感的影响不同。实践证明，在 150～500Hz 频段影响语音的清晰度，2～4kHz 频段影响人声的明亮度，这是音质的敏感频段；频率响应的中低频段和中频段的波峰、波谷都严重影响音色的丰满度；如果低频段衰减，丰满度也会下降，因为语言的基音频率都在这个频段之中；如果高频 8kHz 衰减，则影响音色的明亮度；相对而言，125Hz 以下和 8kHz 以上对音色的影响不是很大，因为人耳难以分辨清楚，但这个频段对音质很重要，尤其对高层次的音乐要求更是如此：125Hz 以下不足音质欠丰满，8kHz 以上缺乏则音质表现力失落，欠缺色彩与细腻的魅力。因此，为了满足提高音质、改善音色等要求，可将频率均衡器的音频分为几个主要频段部分进行调整。

根据试验和人们经验，一般可将频段与听感的对应分成 6 个部分：

（1）16～60Hz（超低音）。低频声使人感到很响（如飞机轰轰声），给人以强有力的感觉。提升 60Hz，可强化声音的力度，给人以震撼感，但过于提升会使乐器声浑浊不清。

（2）60～250Hz（低音）。节奏声部的基础声，决定音乐的平衡，使其丰满或单薄。提升过多会出现隆隆声。其中提升 100Hz 可产生逼真的低音提琴重放效果。但对语言声，在 100Hz 以下衰减 6～12dB 可增加语言的清晰度。

（3）250Hz～2kHz（中音）。包含有大多数乐器的低次谐波，影响音色。其中（1～1.5）kHz提升 4～5dB，声音的亮度与层次均有所增进，音色既明亮又滑爽，对男声尤为明显。其中提升 300～500Hz 可增加音乐的力度，可使还原的人声更逼真，尤其 330Hz 给人以声音的坚实感，使低音柔和丰满。但 330Hz 提升过多，会产生嗡嗡的"浴室效应"。500Hz 对力度影响很大，提升 2～4dB 便好像凑到听者面前发声一样，给人以亲切感和纵深感。

（4）2～4kHz（中高音）。该范围是人耳最灵敏的听觉范围，影响响亮，此段提升 2～4dB，能增加人声的亮度，但提升过多时，特别是 3kHz 会产生听觉疲劳。

（5）4～6kHz（高音）。有临场感，影响清晰度。若提升，有使音乐离听者近的感觉，反之离听者远。在 5kHz 提升 6dB，可使声音的音量好像增加了 3dB。因此，许多录音师为使节目声音响亮，习惯在 5kHz 处提升几个 dB。如衰减混合声的 5kHz 分量，会使声音的距离感变远。

（6）6～16kHz（特高音）。控制着洪亮度与清晰度，但过分提升会出现齿音。对于 10kHz，会使女声层次越发鲜明，齿音变得细腻，使声音增添光泽和色彩，富有透明感。

总之，如果将整个声音频段的听感分为三段，则低频段重在浑厚与丰满度，中频段重在明亮度，高频段重在清晰度。

一些常用乐器与声音的均衡频率如表 6.1 所示。

表 6.1 一些常用乐器与声音的均衡

音　源	明显影响音色的频率
小提琴	200～440Hz 影响丰满度；1～2kHz 拨弦声频带；6～10kHz 影响明亮度
中提琴	150～300Hz 影响力度；3～6kHz 影响表现力
大提琴	100～250Hz 影响音色的丰满度；3kHz 是影响音色明亮度频率
贝司提琴	50～150Hz 影响音色丰满度；1～2kHz 影响音色明亮度
长笛	250Hz～1kHz 影响丰满度；5～6kHz 影响音色明亮度·
黑管	150～600Hz 影响音色的丰满度；3kHz 影响明亮度
双簧管	300Hz～1kHz 影响音色的丰满度；5～6kHz 影响明亮度；1～5kHz 提升音色明亮华丽
大管	100～200Hz 丰满、深沉感强；2～5kHz 影响明亮度
小号	150～250Hz 影响丰满度；5～7.5kHz 是明亮度清脆感频带
圆号	60～600Hz 提升音色圆润和谐自然；强吹音色辉煌 1～2kHz 明显增强
长号	100～240Hz 提升丰满度强；500Hz～2kHz 提升音色变得辉煌
大号	30～200Hz 是影响力度和丰满度；100～500Hz 提升音色深沉、厚实
钢琴	27.5～486Hz 是音域频率，音色随频率提高（增加）而变得单薄；20～50Hz 是共振峰频率（箱体）
竖琴	32.7～3136Hz 是音域频率；小力度拨弹音色柔和；大力度拨弹音色泛音丰满
萨克斯管	600Hz～2kHz 影响明亮度，提升此频率可使音色华彩清透
萨克斯管 6B	100～300Hz 影响音色的淳厚感，提升此频率音色可使始振特性细腻，增强音色的表现力
吉它	100～300Hz 提升增加丰满度；2～5kHz 提升增强音色的表现力
低音吉它	60～100Hz 低音丰满；60Hz～1kHz 影响力度；2.5kHz 是拨弦声频
电吉它	240Hz 是丰满度频率；2.5kHz 是明亮度频率；拨弦声 3～4kHz
电贝司	80～240Hz 是丰满度频率；600Hz～1kHz 影响力度；2.5kHz 是拨弦声频率
手鼓	200～240Hz 共鸣声频；5kHz 影响临场感

音　源	明显影响音色的频率
小军鼓（响弦鼓）	240Hz 影响饱满度；2kHz 影响力度（响度）；5kHz 响弦音频
通通鼓	360Hz 影响丰满度；8kHz 为硬度频率；泛音可达 15kHz
低音鼓	60～100Hz 为低音力度频率；2.5kHz 是敲击声频率；8kHz 是鼓皮泛音声频
地鼓（大鼓）	60～150Hz 是力度音频、丰满度；5～6kHz 是泛音频率·
钹	200Hz 铿锵有力度；7.5～10kHz 音色尖利
镲	250Hz 强劲、铿锵、锐利；7.5～10kHz 尖利；1.2～15kHz 镲边泛音"金光四溅"
歌声（女）	1.6～3.6kHz 影响音色的明亮度，提升此频率可以使音色鲜明通透
歌声（男）	150～600Hz 影响歌声力度，提升此频率可以使歌声共鸣感强，增强力度
语音	800Hz 是危险频率，过于提升使音色发"硬"发"楞"
沙哑声	64～261Hz 提升可以改善
女声带噪音	提升 64～315Hz、衰减 1～4kHz 可以消除女声带杂音（声带窄的音质）
喉音重	衰减 600～800Hz 可以改善
鼻音重	衰减 60～260Hz，提升 1～2.4kHz 可以改善
齿音重	6kHz 过高可产生严重齿音
咳音重	4kHz 过高可产生咳音严重现象（电台频率偏离时的音色）

　　以上介绍的主要是在录音、调音或节目录制中的均衡器使用方法，下面介绍均衡器在听音和放声中的使用方法。由于录音机和组合音响的发展与普及，本来用于专业音响的均衡器（如图示均衡器）也广泛用于录音机和组合音响中。图示均衡器或多频段音调控制器在听音和放声中的一般使用如下：

　　（1）收听调幅广播时，由于调幅广播的频带较窄，其高频最多只能放送到 5～6kHz，因此适当地衰减 100Hz 以下和 6kHz 以上的频率分量，可以改善信噪比。

　　（2）收听调频广播时，由于调频广播节目的频带宽、信噪比高，此时图示均衡器各频段推钮宜放在中央平直位置或适当地提升高、低频，以充分发挥调频广播音质好的特点。

　　（3）播放音乐节目时（如管弦乐曲），可将低频（如 60Hz 或 100Hz）和高频（如 10kHz 或 15kHz）提升到最大，1kHz 中频点不提升或稍为衰减，而 300～500Hz 及 3～5kHz 适当提升一些，从面板上推钮连成的图形上看，多频段的图示均衡器的推钮呈"V"形。这样放出来的音乐层次分明，声音明亮，低音丰满。

　　（4）播放独唱、合唱歌曲时，可将高频端置于正中位置，3～5kHz 频段稍为衰减，100Hz 和 1kHz 频段稍为提升，300Hz 频段提升至最大，这样可突出歌曲的基础声部，使歌曲听起来增加了一定的力度和清晰度。若要使歌唱演员主音鲜明，主要调节 1kHz 附近频率，这可使主音有一种深度感。

　　（5）播放语言节目时，一般与播放音乐节目时的调节相反，即 1kHz 频段提升，300～500Hz 和 3～5kHz 频段适当提升些，低频端和高频段一般不提升或稍为衰减，即从面板上推钮连成的图形上看呈倒"V"形。这是因为语言的频谱集中在 300～4000Hz，故上述调整可提高语音的清晰度，并使背景显得安静。

　　（6）播放磁带节目时，图示均衡器一般放在平直位置，或适当提升高频与低频分量。如果磁带噪声较明显，可适当降低高频段，以减少磁带本底噪声。

当然，以上调节还要看节目的内容和各人的爱好而定，此外还要考虑音响设备和音箱的特性以及听音房间环境的声学特性的补偿等。

6.2 效果处理器

在音频信号处理设备中，有一类专门用来对信号进行各种效果处理的设备，例如延时器、混响器等，在专业上通常将这类设备称为效果处理器。

6.2.1 概述

人们都知道在音乐厅等专业场所欣赏音乐节目总是比在家庭、教室、会议室等普通房间里的效果好，这当然有多方面的原因，但声音的延时和混响等效果是重要的原因之一。

我们在室内听到的声音包括三种成分：未经延时的直达声、短时延时的前期反射声和延时较长的混响声，特别是混响声，它持续时间（即混响时间）的长短直接影响人们的听音效果。混响时间太短，声音发"干"不动听；混响时间太长，声音混浊不清，破坏了音乐的层次感和清晰度。因而，对于特定的音乐节目，混响时间有一个最佳值。从大多数优质音乐厅场所观察，此值在 1.8~2.2s 之间。

由于音乐厅等演出场所充分考虑了声音的延时和混响等效果，因此人们在欣赏演出时可以充分感受到乐队演出的层次感、展开感、宽度感、听音的空间感和一定程度的乐音的包围感，也可以笼统地称之为临场感、现场感或自然感，所以十分优美动听。

多年来，专业研究人员不断开发和改进各种音响设备，希望利用这些电子设备能够在多种场合重现在音乐厅演出的效果，至今已取得了相当大的进展，而延时器、混响器等效果处理器就是其中的代表之一。

1．延时器

延时器（Delay）是一种人为地将音响系统中传输的音频信号延迟一定的时间后再送入声场的设备，是一种人工延时装置。它除了能对声音进行延时处理外，还可产生回声等效果。目前，延时器普遍采用电子技术来实现，通称为电子延时器。

电子延时器是把音频信号储存在电子元器件上或存储器中，延迟一段时间后再传送出去，从而实现对声音的延时。常用的有电荷耦合型器件（BBD）延时器和数字延时器两种。BBD 延时器结构简单，价格低廉，主要用于卡拉 OK 机等业余设备，与后者相比，动态范围较小，音质效果欠佳，在现代音响设备中已较少采用；目前在各种专业音响设备或系统中普遍采用数字延时器，它是依靠半导体存储器来储存数字音频信号，达到信号延迟的目的，是一种理想的延时处理设备。

2．混响器

混响器在音响系统中用来对信号实施混响处理，以模拟声场中的混响声效果，给发"干"的声音加"湿"，或者人为地增加混响时间，以弥补声场混响时间的不足。

混响器主要有两大类，即机械混响器和电子混响器。机械混响器主要包括弹簧混响器、钢板混响器、箔式混响器和管式混响器等，由于它们功能比较单一，音质也不很理想，且存在因固有振动频率而引起的"染色失真"现象，因此目前很少使用。

电子混响器以延时器为基础，通过对信号的延时而产生混响效果，它往往兼有延时和混响双重功能，混响时间连续可调，且功能较多，能模拟如大厅（Hall）、俱乐部等多种声场，并能产生一些特殊效果，使用也十分方便，特别是以数字延时器为核心部件的数字混响器，具有动态范围宽、频响特性好、音质优良等优点，主要用于专业音响系统。

3．效果器

近些年来，国外一些音响设备公司开发出一种称之为 Multi Effect Processor 即多效果处理器设备，简称效果器。这种设备不仅有上述延时和混响功能，还能制造出许多自然和非自然的声音效果；而且，它利用计算机技术，将编好的各种效果程序储存起来，使用时只需将所需效果调出即可，特别是高档次设备，还可根据需要调整原有的效果参数，即进行效果编程，并将其储存，以获得自己想要的效果，使用更加方便，很受音响师们的青睐，现代音响系统普遍采用这种设备进行效果处理。

6.2.2 数字延时器

数字延时不仅是数字混响器的核心部件，在专业音响中还有专门对信号进行延时处理的数字延时器设备。

1．延时器的结构与原理

数字延时，是先将模拟音频信号转换成数字音频信号，再利用移位寄存器或随机寄存器 DRAM 将数字信号写入存储器中，直到获得所希望的延时时间以后再读出信号，然后再将数字信号再还原成模拟信号送出，此时的模拟信号就是原音频信号的延时信号，即输出端的音频信号比输入端的音频信号在时间上延迟了一段时间。其原理框图如图 6.8 所示。

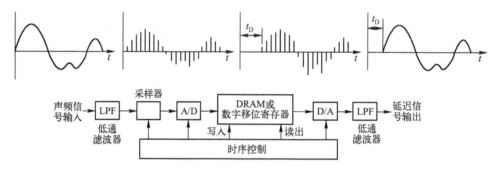

图 6.8　数字延时器原理框图

在图 6.8 中，输入端的低通滤波器用来限制信号中的高频分量，以防止采样过程中的折叠效应；输入信号经模数（A/D）转换后得到的数字信号，写入 DRAM 数据存储器或输送到多个相互串联的移位寄存器（这些移位寄存器使每个数字信号在采样时间间隔内移到下一级），直到经过所希望的延时时间 t_D 后；再从 DRAM 中读出数据或从寄存器中取出数据，最后经数模（D/A）转换和低通滤波器平滑，还原为模拟信号送出。延时时间 t_D 的长短选择则通过写入与读出的间隔时间或移位寄存器容量的变换来控制，时序控制器产生时钟信号使上述所有功能同步。

数字延时是数字延时器设备的基本单元，在有些具有特殊效果的数字延时器中，还要将延时信号（延时声）和原输入信号（主声）按比例混合后作为延时器的输出。这样，既可以听到主声，也可听到延时声，从而得到几种不同的特殊效果。如拍打回声（Slap Echo）、环境回声（Ambled Echo）、多重回声（Multi Echo）、静态回声（Static Echo）、长回声（Long Echo）、变调效果（Pitch Bend）和动态双声（Dynamic Doubling）等。这种延时器在扩声系统中主要用来产生某些特殊效果。

在专业音响（效果）设备中，还有一类数字延时器，其延时声不与主声混合，不产生特殊效果，只对扩声系统中传输的信号做延时处理，以补偿由于系统传输线缆长短及音箱摆放位置不同而造成的传输到人耳信号的时间差。这类延时器通常称为数字式房间延时器，调整非常简单，一般只有输入/输出电平控制和延时时间控制。

2．延时器的应用

延时器在现代扩声系统中得到广泛应用，它不仅能提高节目质量，还能产生某些特殊效果。

通常在一些大型场所，如大型音乐厅、影剧院和高档次大型歌舞厅等，扩声系统中的扩声通道不止一个，除主扩声外还有一组或几组辅助扩声，使用的音箱较多，这些音箱在厅堂内摆放的位置是前后左右错落有序的，如图 6.9 所示，这样从各音箱发出的传到听众席的声音在时间上就会出现先后差异，从而造成回声干扰，使人听不清楚；而且由于人耳对声音有先入为主的特点，因此人们就会感到声音来自距离自己近的音箱，从而造成听觉与视觉上的不一致。将时间延时器接入扩声通道，对各个扩声通道的音频信号分别进行适当延时，使各音箱发出的声音几乎同时到达听众，就能获得声像位置基本一致的扩声效果，如图 6.9 所示。在调整延时时间时，可让舞台两侧的主扩声信号较听众席两侧的辅助扩声信号早些到达听众席位，时间相差很小使听众不会感到明显差异，这样可使人感到声音主要来自舞台方向，从而达到听觉与视觉的统一。

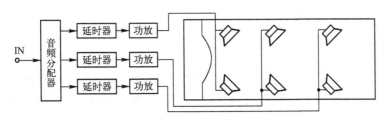

图 6.9　扩声通道的延时处理

此外，在交响乐队等大型乐队演出时，各种乐器的安排位置是按要求分布在舞台的前、后、左、右的。利用前、后、左、右的话筒拾音时，虽然调音台的双声道（L/R）声像定位功能可以使左右排位的乐器产生左右立体方位感；但是前、后排位的乐器从音箱中送出的声音在时间上是相同的，这会给人的感觉是后排乐器与前排的乐器没有前后层次，失去了前后立体方位感。如果在后排乐器的拾音话筒上串接时间延时器，对后排乐器的声音信号加以延时，就可将后排乐器的声音推向深远处，使乐器的前后分布有了层次，这样不但使整个乐队具有左右立体方位感，而且有前后立体层次感，也就是有了所谓全方位立体感，从而得到理想的聆听效果。

带有某些效果的数字延时器还可以为演唱者或朗诵者加入回声效果，利用这种延时器对歌曲或朗诵的尾句、尾音适当延时，可以制造出象山谷中的回声，给演出增加了特殊效果。

延时器在现代音响系统中还有许多用途，例如，将左右声道信号延时后分别与其主声信号叠加，可以使左右声道的声像分布加宽，从而扩展了声场，增强立体感；这种方法还能改善声音的丰满度和浑厚感，降低人耳对非线性的敏感度，使声音更加优美动听。再例如，将单声道信号延时处理后分离，可产生模拟立体声等等。

延时器一般为单通道设备，用于扩声系统时，要根据需要确定延时器的数量。如果某扩声通道左、右声道信号需要相同的延时时间，可以用一台延时器串入系统；如果对话筒信号进行延时效果处理，可将延时器并在调音台上（通过辅助 AUX 和返回 RET 端口），也可将延时器接入调音台输入通道的 INSERT 端口或直接串入话筒中，所需延时器的数量与延时处理的话筒的数量一一对应。实际上，除非有特殊要求，在演出中有一两台延时器就可以了（用于扩声通道的房间延时器除外）。

在扩声系统中对延时器进行调整时，需要根据临场监听的效果来决定各参量的大小。

6.2.3 数字混响器

1. 混响器的用途

混响器也是一种声音效果处理设备，用混响器可以模仿多种声学环境，使声音在听感上产生某些原声音所没有的效果。例如，在消声室、旷野里听音乐，会觉得乏味，听上去觉得很"干"。而在消声室唱歌和在浴室中唱歌，自我感觉完全不同，会觉得在浴室里自己的嗓音好得多，这就是没有混响和有混响的明显区别；唱卡拉 OK 时，给歌声加一点混响，就会觉得嗓音"变厚"了、好听了。通常混响器可以用来模仿大厅、中厅、小厅、教堂、山谷等多种声学环境中的听感效果。

2. 混响器的结构与原理

在闭室内形成的直达声、前期反射声和混响声中，除直达声外，前期反射声和混响声都经过了延时，而混响声的延时时间最长，并且是逐渐衰落的，其声学原理见图 6.10 所示。取一定的衰减比例的直达声，经延迟一定时间后，跟在直达声后送出，这就是第 1 次反射声（也称回声：Echo）。再从第 1 次反射声中按同一衰减比例取值，经同样时间的延迟后跟在第 1 次反射声后送出，这就是第 2 次反射声。依次可得到第 3 次、第 4 次、…、第 n 次反射声，这些逐次减小的反射声的混合就模仿了混响效果。这里第 1 次反射声和直达声之间的延迟时间，或者说任两次相邻回声之间的时间差，模仿了声音经墙壁等反射面反射后到达听音者的时间比直达声延迟的时间。显然，延迟时间越长，说明反射声行程越长，也说明声学环境的几何尺寸越大。而每次反射声比前一次反射声衰减的值，模仿了反射面的反射系数（或吸声系数）。显然衰减量越小，则表示反射面的反射系数越大，或者说反射面的吸声系数越小。

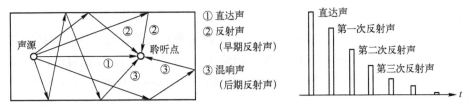

图 6.10　混响效果声学原理图

简单的数字式混响效果器，模仿了上述混响声学原理，采用如图 6.11 所示的电路结构形式。音频信号输入后，先经过低通滤波器（LPF），使信号中的最高频率低于采样率的 1/2，以满足奈奎斯特采样定律。然后经模数转换器（ADC），将音频模拟信号变成数字信号。此数字信号被存入存储器（DRAM）中，经过预定的延迟时间后，再从存储器中取出来，这就构成了延时（Delay）。取出来的数字信号经数模转换器（DAC）恢复成音频模拟信号，再经低通滤波器滤除变换过程中产生的高频成分，经缓冲放大器（AMP）送出的延时信号（回声）与直达声信号合并送出。同时把延时后的信号取一定量反馈（Feedback）到输入端产生下一次回声，从而模拟出混响声。

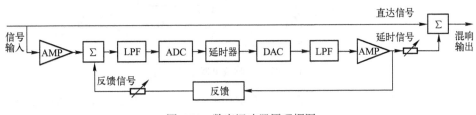

图 6.11　数字混响器原理框图

数字混响器通常为双通道设备，种类也很多，可以模拟出各种闭室的混响声效果。

6.2.4　数字效果器（DSP 效果器）

上述的混响器只产生一种选定的延迟时间，电路比较简单，混响方式单一。但是实际的声学环境有很多从不同途径产生的回声，回声的声程是不相同的，延迟时间也就有长、有短。为了更逼真地模拟混响声场，可以设多种延迟时间、多种衰减系数，这就是效果处理器。

1．效果处理器的功能

效果处理器采用了较复杂的数字信号处理（DSP）技术，利用数字信号处理技术来模拟各种厅堂与场所的声学听音环境，可以产生多种特殊的、更加完美的混响效果。

数字效果器有三大基本功能：混响、延时、非线性效果。

（1）混响。混响是数字效果器的主要功能，利用效果器的参数可以对空间大小、声音色彩、早期反射声等声音因素进行调整，从而改善和提高厅堂的音质，增加音源的融和感，产生厅堂（Hall）、房间（Room）、板式（Plate）、密室等混响效果。

（2）延时。延时效果分为基本延时（DELAY）及由不同分量的延时与直接信号混合而产生出的镶边（Flange）效果、合唱（Chorus）效果、回声（Echo）效果与共振

（Resonance）效果。

（3）非线性。非线性是采用翻转或切除一个自然混响的处理方式来获得特定的音响效果。其中，翻转混响（Reverse Reverb）功能用来翻转一个自然混响；门混响（Gate Reverb）功能是用来正常切除一段自然混响；翻转门（Reversen Gate）用来切除一个正增加的混响。

2. 效果处理器的结构与原理

为了模拟闭室内的音响效果，就需要产生上述不同的延时声，特别是混响声。因此首先要对主声信号进行不同的延时与反馈，然后将各信号进行不同的调制与混合，从而模拟出多种厅堂与听音场所的声响效果。图 6.12 即为以数字延时器与数字混响器为基础所成的效果处理器原理简图。

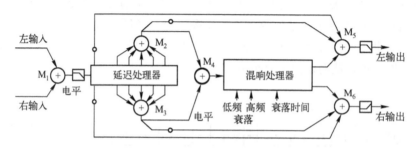

图 6.12　数字混响效果器原理简图

从图中可以看到，延时器起着非常重要的作用。经过较短延时的信号取出后作前期反射声；它通常与主声间隔小于 50ms；从经过多次不同延时的信号取出一部分混合成初始混响声（有时人们进一步把前期反射声和混响声之间的部分叫做初始混响声），它实际是声音的中期反射声，使声音有纵深感；将初始混响信号再经混响处理后就形成混响信号，这里的混响处理主要还是起延时作用，它将初始混响信号再进行适当延时，同时模拟混响声的衰落（即混响的持续时间）以及多次反射的高频丢失现象（由于低频信号有绕射现象，所以混响声中低频成分要多一些）。混响声也可看成是声音的后期反射声，它使声音有浑厚感。最后将直达声，前期反射声，初始混响及混响信号混合，作为效果处理器的输出，这样就产生了模拟闭室声响的效果。也就是说，经效果处理器处理后，产生的混响效果声具有闭室混响声的特点：

（1）混响声与主声分开，时间间隔在 50ms 以内，且逐渐衰落，余音弱而且模糊。

（2）混响声与主声结合后产生延续感。

（3）混响声能产生明显的空间纵深感和声场环境感。

（4）混响声在主声之后，使声音变得丰满、圆润、浑厚、活泼。

3. 效果处理器实例

近年来出现的效果处理器，以数字延时器与数字混响器为基础，采用数字信号处理（DSP）技术，不仅有上述数字混响器所具有的功能，而且具有产生多种特殊效果的功能，在现代扩声系统中得到普遍使用。

目前，效果处理器主要分为两大类。一类是日本型的效果器，它们对音色处理的幅度大，有夸张的特性，听起来感觉强烈，尤其受到歌星和业余歌手的欢迎，这类效果器主要用来对娱乐场所或流行歌曲演唱进行效果处理；另一类是欧美型的效果器，它们的特点是音色经过真实、细腻的混响处理，可以模拟欧洲音乐厅、Disco 舞厅、爵士音乐、摇滚音乐、体育馆、影剧院等的声响效果，但其加工修饰的幅度不够夸张，人们听起来会感觉到效果不很明显，这类效果器在专业艺术团体演出时使用较多。

下面以现代专业扩声系统中常用的 DSP-256 型效果器为例进行介绍，使大家对效果处理器的功能有初步了解。

DSP-256 是一种欧洲型效果器，由 Digtech 厂生产。这种效果器采用了较复杂的数字信号处理（DSP）技术，是一种性能优良的专业级多效果处理器。

（1）前面板。图 6.13 所示为 DSP-256 效果器的控制面板（前面板），各功能简介如下：

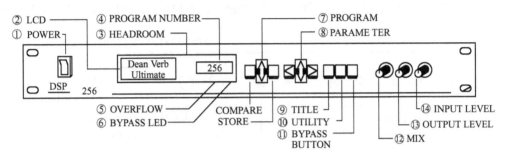

图 6.13　DSP-256 效果器前面板

① 电源开关（POWER）。开启时，DSP-256 效果器恢复与上次关机时相同的效果程序。

② 效果内容显示器（LCD）。这是一个两行 16 字符的液晶显示器，用于显示当前程序的标题或效果和应用参数。

③ 输入电平显示器（HEAROOM）。该显示器由四个发光二极管组成，用于显示输入信号电平。可用输入电平调整钮（INPUT LEVEL）设置输入信号的电平，最佳信号电平时，绿色发光二极管亮。红色二极管偶尔闪亮，表示信号电平达到峰值。

④ 程序序号显示器（PROGRAM）。这是一个三段数字显示器，显示所选效果程序（项目）的序号。

⑤ 过载显示（OVERFLOW）。此发光管用于指示效果器的过载状态。发光管亮时表示效果器因输入电平太大而过载，应当减小输入信号电平。

⑥ 旁路显示（BYPASS）。此发光管用于指示效果器进入旁路工作状态。

⑦ 程序控制键（PROGRAM）。这组键共有四个，用来控制效果程序的选择：

● 左边按键为比较键（COMPARE），用来对正在编辑的效果程序和原效果程序进行比较。

● 中间两键为增减控制键（上增下减），用来改变和选择项目序号（1～256）。

● 右边按键为存储键（STORE），用来将新编辑的效果程序存入所选择的项目序号。

⑧ 参数控制键（PARAMETER）。这组键也有四个，用来调整原效果程序的参数：

● 左右两键用来选择下一个效果参数，停止在一个有用的功能或移到下一个标题。

● 上下两键用来改变选择的效果参数值、有用参数值或标题。

⑨ 标题键控制（TITLE）。该键用于对当前程序名进行编辑。

⑩ 效用键（UTILITY）。这是一个功能键，用来控制液晶显示器上显示的多功能菜单，

包括 100 个项目选择，连续控制器连接 MIDI 图示，程序传送、脚踏开关编程、恢复原有预设置等。

⑪ 旁路控制钮（BYPASS）。该钮可控制效果器进入旁路工作状态。

⑫ 混合控制钮（MIX）。该钮用来调整经效果处理后送到输出端的信号电平，也就是调整效果信号与原信号的混合比例。顺时针旋转，加大效果信号比例；反之减小。

⑬ 输出电平控制钮（OUTPUT LEVEL）。该钮用来调整效果器总输出电平的大小，以与下级设备匹配。

⑭ 输入电平控制钮（INPUT LEVEL）。该钮用来调整输入效果器的信号电平。调整时要注意观察输入电平的显示。

（2）后背板。DSP-256 效果器后背板的端口功能如图 6.14 所示，相关端口功能简介如下：

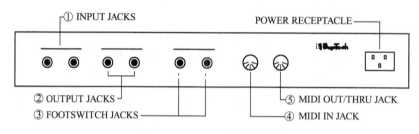

图 6.14　DSP-256 效果器背板

① 效果器输入端口（INPUT）。DSP-256 为左（LEFT）、右（RIGHT）两个声道输入，当使用单通道声源时，只需接入左声道（MONO）。

② 效果器输出端口（OUTPUT）。分左（LEFT）、右（RIGHT）两声道输出。

③ 脚踏开关接入端口（FOOT SWITCH）。

④ MIDI 信号输入端口（MIDI IN）。

⑤ MIDI 信号输出/通过端口（MIDI OUT/THRU）。

（3）DSP-256 效果器的功能。效果处理器是利用数字信号处理与计算机技术，将编好的各种效果程序储存起来，使用时只需将所需效果调出即可。DSP-256 效果器具有多种效果，其内容如下：

- 厅堂效果
- 动感效果
- 跳跃效果
- 爵士乐效果
- 大教堂效果
- 去左路效果
- 和弦/延时效果
- 法兰回声混响效果
- 厅堂低音合唱效果
- 溅水声回响效果
- 返回声效果
- 体育馆声响效果

- 歌剧院声响效果
- 剧场声响效果
- 一般教堂声响效果
- 圆形剧场声响效果
- 大理石装饰的大厦声响效果
- 晚霞效果
- 金属板声响效果
- 早期反射效果
- 满场房间效果
- 空场房间效果
- 游泳池效果
- 台阶式广场效果

- 西班牙舞乐效果
- 低沉的左右双声效果
- 渐强的返回和 4 阶效果
- 渐弱回声
- 旋转效果
- 1 和 1/2 第二音程效果
- 返回和 4 阶 250 毫秒效果
- 返回和 4 阶 300 毫秒效果
- 返回和 4 阶 375 毫秒效果
- 加强回声效果
- 欢快的 16 分音符效果
- 延时半秒效果
- 活泼的华尔兹效果
- 美好的延迟效果
- 薄法兰声响效果
- 乒乓合唱效果
- 150 秒用 30/100
- 225 秒用 20/100
- 立体声像 2 效果
- 弱延迟效果
- 最低部弦音效果
- 缸内合唱效果
- 丰富的法兰效果
- 中弦合唱效果
- 缓慢柔和效果
- 细长舞台效果
- "Leslie" 效果
- 快速扫描
- 动物法兰效果
- 筒形法兰效果
- 动物法兰 2 效果
- 合唱室效果
- 合唱延时效果
- 拍手合唱效果
- 法兰延时效果
- 游泳效果
- 快速半音阶延时效果
- 转动管风琴效果
- 法兰独奏效果

- 法兰抖动效果
- 歌剧效果
- 乐器合成效果
- 简捷的合成效果
- 钢琴合奏效果
- 谐音效果
- 快速合成的低音效果
- 击键声由远而近，由近渐远效果
- 缓慢的弦乐效果
- 音调被提高半音的效果
- 吉它独奏 1 效果
- 丰厚的低音效果
- 吉它延时效果
- 吉它合成效果 1
- 吉它合成效果 2
- 水中荡桨效果
- 立体声像 1
- 金属吉它均衡效果
- 鬼门效果
- 环境陷阱效果
- 深陷阱效果
- 大陷阱效果
- 地狱之门效果
- 大共鸣房间效果
- 暗淡的共鸣房间效果
- 秘室效果
- 大秘室效果
- 延时混响效果
- 霹雳声混响效果
- 延时混响
- 左回声效果
- 右回声效果
- 100 毫秒回响效果
- 400 毫秒回响效果
- 200 毫秒快速选通效果
- 绝对选通效果
- 350 毫秒选通
- 右通道合唱混响
- 延迟的室内追逐效果

- 合唱效果
- 低频提升效果
- 中频提升效果
- 高频提升效果
- 参考设置 1
- 参考设置 2
- 参考设置 3
- 弯曲状厅堂效果
- 声混响（口哨回响）
- 渐弱回响效果
- 慢动作效果
- 空场法兰效果
- 强立体声效果

- 水晶厅堂效果
- 大合唱效果
- 城市上空效果
- 渐弱口声效果
- 轻微法兰效果
- 普通混响效果
- 惊弓之声效果
- 耳语声效果
- 细长房间效果
- 地下室效果
- 酒吧间效果
- 厅堂合唱效果
- 线路直通

6.3 压限器

压限器也是扩声系统的常用设备之一，特别是在较大型专业演出场所的扩声系统中，压限器是必不可少的设备，有时甚至要使用多台压限器，近几年在一些高档次的歌舞厅等业余演出场所的扩声系统中也越来越多地使用到压限器。

6.3.1 压限器的用途

压限器是压缩器和限幅器（Compressor/Limiter）的组合，也是音响系统中常用的信号处理设备，它由压缩和限幅两种功能组成。压缩器主要用来对音频信号进行压缩处理，使大信号的强度变弱、小信号的强度增强，以避免产生削波失真；而限幅器是在当输入的音频信号的幅度达到一定数值时，使对应的输出电平迅速减小或保持不变，以防音响设备过载而损坏。实际上，压缩与限幅这两者的控制原理是相同的，只不过使用目的有差别而已，所以一般在一台设备中同时满足两种使用。

在扩声系统中，压限器主要用途如下：

（1）压缩信号的动态范围，防止过载失真。压限器的最主要功能是对音频信号的动态范围进行压缩或限制，即把信号的最大电平与最小电平之间的相对变化范围加以减小，以适应后接音响设备所允许的动态范围，从而达到减小失真、防止削波的目的。

（2）对大电平信号的峰值进行限幅，以保护后级的功率放大器和扬声器不致损坏。当有过大功率信号冲击时，可以得到压限器的限制，从而起到保护功放和扬声器的作用。例如：话筒受到强烈碰撞，使声源信号发生极大的峰值，或者插件接触不良或受到碰击产生瞬间强大电平冲击，这都将威胁到功放和扬声器系统的高音单元，有可能使其受到损坏，使用压限器可以使它们得到保护。

（3）降低噪声电平，提高信号传输通道的信号噪声比。音乐的动态范围很大，约为 120dB。如果一个动态范围为 120dB 节目通过一个动态范围狭窄的系统放音（如广播系统），许多信息将在背景噪声中浪费掉；即使系统能有 120dB 的动态范围可供使用，除非它是无噪声环境，否则不是弱电平信号被环境噪声淹没，就是强电平信号响得使人难以忍受，甚至于因过荷而产生失真。虽然音响师可以通过音量控制调整信号电平，但是手动操作有时往往跟不上信号的变化。为了避免上述问题，必须由压限器将动态范围缩减至适合于系统与环境中能舒适地倾听的程度。此外，压限器与扩展器配合使用，还能起自动降低噪声的作用。

（4）产生特殊的音响效果。

6.3.2 压限器的基本原理

压限器由压缩器和限幅器组成。从设备的工作原理上讲，压限器的内部是一种特殊的放大器，它的放大倍数（即增益）可以随着输入信号的强弱而自动变化。当输入信号较小时，它的放大倍数相对较大；当输入信号较大时，它的放大倍数又会自动减小，从而使输出信号的电平被控制在一定的范围内。

1．压限器的控制特性

压限器的控制电路由压控放大器（VCA）与电平检测电路组成，如图 6.16 所示。在信号输入与输出之间接有压控放大器（VCA），压控放大器（又称控制元件）的增益受控制电压 U_C 的控制，控制电压 U_C 由电平检测电路产生，U_C 大小与输入信号的电平相对应。按照检测电路的输入信号获得方式分成前动型和后动型两种电路形式。前动型控制电路的输入信号，由压控放大器的输入端取得，这种电路适于做扩展器；后动型则由压控放大器的输出端取得，它是一种反馈控制形式，适于做压缩器。

压限器的控制特性如图 6.16 所示，该图所显示的输入－输出特性曲线中有两个拐点：一是输入电平为-10dB 时所对应的曲线上的点，该点的输入电平称为压缩阈，即压缩器开始起作用的起控电平；二是输入电平增加到 20dB 时所对应的曲线上的点，该点的输入电平称为限幅阈，即限幅器开始起作用的起控电平。压缩器的压缩功能是用压缩比来衡量的，所谓压缩比是指输入信号的电平（分贝数）与输出信号的电平（分贝数）的比值，如果压缩比为1∶1，就是对输入信号没有进行任何压缩。图 6.15 中所示控制特性的压缩比为 2∶1，即输入信号电平从-10dB 增加到 10dB 时（增加量为 20dB），输出信号从 0dB 增加到 10dB；而输入信号在-10dB 以下时未进行压缩（或称压缩比为 1∶1）；当输入电平超过 20dB 时，限幅器使输出信号不再随输入信号的增加而增加（或增加很少量），输出电平基本保持 15dB不变。实际中的限幅功能是通过增大压缩比来实现的，当压缩器的压缩比上升到 10∶1 以上时，压缩器就成了限幅器，有的甚至可高达 100∶1，所以限幅器是压缩器的极端使用。

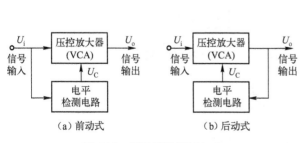

图 6.15　压限器的控制方式

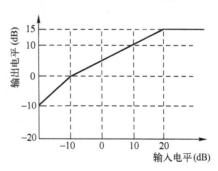

图 6.16　压限器的控制特性曲线

现代的新型压限器在控制特性中，大多采用软拐点技术，即在曲线拐点前后的压缩比是平缓变化的，以防止在硬拐点处出现信号的突变现象，这种硬拐点所导致的信号突变会使人明显地感觉到音乐被突然压缩所带来的不连续感觉。

2．压限器的功能参数

压限器常用的功能参数有压缩比、阈值、启动时间、恢复时间等。

（1）压缩比。压缩比是输入信号分贝数与输出信号分贝数的比值，其大小决定了对输入信号的压缩程度。压缩比太大则会对信号过度压缩，使动态损失过大。压限器在扩声系统中应用时，若作为压缩器使用一般可将压缩比调为 3∶1 左右，若作为限幅器使用（以保护功放和音箱）应将压缩比调为 15∶1 以上。

（2）阈值。阈值决定了压限器在多大电平时开始起作用，阈值的调节至关重要。阈值调得过小，会造成输入信号过早地开始压缩，使信号动态损失严重，声音听起来十分压抑；阈值调得过大，则会出现大信号也可能得不到压缩的现象，使压限器不能起到应有的作用。

（3）启动时间。启动时间是指当输入信号超过阈值后，从不压缩状态到压缩状态所需要的时间。若启动时间过长，输入信号超过阈值后要等一会儿才进入压缩状态，会使输出信号的声音听感变硬；如果启动时间过短，输入信号一达到阈值就立即进入压缩状态，则会使声音的听感变软。实际应用中要根据使用场合而定，如播放迪斯科类乐曲时，就可把启动时间调得长些，使声音听感更有力度。

（4）恢复时间。恢复时间是指当输入信号小于阈值后，从压缩状态恢复到不压缩状态所需要的时间。如果恢复时间过长，则输入信号低于阈值后要等一会儿才恢复到不压缩状态，会使压限器在恢复时间内始终处于压缩状态，信号不能被线性地传输到输出端。恢复时间的调节，应根据音乐的节拍速度或乐器声音衰减的快慢来确定。

3．压限器的工作原理

压缩器的组成原理图如图 6.17 所示。实际上，压缩器是一个单位增益的自动电平控制器。当压缩器的检测电路检测到的信号超过了预定的电平值（即压缩阈值，或称压缩门限）之后，就输出控制信号至压控放大器（控制元件），使压缩器增益下降，即增益值小于 1，下降的幅度取决于压缩器的压缩比率的设定值；反之，当检测的信号低于预定的电平值，增

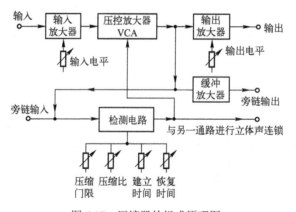

图 6.17　压缩器的组成原理图

益将恢复到单位增益或保持单位增益不变。所以压缩器的增益值将随着信号的电平变化而变化，这种增益变化的速度由压缩器的两个参数——即启动时间和恢复时间决定。

检测电路由检波器与滤波电路构成，不仅用来检出与信号电平相对应的直流电压或电流以便控制压控放大器的增益，而且决定启动时间和恢复时间的长短，所以检测电路对压控器的性能影响很大。检波方式有峰值检波和有效值检波。前者反应速度快，但压缩量与响度之间的对应关系不好；后者反应速度慢，但压缩量与响度之间的对应关系较好。为了兼有二者的优点，可以同时采用峰值检波和有效值检波。检波器的输入信号可以取自压控放大器的输入端，也可取自压控放大器的输出端。

压控放大器（VCA）一般都采用场效应管压控可变电阻来控制增益。场效应管的漏极 D 与源极要 S 之间的等效电阻 R_{DS} 随着栅极 G 与源极 S 之间的负偏压 U_{GS} 的变化而变化，而栅源负偏压 U_{GS} 由上述检波器输出的控制电压而得。当 $U_{GS}=0$ 时，R_{DS} 最小，约为几百欧姆到几千欧姆；栅源负偏压越大，R_{DS} 也越大；栅源负偏压等于场效应管的夹断电压 U_P 时，R_{DS} 可达 $10^7 \Omega$ 以上。由于场效应管漏源之间的等效电阻 R_{DS} 随栅源负偏压 U_{GS} 的变化范围可达 10^4 倍，所以用这种压控可变电阻来控制放大器增益，很容易使压控放大器的增益控制范围达到 50dB 以上。

6.3.3 压限器实例

1. 系统组成与主要性能

日本 YAMAHA 公司的 GC2020BⅡ型压限器是一款应用较普遍的双通道压限器产品。其中一个通道的系统组成方框图如图 6.18 所示，另一个通道的系统组成与此相同。

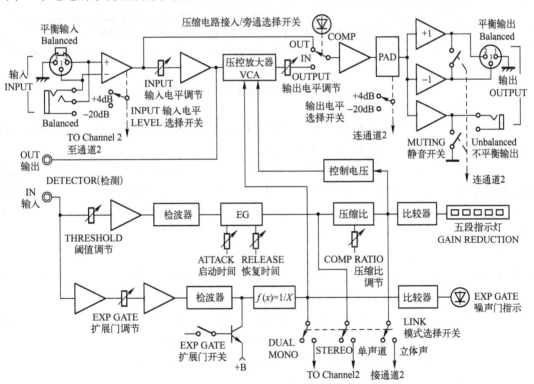

图 6.18　YAMAHA 的 GC2020BⅡ型压限器系统方框图

该压限器主要由两部分组成。电路的上半部为信号的传输通路，传输通路中的主要电路为压控放大器 VCA 部分，它的增益受控制电压的控制；电路的下半部为检测器部分，这里的检测器实际上就是压限器原理中介绍的检波电路。从图中可见，检测器的输出端口（DETECTOR OUT）是连接在内部压控放大器（VCA）的输入端，检测器的输入端口（DETECTOR IN）是与内部检测器的输入端相联。取自 VCA 输入端的信号，通过插在 DETECTOR IN 和 OUT 端口之间的耦合棒送入检测器输入端（DETECTOR IN），经检测器处理后输出控制信号送到压控放大器控制 VCA 的增益，从而对压限器输入信号完成压缩/限幅等功能。除输入、输出电平调整外，压限器的压缩比、阈值、启动时间、恢复时间四个参数均在检测器电路中控制。

GC2020BⅡ型压限器的主要性能如下：

频率响应：20Hz～20kHz；总谐波失真：优于 0.05%（失真+噪声）；压缩比：1∶1～∞∶1（最大限度 32dB）；压缩/限幅阈值电平：+20dB～-35dB；扩展噪声门阈值：+0～-80dB；启动时间：0.2～20ms；恢复时间：0.05～2s；输入阻抗：150Ω；输入最大电平：+20dBu；输出阻抗：150Ω；输出最大电平：大于+20dBu；峰值指示：削波以下 3dB 红色指示灯亮；信号指示：输出信号在正常电平以下 17dB 绿色指示灯亮；功耗：20W。

2．前面板各键钮功能

压限器的各种控制键钮大多设置在前面板上。GC2020BⅡ压限器的前面板如图 6.19 所示。

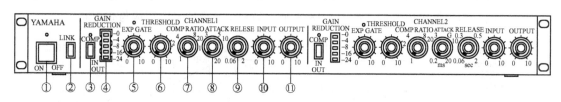

图 6.19　YAMAHA 2020BⅡ型压限器前面板

（1）电源开关（POWER ON/OFF）。这是设备的交流电源开关。按一次为开（ON），再按一次为关（OFF）。电源接通后对应指示灯亮。

（2）立体声/单声道工作模式选择开关（LINK：STEREO/DUAL MONO）。压限器通常都具有两个通道，即"通道 1"（CHANNEL 1）和"通道 2"（CHANNEL 2）。它们有两种工作制式，一种是立体声制式，一种是双单声道制式，这个按键就是用来进行工作制式选择的。

① 抬起此键，为"双单声道"（DUAL MONO）制式，此时"通道 1"和"通道 2"相互独立，这是标准工作状态，该压限器被认为是两个分离的压缩/限幅单元，可以分别处理两路不同的信号；

② 按下此键，为"立体声"（STEREO）制式，此时"通道 1"和"通道 2"是相关联的，两通道同时工作，并且两通道控制参量是按下列方式联系的：

● 对两通道设置最低的 EXP GATE 值和最高的 THRESHOLD 值。

● 对两通道设置最短的 ATTACK 时间和 RELEASE 时间。

● 如果一个通道的 COMP 开关处在抬起（关闭）位置，该通道将不被连接。

● 在使用立体声制式时，两通道的 INPUT 和 COM PRATIO 按钮必须设置相同数值，只要一个通道有信号输入，两个通道都会产生压缩或限幅作用。此功能特别适用于处理立体声节目。

（3）压限器输入/输出选择开关（COMP IN/OUT）。这个按键是对压限器中的压缩/限幅电路的接入与断开进行选择控制的。按下此键（"IN"位置），压缩/限幅电路接入压限器，信号可以进行压缩/限幅处理，该键上方的工作状态指示灯亮；抬起此键（"OUT"位置），压缩/限幅电路将从压限器中断开，信号绕过压缩/限幅电路直接从输出放大器输出，不进行压缩/限幅处理，指示灯灭。

（4）增益衰减指示表（GAIN REDUCTION）。这个指示表用 dB 表示增益衰减来显示压限器处理的信号，共分五挡：0 dB/-4 dB/-8 dB/-16 dB/-24dB。

（5）噪声门限控制与显示（EXP GATE）。"EXP"是 EXPANDER（扩展器）的缩写，扩展器的功能之一是，当信号电平降低时，其增益也减小，用它可以抑制噪声。通过旋钮设置一个低于节目信号最低值的门限（GATE）电平，这样就使低于门限的噪声被限制，而所有节目信号可以安全通过，这个功能特别对节目间歇时消除背景杂音和噪声尤其有效。从这个意义上讲，这个门限就是噪声门限，它的作用就是抑制噪声，所以将"EXP GATE"称为"噪声门"而不是"扩张门"。需要说明，压限器的"EXP GATE"功能与其压缩/限幅功能是独立的，它不影响压限器的压缩/限幅状态。

噪声门限的调节范围与前面板的"INPUT"（⑩钮）旋钮的设置和后面板的"INPUT LEVEL"（⑬键）选择开关的设置有关。

① "INPUT LEVEL"选择开关置于"-20dB"位时：

● "INPUT"旋钮设在"0"位，门限调节范围为-24～-64dB；

● "INPUT"旋钮设在中央位置，门限调节范围为-49～-89dB；

● "INPUT"旋钮设在"10"的位置，门限调节范围为-64～-108dB。

② "INPUT LEVEL"选择开关置于"+4dB"位时：

● "INPUT"旋钮设在"0"位，门限调节范围为 0～-40dB；

● "INPUT"旋钮设在中央位置，门限调节范围为-25～-65dB；

● "INPUT"旋钮设在"10"的位置，门限调节范围为-40～-80dB。

噪声门限的调整方法：先把"EXP GATE"旋钮置"0"位，然后接通电源，但不能输入信号；调节"INPUT"旋钮，在一个高到可以听到杂音或噪声的状态下监听输出；慢慢旋转"EXP GATE"钮，提高门限值直到噪声突然停止，再继续旋转几度；然后送入节目信号监听，检查门限是否截掉了节目信号中较弱的部分；如果"门"在颤动，并发出"嗡嗡"声，说明门限值过高，弱信号无法通过，应该适当降低门限，直到消除上述问题。

当噪声门打开时，"EXP GATE"钮上方的指示灯亮，逆时针旋转"EXP GATE"钮即可解除噪声门。

（6）压限器阈值（门限）调节旋钮（THRESHOLD）。这个旋钮用来控制压限器阈值的大小，它决定着在信号为多大时压限器才进入压缩/限幅的工作状态。如压限器原理所述，阈值设定后，低于阈值的信号原封不动地通过，高于阈值的信号，按压限器设置的压缩比率及启动和恢复时间三个参数进行压缩或限幅。和"EXP GATE"调节相同，压限器阈值的调节范围也取决于"INPUT"钮和"INPUT LEVEL"开关的位置，同样有两种情况。

①"INPUT LEVEL"置于"-20dB"位时：

- "INPUT"设在"0"位，阈值为-4～-19dB；
- "INPUT"设在中央位置，阈值为-4～-44dB；
- "INPUT"设在"10"位，阈值为-19～-59dB。

②"INPUT LEVEL"置于"+4dB"位时：

- "INPUT"设在"0"位，阈值为+20～+5dB；
- "INPUT"设在中央位置，阈值为+20～-20dB；
- "INPUT"设在"10"位，阈值为+5～-35dB。

压限器阈值的大小，要依据节目源信号的动态来决定。门限"THRESHOLD"旋钮顺时针旋转，阈值越高，信号峰值受压缩/限幅的影响就越小；但是阈值过高，就有可能起不到压缩/限幅的作用。多数情况下，门限控制被顺时针旋转到刻度"10"的位置，这样少数信号峰值被有效地压缩/限幅。

（7）压缩比调节旋钮（COMP RATIO）。阈值确定以后，用这个旋钮来决定超过阈值信号的压缩比。压缩比∞:1，通常用来表示限幅功能，限制信号超过一个特殊的值（通常是0dB）；超高压缩比 20:1，通常用来使乐器声保持久远，特别适用于电吉它和贝司，同时会产生鼓的声音；低压缩比 2:1～8:1，通常用来使声音圆润，减少颤动，特别是当说话者或歌唱者走近或远离麦克风时。

（8）启动时间调节旋钮（ATTACK）。所谓启动时间是指当信号超过阈值时，多长时间内压缩功能可以全部展开，这个旋钮就是用来调节启动时间长短的，它的调节范围为 0.2～20ms。启动时间在很大程度上取决于被处理信号的种类和希望得到的效果，极短的启动时间通常用来使声音"圆滑"。高压缩比可以使电吉它等乐器的声音保持久远，在这种情况下，通常选择比较长的启动时间，启动时间的大小应包容信号的增加时间。

（9）恢复时间调节旋钮（RELEASE）。恢复时间也称释放时间，与启动时间相反，释放时间是指当信号低于阈值时，多长时间内能释放压缩。这个旋钮就是用来调节释放时间长短的，它的调节范围为 50ms～2s。释放时间的控制与启动时间一样，在很大程度上也决定于被处理信号的种类和希望得到的效果。其主要原因是，如果信号一低于阈值，压缩立刻停止，会造成信号的突变，尤其是当乐器有长而柔和的滑音时。除非有特别要求，一般调节释放时间的长短，应使其包容被处理的信号。

（10）输入电平调节旋钮（INPUT）。这个旋钮用来控制压限器的输入灵敏度，使压限器能接受宽范围的信号。

（11）输出电平调节旋钮（OUTPUT）。这个旋钮用来控制压限器输出信号的大小，其控制范围与"INPUT"相同。

3. 后面板各接线端口功能

压限器的输入、输出端口均设在后面板上。YAMAHA 的 GC2020BⅡ型压限器的后面板如图 6.20 所示。各接线端口的功能如下：

（1）输入端口（INPUT）。一般压限器的输入端口有两组，它们是连在一起的（见图6.17 系统框图左端所示），而且均采用平衡（Balanced）输入，分别使用平衡 XLR 阴型插件或 1/4 英寸直插件。

（2）输入电平选择开关（INPUT LEVEL）。输入电平选择开关同时控制着两个通道，它有两种选择状态，即"-20dB"和"+4dB"。具体操作视声源信号而定。它与前面板的"INPUT"钮配合，使压限器的输入电平与所接设备的输出电平匹配。

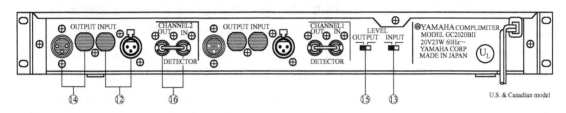

图 6.20　YAMAHA 2020BⅡ型压限器后面板

（3）输出端口（OUTPUT）。压限器的输出端口也有两组。与输入端口不同的是，它们分别从两组输出回路输出（见图 6.17 系统框图右端所示），而且其输出方式也有平衡输出和不平衡输出两种，分别使用平衡 XLR 阳型插件和不平衡 1/4 英寸直插件，以方便与下级设备的连接。

（4）输出电平选择开关（OUTPUT LEVEL）。这个开关键与"INPUT LEVEL"开关键相同，也是用来控制电平匹配的。它也有"-20dB"和"+4dB"两种选择。当与前面板的"OUTPUT"钮配合时，使压限器的输出电平与所接设备的输入电平匹配。

（5）压缩检测器输入/输出端口（DETECTOR IN/OUT）。压限器主要由压控放大器部分和检测电路部分组成。从图 6.17 的系统框图中可见，取自 VCA 输入端的信号，是通过插在 DETECTOR IN 和 OUT 端口之间的耦合棒送入检测器输入端（DETECTOR IN）的，这个信号再经检测器处理后输出控制电压送到压控放大器控制 VCA 的增益，从而对压限器输入信号完成压缩/限幅等功能。

DETECTOR IN/OUT 的这种功能的一个应用，就是同时去掉两个通道的耦合棒，将一个通道的中"DETECTOR OUT"与另一个通道的"DETECTOR IN"直接相联。例如将通道 1 检测器的输出端联接到通道 2 的检测器输入端。在这种情况下，通道 1 的信号大小将对输入到通道 2 的增益作出反应，而通道 2 对本身的信号或对通道 1 的信号都不做反应。这种功能对讲话者尤其有益。讲话者的话筒信号进入通道 1，而音乐信号进入通道 2，因此，通道 2 信号的放大由通道 1 来控制。通道 2 的压缩比可被调整至无论何时讲话者说话，通道 2 中的音乐信号就会及时减弱，使得说话声能清晰地听见。

正常使用压缩器时，请将耦合棒按图 6.20 中后面板的⑯所示方式接入。

4．压限器的使用

（1）压限器在扩声系统中的位置。压限器通常串接在调音台及图示频率均衡器的后面，而位于功率放大器的前面。防止信号的过激失真和对功放与扬声器实施保护，以防均衡器等前端设备的误操作而烧坏功放与音箱。

（2）压限器的调节。压限器的主要调节参数有压缩器的阈值电平、压缩比、启动时间、恢复时间和限幅器的阈值电平。

① 阈值电平的调节。压缩器的阈值电平不宜选得过高，选得过高起不到压缩作用，后

面设备仍然可能出现削波。阈值电平也不宜选得太低，选得太低则在节目信号的整个过程中大部分时间处于压缩状态，使信号严重失真，降低信噪比。

② 压缩比的调节。压缩比宜从小压缩比开始调，如节目的动态范围不是很大，则压缩比取 2∶1 即可；如动态范围很大，则可增加压缩比。调压缩比要和阈值电平相配合，当阈值取得较高，则压缩比应取大一些，因为压缩的起点电平已经高了，压缩比仍然取得较小，则压缩后的峰值电平仍然会很高，引起削波；如阈值取得不很高，则压缩起点电平低，压缩比虽然取得不大，但压缩后的峰值电平不会太高。如操作人员经验丰富对节目信号了解较多，则可灵活掌握压缩比，例如对动态范围不大的节目，诸如古典音乐、交谊舞曲等，压缩比可取 2∶1，如对动态范围大的节目，诸如流行音乐、迪斯科之类，则压缩比可取大一些，如取 4∶1 或 5∶1。总之具体取值，一是要根据具体节目、具体条件来确定，二是取值不是一个很临界的数，而是允许有一定范围的。

③ 压缩启动时间调节。通常压限器的启动时间调节范围一般在 100μs～100ms 之间，启动时间长会使声音变硬，启动时间短会使声音变软。具体应该调到多大，要根据节目信号的情况与实际需要来确定。如力度感较强的摇滚乐和迪斯科等音乐，就可将启动时间调长，以增加其感染力。

④ 恢复时间调节。恢复时间的调节与启动时间相似，过快不好，过慢也不好，要与节目相适应。速度较慢的节目和宽广、辉煌的乐段适合较长的恢复时间，可以保证节目音尾的完整性和丰满度；节奏快的节目，如轻音乐、摇滚乐和迪斯科等节目，适合较短的恢复时间。但是如果恢复时间选得过短，短于声音的自然衰减时间，就会出现声音的断续现象，会产生可感觉到的电平变动。恢复时间长些，声音不会出现突然跳跃的感觉，但恢复时间过长会使后面没有超过阈值的信号也被压缩，会破坏节目的实际动态变化状况。现在不少压限器除了人工设定启动时间和恢复时间外，还能自动设定这两种时间，它是根据节目内容来设定的，大大方便了经验不足的操作人员。

⑤ 限幅器的阈值、压缩比的调节。限幅器是用来保证信号不削波的，所以阈值应取得比压缩器的阈值高若干 dB，但压缩比应取得较大些，以保证把信号的峰值限制在规定数值以内，不出现削波。

从上述压缩/限幅器的基本原理和使用可以看出，压限器的调整是非常麻烦的，多数情况下是依靠操作者的听觉和经验来调整的，这就要求音响师不但要了解节目的特点，而且还要有十分丰富的实践经验。

6.4 激励器

激励器又称听觉激励器，是近几年才发展起来的音频信号处理设备，主要用来改变音色的谐波成分，对声音的色彩进行修饰和美化处理。它依据"心理声学"理论，在音频信号中加入特定的谐波（泛音）成分，增加重放声音的透明度和细腻感等，从而获得更动听的效果。

6.4.1 听觉激励器的基本原理

任何音乐除了其基波频率外，还有丰富的谐波，也称为泛音。基频决定其音调的高低，而丰富的谐波决定其音色，所以多种乐器同时演奏同一音高的乐曲时，人们仍然能够把各种乐器产生的声音区分出来。例如，钢琴、小提琴、大提琴、单簧管、小号等同时演奏同一基频音时，因各自不同的结构、制作工艺与发音机理而使得他们的谐波成分各不相同，从而形成了各自音色的特色，人耳就是通过声音中的谐波的音色特点来区分出乐器的种类。

在节目的制作与重放过程中，任何音响系统都会使用多种设备，这些设备级联之后，由于设备条件的限制，谐波成分中幅度较小而频率较高的那些高次谐波往往受到损失，或者被噪声所掩盖，于是音质的纤细、明亮感表现不出来，或泛音大为逊色。为了改善这种情况，就需要在重放过程中，在功率放大器前恢复、加强其高次谐波。虽然利用均衡器可以对某些频率进行补偿，但它只能提升原信号所包含的频率成分，而听觉激励器却可以结合原信号再生出新的谐波成分，创造出原声源中没有的高频泛音，这就是激励器被引用的原因。

由此可见，听觉激励器是基于这样一种设计思想的：在原来的音频信号的中高频区域加入适当的谐波成分，以改善声音的泛音结构。其基本原理框图如图 6.21 所示。

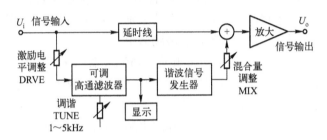

图 6.21　激励器的基本原理框图

听觉激励器由两部分组成：信号的直接通道和信号的谐波激发通道。当音频信号输入到激励器后被分离到两个通道中，一部分信号不经处理直接送入输出放大电路得到直接信号，直接信号保留了原始信号的频率特性；另一部分则经过高通滤波器和谐波发生器所构成的"谐波激励"电路，产生丰富、可调的谐波（泛音），然后再与主声源的直接信号叠加，使其谐波成分（泛音）加强后，经信号混合放大器后输出。高通滤波器用来滤除信号中的低频成分，谐波发生器是激励器的核心，用以产生与输入信号的频率有关、而与信号幅度无关的 1～5kHz 的谐波分量，将这段额外增加的谐波分量叠加到未经修饰的主声源信号中，可使中频泛音段和高频泛音段得到激发，增强了中频泛音和高频泛音的强度，而人耳对这些频段的谐波尤为敏感，从而使声音的清晰度、透明度和现场感得到提升，声源的音色结构得到改善，听音更为优美。一名普通业余歌手，如能较好地利用效果器与激励器，可使演唱的音色大大提高。

由于谐波的电平比直接信号的电平低得多，且主要在中高频部分，所占能量很小，因此不会明显增大信号的总功率，但听起来却感到十分清晰、明亮且有穿透力，效果惊人，这就是使用激励器的意义。

6.4.2　激励器实例

听觉激励器由美国 Aphex Systems 公司率先出品。Aphex 的 C 型激励器是较新的改进型设备，效果良好且价格便宜，广泛用于各类音响系统中。下面以 Aphex-C 型为例对激励器作一介绍。

Aphex-C 型激励器有两个相互独立的通道，可以分别控制；也可用做立体声的左、右声道。此时应注意两通道调整的一致性。各通道的输入/输出的额定操作电平是-10dBm，接线端口设在背板上。其前面板控制示于图 6.22，各键钮功能如下所述。

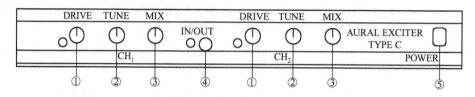

图 6.22 Aphex-C 型激励器前面板

（1）激励控制（DRIVE）。此旋钮也称驱动控制，用来调节送入"谐波激励"电路的输入电平（即激励电平），用一只三色发光二极管指示电平大小是否恰当。若绿色发光太强（或无色），表示激励电平不够，未能驱动"谐波激励"电路，故激励的效果不大；若红色太浓，表示激励过度，会引起失真；黄色代表激励适中。

（2）调谐控制（TUNE）。此旋钮用来调整高通滤波器的转折频率，亦即调节激励器的基波频率，调节该旋钮可使激励信号的基波频率从 800Hz～6kHz 变化。此旋钮对音色的影响很大，故对不同的节目源应分别调整。此外，调谐控制与驱动控制互有影响，在调谐校定后，要重新调整驱动控制。对于一些频率较高的声源信号，此旋钮应将基波频率调得高些。

（3）混音控制（MIX）。此旋钮用来调节"激励"电路产生的谐波（泛音）信号与直接信号的混合比例，从而改变激励的程度。混音量的控制可由零调至最大，实际中要根据不同的节目源而做不同的调节，通过合适的调节来增加优质音响系统的自然效果，或在劣质的呼叫/公共扩声系统中增强声音的清晰度。

（4）接入/断开控制（IN/OUT）。此键可将"谐波激励"电路接入或断开，以便于对处理结果进行比较。对应的发光二极管用来指示其工作状态：当指示灯为红色时，表示激励电路已接入，正在发挥谐波增强效果；当指示灯为绿色时，表示激励电路已断开，无谐波增强效果。此键同时控制两个通道。

（5）电源开关（POWER）。Aphex-C 型激励器主要技术指标如下：

● 频响：10Hz～100kHz±0.5dB。

● 噪声：-90dB。

● 总谐波失真 THD：小于 0.0l％。

● 操作电平：-10dBm。

● 最大入/出电平：±14dBm。

6.4.3 激励器在扩声系统中的应用

在扩声系统中，激励器通常是串接在扩声通道中的，一般接在功率放大器或电子分频器（如果使用的话）之前、其他信号处理设备之后，此时激励器应按立体声设备使用，即其两个通道分别用作立体声的左/右声道。下面是激励器在几种场合的应用。

（1）剧院、会场、广场、Disco 舞厅和歌厅等场合。在这些场合使用激励器可以提高声音的穿透力，虽然拥挤的人群有很强的吸音效果并产生很大的噪音，但激励器能帮助声音渗透到所有空间，并使歌声和讲话声更加清晰。

（2）现场扩声场合。在现场扩声时使用听觉激励器，能使音响效果较均匀地分布到室内每一个角落，由于它可以扩大声响而不增加电平，所以十分适用于监听系统，可以听清楚自己的声音信号而不必担心回授问题。

（3）演奏、演唱场合。有的演奏员、演唱者在演奏、演唱力度较大的段落时共鸣较好，泛音也较丰富；但在演奏（唱）力度较小的段落时就失去了共鸣，声音听起来显得单薄，这时通过调整激励器上的混音控制，使轻声时泛音增加；音量增大时，原来声音中泛音较丰富，因而在限幅器的作用下激励器不会输出更多的泛音，从而使音色比较一致，轻声的细节部分更显得清晰鲜明。

（4）流行歌曲演唱。在流行歌曲演唱中使用激励器，可以突出主唱的效果，使歌词清晰，歌声明亮，又能保持乐队和伴唱的宏大声势。

（5）普通歌手演唱。一个没有经过专门训练的普通歌唱者，泛音不够丰富，利用激励器配合混响器，可以在音色方面增强丰满的泛音，使其具有良好的音色效果。

（6）声像展宽。人耳对频率为 3～5kHz 一段的声音最为敏感，而此段频率的声音对方向感和清晰度也最重要，使用激励器能产生声像展宽的效果。

激励器在音响系统中的作用很重要，只有了解激励器在音响系统中的作用，正确掌握激励器在各种场合的操作与调整，才能有效地利用它来改善声音的音色结构，提高声音的可懂度和节目信号的信噪比，优化音响系统重放出来的声音，起到真正的"激励"作用。故要求音响师要有音乐声学方面的知识，对音色结构有深刻理解，这样才能对激励器使用自如，否则就会适得其反，产生负作用。

6.5 反馈抑制器

反馈抑制器主要用来抑制扩声系统中的反馈啸叫声，它是目前抑制声反馈最有效的音频信号处理设备。

6.5.1 声反馈现象与产生啸叫的原因

所谓声反馈是指在剧院、歌舞厅等扩声系统中，由音箱放出的声音又回传入话筒（也称话筒回授），使某些频率成分的信号产生正反馈，从而在音箱中发出刺耳的啸叫声。声反馈是厅堂扩声中经常遇到的令人头痛的问题。无论是在剧场、会堂和歌舞厅，一旦出现声反馈就会破坏会议、演出效果，轻者使讲话、唱歌带有衰变声，引起失真；重者引起啸叫，使讲话、表演者极为狼狈，观众也大为扫兴。啸叫往往还会使系统中的放大器、扬声器的中高音单元烧毁。许多投资相当大的扩音系统，往往由于啸叫而限制了音量，使实际能够使用的功率远远低于设备（包括扬声器）的功率，扩声效果很差。

声反馈产生的原因很多，最主要的有：建筑声学设计不合理、存在声聚集等问题，使传声器所在的声学环境太差；扬声器布置不合理，演员走入扩声场，演唱者使用的传声器直接对准音箱声辐射方向；电声设备的选择或使用不良，如传声器的灵敏度太高、指向性太强；扩声系统调试不良，有些设备处于临界工作状态，稍有干扰即自激啸叫等等。这 4 个方面的因素都会大大增加扬声器的声音回输至传声器而造成啸叫的可能性。在一般的场合下，偶然发生一、二次啸叫倒也作罢，但由于系统放大倍数受啸叫的限制造成声功率无法加大，声音太小，使观众感到声音不够，这问题就大了。另外在一些要求特别高的场合下，如重要的会议、重大的演出活动、审判庭等等都不允许出现声反馈。所以，对声反馈的抑制是扩声系统的一个极其重要的问题。

6.5.2 反馈抑制器的基本原理

扩声系统产生的声反馈，使得系统中某些特定频率的声音过强而啸叫，如果将这些过强的频率信号进行衰减或切除，就可以解决这个问题。反馈抑制器就是根据这一原理而工作的，其电路组成框图如图 6.23 所示。

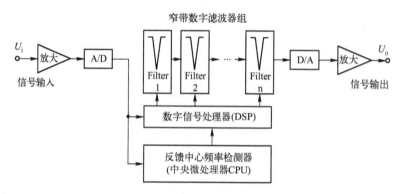

图 6.23　声反馈抑制器原理方框图

出现声反馈时，反馈啸叫信号的特点是不仅幅度大，而且频谱单一、频带很窄，即反馈信号的波形是正弦波。它与音乐或语言信号不同，音乐或语言含有丰富的谐波。

在反馈抑制器中，首先利用反馈信号频率检测电路对声音信号进行检测，它通过中央微处理器提供的快速扫描方法来自动寻找出反馈信号的频率。当这种信号找到后，由 CPU 立即控制数字信号处理电路去设定这一频率，用一个与该频率相同的数字滤波器来切除（或衰减）这个频率信号，从而抑制了反馈啸叫声。因数字滤波器的频带极窄，在音频信号的传输过程中，经该数字滤波器滤除声反馈频率信号后对音频信号的频谱影响极小，音质变化不大。

早期在没有反馈抑制器时，人们往往利用频率均衡器衰减啸叫频率的能量来消除啸叫，但往往由于频率均衡器的带宽比较宽，在衰减有害的频率成分的同时也切除掉大量有用的频率信号，损坏了音质。这样的调节比较复杂，临场时难以应变，如更换传声器、同时使用多路传声器、更换场地、演出人员活动至不同的地方等等，都可能使啸叫频率产生变化，给啸叫的控制带来极大的困难。现在，自动反馈抑制器经过不断设计与改进，性能有了很大的提高，在扩声系统中也越来越广泛地得到应用。如果反馈抑制器使用得当，可使扩声系统的传声增益提高 6～12dB。

6.5.3 反馈抑制器实例

现以百灵达 DSP-1100 声反馈抑制器为例进行介绍。

BEHRINGER（百灵达）DSP-1100 声反馈抑制器是双通道的数字反馈抑制器，每个声道有 12 个数字滤波器，滤波频带宽度随实际情况而变，可从 2 倍频程变至 1/60 倍频程，这样既保证了干净彻底地抑制所有的声反馈频率成分，也保证了有用的声音频率成分不被滤掉。由于其抑制启动阈值也是可调的，因此对较弱的反馈信号也能检测出来，从而将所有的声反馈信号全部消除。

1．DSP-1100 声反馈抑制器的面板说明

DSP-1100 声反馈抑制器的面板图如图 6.24 所示，各钮键功能如下：

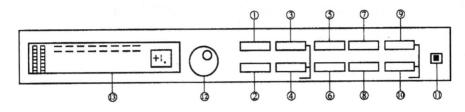

图 6.24 DSP-1100 面板图

① 滤波器选择（FILTER SELECT）：选择使用每个声道的 12 个滤波器。

② 滤波模式（FILTER MODE）：可选择 O（关闭）、P（参量均衡）、A（自动）和 S（单点）等几种滤波方式。此外，同时按此键和 GAIN（增益）键约 2s 后，可以用旋轮调节抑制启动阈值（-9～-3dB）。

③ 左声道运行（ENGINE L）。

④ 右声道运行（ENGINE R）。

同时按③、④键，可对左、右声道一起进行处理。

⑤ 频率选择（FREQUENCY）：选择准备处理的频率。频点设置为 31 段。

⑥ 频率微调（FINE）：以 1/60 倍频程一级微调改变所选频率。

⑦ 频带宽度（BAND WIDTH）：调节所选滤波器的频带宽度，调节范围为 1/60～2 倍频程。

⑧ 增益调节（GAIN）：选择信号提升或衰减量。调节范围为-48～+16dB。

⑨ 接通/旁路（IN/OUT）：决定是否进行处理。短时间按，参量均衡旁路（不起作用），绿色发光二极管熄灭；按 2s 以上，所有的滤波器旁路，发光二极管来回闪亮；长时间按，则所有滤波器启用。

⑩ 存储（STORE）：按此键两次后，已经调整好的数据就存储在机器中，关机后也不会丢失。按一下，可用旋轮选择存储组别（共有 10 个）。在开机前同时按 FILTER SELECT 键和此键，开机后保持 2s，可以清除原来存储的数据。

⑪ 电源（POWER）：电源开关。

⑫ 调节旋轮：顺时针调，增加参数；逆时针调，减少参数。

⑬显示屏。

2．DSP-1100 声反馈抑制器的应用及调整

DSP-1100 声反馈抑制器的应用与调整，大致可分为如下两个方面。

（1）用于抑制反馈声，其调整步骤如下：

① 开机同时按下 FILTER SELECT 和 STORE，开机后保持按下状态 2s。

② 按下 FILTER MODE，选取屏幕 AU。

③ 按下 ENGINE L 和 ENGINE R，同时处理左右声道。

④ 按下 FILTER MODE 和 GAIN 约 2s 后，用"旋轮"调到显示-9dB。

⑤ 选择第一个存储组。按下 STORE 键，用"旋轮"选取第一个存储组。

⑥ 用调音台提升传声器通道音量，声反馈啸叫出现后会立即被抑制。

⑦ 按两下 STORE 键，将已调整好的数据存储在机器中，以保证关机后数据也不会丢失。

（2）用于将参量均衡器的数据单独存于某一组，其操作步骤如下：

① 选择滤波器号码。

② 滤波模式选择 P。

③ 决定处理哪个声道。

④ 找到所要调整的频率。

⑤ 确定频带宽度。

⑥ 提升或衰减。

⑦ 按两下 STORE 键存储数据。

最后需要指出，声反馈抑制器是在系统出现了反馈后进行补救的一种有效措施。虽然随着技术的发展，这种补救所带来的副作用越来越小，但毕竟是一种被动的补救措施，系统会因为这种补救而付出某些有用的频率信号被切除的代价，因此，在扩声系统的设计中进行合理、科学的建筑声学设计是最主要的，再配上合理良好的电声设备，经过科学调试后就应该满足扩声系统的需要，在一般情况下不再需要反馈抑制器进行补救就完全可以满足指标的要求。

6.6 电子分频器

作为音频信号处理设备的电子分频器，通常用在大型或高档的扩声系统中。它可以提高音频功率放大器的工作效率，减少无用功率，降低扬声器系统的频率失真度，从而提高扬声器的还音质量。

6.6.1 电子分频器的功能与组成

1．电子分频器的功能

扩声系统的终端是扬声器系统，扬声器系统是电-声换能系统，它负责把电信号转变成声信号。我们知道，声音的频率范围是 20Hz～20kHz，是一个比较宽的频带，相应的声波波长大约为 17m～17mm。低频端要求扬声器纸盆的口径越大越好，口径越大，辐射出去的能量越多，电-声转换效率越高；而高频时要求扬声器辐射系统的质量小，辐射的效率才高。这样低频段和高频段对扬声器提出了相互矛盾的要求，到目前为止还未找到用一个扬声器辐射系统能同时较好地满足低频段和高频段的要求。为了满足宽频带的要求，不得不把扬声器系统分别做成低频、中频和高频的分频段单元。根据对扩声要求高低，有用两路扬声组成的系统，其中一路扬声器负责低频段，另一路扬声器负责中、高频段；有用三路扬声器组成的系统，其中低频段、中频段和高频段各由一路扬声器来负责。前一种叫两分频扬声器系统，后一种叫三分频扬声器系统，要求更高的还有四分频扬声器系统。

由于各路扬声器只负责相应频段的电-声转换，把电信号分频段地馈送给相应扬声器，这就是分频器的功能。

大家见得较多的是由电感、电容组成的无源分频器，这种分频器接在功率放大器和扬声器之间（通常放置在音箱内，称为功率分频器、内置式分频器），无源分频器简单，且由于在功率放大器后才分频，所以一台功率放大器为各频段都提供了电功率信号，成本低，其缺点是在功率较大时，分频器要承受大的功率。分频器本身也消耗一定量的信号电功率，另外分频器中的电感也会带来大信号的失真。再有扬声器的阻抗与频率有关，这就引起分频点也随信号频率而有变化，使分频点附近的频率响应变坏。所以在大功率、高要求的场合不宜选用无源分频器。

为了适应大功率、高质量的音响系统要求，就应把音频信号的低音、中音、高音信号分开后再进行传输和放大，这样就需要有一种高性能的分频器，用来将全频带的音频信号分离成低音和中高音，或者分成低音、中音和高音，这就是电子分频器的功能。也就是说，电子分频器具有选择频率点分离音频信号的功能。

2．电子分频器的组成

电子分频器是有源分频器，通常的基本单元是一个可变频率的低通滤波器（LPF）和一个可变频率的高通滤波器（HPF），这两个基本单元即可组成一个二分频电子分频器。另外，一个低通滤波器和一个高通滤波器可以组成一个带通滤波器（BPF），所以不少电子分频器可以接成立体声二路二分频，也可接成单声道三分频的分频器。电子分频器接在功率放大器前，每一频段由一路功率放大器驱动。用不同的功率放大器分别带动纯低音和中高音扬声器系统，从而增强声音的清晰度、分离度和层次感，增加音色表现力。用电子分频器的优点是分频点稳定，失真小，避免了高、低音扬声器之间的互调失真。

低通滤波器是允许低频信号通过，限制高频信号通过的滤波器，低通滤波器的截止频率是频响曲线中下降 3dB 点的频率（f_{OL}），频率高于 f_{OL} 的信号被衰减掉，频率低于 f_{OL} 的信号不被衰减。高通滤波器与低通滤波器相反，允许频率高于其截止频率 f_{OH} 的信号通过，衰减频率低于其截止频率 f_{OH} 的信号。带通滤波器是频率高于其高端截止频率 f_{OH} 的信号和频率低于其低端截止频率 f_{OL} 的信号被衰减，允许频率低于其高端截止频率 f_{OH} 并高于其低端截止频率 f_{OL} 的信号通过。

采用电子分频器的缺点是用功率放大器数量多，增加了成本。

6.6.2　电子分频器的基本原理

电子分频器是对全频带音频信号进行分频处理的，按照分离频段的不同可分为二分频、三分频和四分频电子分频器。无论哪种分频器，要分离音频，就必须有选频特性，而且要有一定的带外衰减。电子分频器主要由高阶低通、高通或带通及晶体管或集成运放构成的有源滤波器组成。

图 6.25 所示给出了由有源高、低通滤波器组成的高、低二分频的原理电路，有源滤波

器由晶体管电路与 *RC* 元件构成，对于三分频和四分频只要在其中加入相应的带通滤波器即可，其工作原理类似。下面讨论各类分频器的分频特性及它们在扩声系统中与音箱的连接。

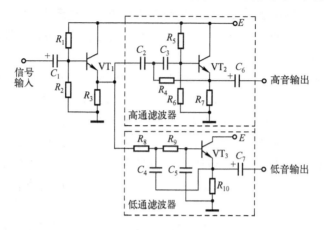

图 6.25　电子二分频原理电路

1．二分频电子分频器

　　二分频电子分频器由一个高通和一个低通滤波器组成，它将音频信号分为低音和高音两个频段，设有一个低频和高频交叉的频率点，称为分频点，也就是二分频的分频器只有一个分频点，其频响特性（即分频特性）如图 6.26（a）所示。

　　二分频电子分频器主要用于二分频音箱或中高音音箱和纯低音音箱的组合，其连接方法分别如图 6.26（b）所示。

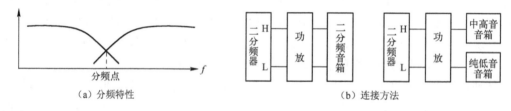

图 6.26　二分频电子分频器的分频特性及电路的连接方法

2．三分频电子分频器

　　三分频电子分频器由一个高通、一个带通和一个低通滤波器组成，它将音频信号分为低音、中音和高音三个频段，设有低/中和中/高两个分频点，其频响特性如图 6.27（a）所示。

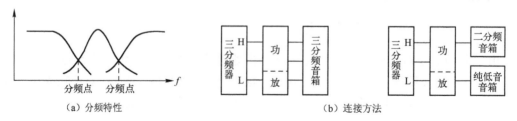

图 6.27　三分频电子分频器的分频特性及电路的连接方法

三分频电子分频器主要用于三分频音箱或中高音二分频音箱和纯低音音箱的组合，其连接方法分别如图6.27（b）所示。

3. 四分频电子分频器

四分频电子分频器由一个高通滤波器、两个不同中心频率的带通滤波器和一个低通滤波器组成，它将音频信号分为低音、低中音、高中音和高音四个频段，设有低/低中，低中/高中，高中/高三个分频点，其频响特性如图6.28（a）所示。

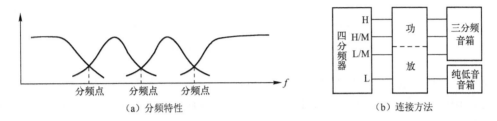

（a）分频特性　　　　　　　　（b）连接方法

图 6.28　三分频电子分频器的分频特性及电路的连接方法

四分频电子分频器主要用于三分频音箱和纯低音音箱的组合或四分频音箱（这种音箱很少见），连接方法如图6.28（b）所示。

无论哪种电子分频器，各分频点在一定范围内是可调的，且滤波器的带外衰减一般为18dB/oct，这是电子分频器的一个重要指标。此外，在电子分频器中还专门设有一个高通滤波器或低通滤波器，HPF 的截止频率一般设为 40Hz，LPF 的截止频率一般设为 20kHz，用来切除一些音频以外的不必要的频率成分。

6.6.3　电子分频器的选型

在实际中选择几分频的电子分频器，要依据扩声系统的要求而定。

一般的中小型歌舞厅为了降低投资成本，选用二分频电子分频器，配以二分频音箱（具有外接分频端口的音箱，以下同）就可以了，如果想提高档次，也可配以中高音音箱和纯低音音箱的组合。

音乐厅、剧院和大型高档歌舞厅等比较复杂的扩声系统，其主扩声通道常采用二分频或三分频音箱再配以纯低音音箱，这时需选用三分频或四分频电子分频器；有些要求更高的系统用于辅助扩声的音箱也采用二分频音箱，此时需要增选二分频电子分频器，因为辅助扩声通道较少使用纯低音音箱。

至于迪斯科舞厅，因为要增加震撼力和节奏感，通常要使用较多的纯低音音箱，除主扩声通道外，周围的辅助扩声通道也要适当增加纯低音音箱，这样就应选用不止一台的电子分频器。

需要特别注意的是，在扩声系统中使用电子分频器，调整分频点时，要使其分频点的频率接近所配音箱的分频点的频率。

6.6.4　电子分频器实例

电子分频器的调整比较简单，它的控制键钮均设在前面板上，主要有电平调整和频率调整等。图 6.29 所示为 DOD834—Ⅱ型电子分频器的前面板结构图，它示出了该分频器的所有控制键钮。

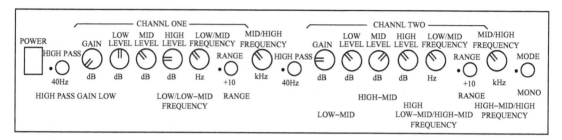

图 6.29　DOD834-Ⅱ型电子分频器前面板结构图

DOD834-Ⅱ型电子分频器具有立体声和单声道两种工作模式。在立体声模式下，它是一台三分频电子分频器，通道 1（CHANNEL ONE）和通道 2（CHANNEL TWO）独立控制，可分别接入扩声系统的左声道和右声道；在单声道模式下，它是一台四分频电子分频器，通道 1 和通道 2 合二为一，成为一台单通道设备。

1．技术指标

DOD834—Ⅱ型电子分频器主要技术指标如下：
- 立体声分频点：低/中 50Hz～5kHz；中/高 750Hz～7.5kHz。
- 单声道分频点：低/低中 50Hz～5kHz；低中/高中 50Hz～5kHz；高中/高 2～20kHz。
- 输入/输出：2 组 40kΩ 平衡输入，7 组 102Ω 平衡输出。
- 滤波器：18dB/oct。
- 最大输入电平：+21dBu。
- 输出电平控制：$-\infty$～0dB。
- 增益控制：0dB～+15dB。
- 高通滤波器：40Hz　12dB/oct。
- 频响：10Hz～30kHz　+0/-0.5dB。
- 总谐波失真：小于 0.03％。
- 信噪比：大于 90dB。

2．工作模式

DOD834-Ⅱ型电子分频器的工作模式通过模式按键开关（MODE）选择。控制键钮对两种工作模式的控制状态有些差异，键钮上方的标示为立体声（STEREO）控制状态，下方标示为单声道（MONO）控制状态。下面结合图 6.29 介绍电子分频器不同工作模式下的键钮控制功能。

（1）立体声模式。两通道键钮控制完全相同且相互独立，参照键钮上方标示。

① 高通滤波器开关键（HIGH PASS）：按下此键，将 40Hz 高通滤波器接入分频器，指示灯亮；必要时用来消除低频干扰和噪声。

② 增益调节旋钮（GAIN）：调节整机信号的增益。

③ 低频电平调节旋钮（LOW LEVEL）：调节低频段信号电平。

④ 中频电平调节旋钮（MID LEVEL）：调节中频段信号电平。

⑤ 高频电平调节旋钮（HIGH LEVEL）：调节高频段信号电平。

⑥ 低/中频率调节旋钮（LOW/MID FREQUENCY）：调节低频段与中频段之间的分频点频率。

⑦ 频率调节范围控制键（RANGE）：按下此键，低/中频率调节增加 10 倍，指示灯亮，频率可调范围为 500～5000Hz，抬起此键，频率可调范围为 50～500Hz，总调整范围为 50Hz～5kHz，与指标相同。

⑧ 中/高频率调节旋钮（MID/HIGH FREQUENCY）：调节高频段与中频段之间的分频点频率。

（2）单声道模式。两通道键钮合并成一个通道进行控制，有些键钮不再起作用，工作模式由面板最右端模式选择键（MODE）选择。按下此键，进入单声道模式，指示灯亮，参照图 6.29 键钮下方标示。

① 高通滤波器开关键（HIGH PASS）：与前同。

② 增益调节旋钮（GAIN）：与前同。

③ 低频电子调节钮（LOW）：与前同。

④ 低/低中频率调节钮（LOW/LOW-MID FREQUENCY）：调节低频段与低中频段之间的分频点频率。

⑤ 频率调节范围控制键（RAGNE）：按下此键，低/低中频率调节增加 10 倍，频率可调范围 500～5000Hz，抬起此键，频率可调范围 50～500Hz，总调整范围 50Hz～5kHz，与指标相同。

⑥ 低中频电平调节钮（LOW-MID）：调节低中频段信号电平。

⑦ 高中频电平调节钮（HIGH-MID）：调节高中频段信号电平。

⑧ 高频电平调节钮（HIGH）：调节高频段信号电平。

⑨ 低中/高中频率调节钮（LOW-MID/HIGH-MID FREQUENCY）：调节低中频段与高中频段之间的分频点频率。

⑩ 频率调节范围控制键（RAGNE）：该键与上述⑤键功能相同，只是它对应的是低中/高中频率调节范围。

⑪ 高中/高频率调节钮（HIGH-MID/HIGH FREQUENCY）：调节高中频与高频之间的分频点频率。

⑫ 工作模式选择键（MODE）：按下此键为单声道（MONO）模式，指示灯亮，抬起此键为立体声模式。

其余各键钮在单声道模式下不起作用。

在使用电子分频器时，选择哪种工作模式取决于扩声系统的设计。各分频点频率的设置要与所用音箱的分频点对应，各信号电平的大小要根据系统的聆听效果而定。

电子分频器的所有输入/输出端口均设在后面板上。立体声工作模式下，两通道各有一组输入和高、中、低频 3 组输出，此时整台设备共有 2 组输入和 6 组输出。单声道工作模式下，整台设备只有 1 组输入和高、高中、低中、低频 4 组输出。各种端口在面板上均有标示，这里不再详述。

顺便指出，不论电子分频器是哪种品牌，哪种类型，其输出端口和控制键钮都与分频点决定的频段相对应，且明确标示在面板上。

6.7 其他处理设备

在前面几节中，比较详细地介绍了现代音响系统中常用的信号处理设备，这些设备不仅广泛应用于各种扩声系统中，有些也是录音系统常用的设备。实际上在现代专业音响设备中，还有许多其他信号处理设备，特别是在大型扩声系统或录音制作系统中会经常用到。下面再简单介绍几种常见的信号处理设备，供读者了解。

1. 监听处理器

监听处理器是专门为扩声系统的舞台返送监听而设计的处理设备，在这种设备内部，通常设有多频段均衡器和陷波滤波器，以及限幅器和高通滤波器。均衡器和陷波器能够过滤有害信号，降低反馈机会，提高系统增益；而限幅器和高通滤波器则用来保护功率放大器和扬声器。

2. 噪声门

前已述及，有些压限器设有"噪声门限"用以消除无信号时的噪声。在专业音响设备中还有专门的噪声门设备，它与压限器的"噪声门限"的功能基本相同。噪声门实际上是一个门限可调的电子门限电路，只有输入信号电平超过门限时，才能形成信号通路，否则电路不通，信号被距之"门"外。利用噪声门对弱信号"关闭"的功能，可有效地防止话筒之间的串音。但需注意，噪声门只能降低或消除门限以下（可视为无信号状态）的噪声（信号），而不能提高门限以上有信号传输时的信噪比。

3. 移频器

移频器也是用来抑制声反馈现象的设备，与声反馈抑制器不同的是：移频器是对扬声器送出的声音信号的频率进行提升（移频）处理，使声频增加 5Hz（或 3Hz、7Hz），使其与原话筒声音的频率发生偏移，无法构成正反馈，也就不会产生声反馈现象。与声反馈抑制器相同，移频器在扩声系统中也是串联在调音台与压限器之间或并接在调音台上。

由于移频器的低频调制畸变较大，因此它只适用于以语音为主要内容的扩声系统；而声反馈抑制器畸变小，可用在音乐扩声系统中。

4. 立体声合成器

立体声合成器是一种可以在单声道非立体声源中产生逼真的"假立体声"效果的信号处理设备。它将非立体声源信号分成多个频率段，将其中一部分频段放在立体声的一个声道上，另一部分频段放在立体声的另一个声道上，从而产生"假立体声"效果。立体声合成器大多用在录音制作系统中。

以上只对这些信号处理设备作了简要介绍，在专业音响中，还有一些专门对音响系统进行实时分析和测试的仪器和设备，由于篇幅有限，本书不作介绍，如果需要，读者可参阅有关资料。

本章小结

音频信号处理设备是现代音响系统中的重要组成部分，本章主要讨论了频率均衡器、数字延时器、混响器和效果处理器、压限器、激励器、反馈抑制器、电子分频器等扩声系统中常用的信号处理设备的功能与组成、原理及应用，并通过这些设备的典型实例，介绍了它们的使用情况。

在音频信号处理设备中，图示均衡器和多效果处理器是扩声系统中使用最多的信号处理设备，几乎所有的演出或娱乐场所的扩声系统都会选用。和其他音响设备一样，音频信号处理设备的生产厂家很多，并且有多种不同的型号和档次，但它们的基本原理和使用大同小异。在实际中具体选择哪类设备和型号，要根据具体要求和投资情况而定。作为常规，均衡器、效果器、压限器应该选用，对于歌舞厅等还应考虑使用激励器。

本章只概括介绍了一些常见设备，要想更多地了解其类型的设备，并熟练使用，读者还需阅读有关资料。

习题 6

6.1 音响系统中使用音频信号处理设备的目的是什么？

6.2 频率均衡器的作用是什么？

6.3 频率均衡器有哪些技术指标？

6.4 模拟电感的电路结构如何？简述其工作原理。

6.5 数字延时器与数字混响器的电路组成如何？简述其工作过程。

6.6 多效果处理器是怎样提高音效的？

6.7 压限器在扩声系统中的主要作用是什么？

6.8 压限器的功能参数的调整内容有哪些？

6.9 激励器的作用是什么？基本原理如何？

6.10 反馈抑制器的作用是什么？它是如何抑制声反馈的？

第7章 家 庭 影 院

教学导航

教学目标	1. 了解家庭影院中各类环绕声系统的电路结构与信号处理方法； 2. 掌握家庭影院的系统组成； 3. 掌握杜比 AC-3 和 SRS 环绕声的特点； 4. 掌握 AV 功放的特点及各声道作用； 5. 初步懂得家庭影院的组建方法与选配要求。
教学重点	1. 家庭影院的系统组成； 2. 杜比 AC-3 和 SRS 环绕声的特点； 3. AV 功放的特点及各声道作用。
教学难点	各类环绕声系统的电路结构及信号处理的方法。
参考学时	6 学时

7.1 家庭影院概述

家庭影院的英文名称为 Home Movie，其目的是使人们在家庭中能够享受到犹如电影院中才有的高质量视听效果。

7.1.1 家庭影院的系统组成

要使人们在家庭中能够享受到电影院的视听效果，则家庭影院的系统组成应包括音频部分和视频部分。视频部分主要是通过具有高清晰度的大屏幕电视（42 英寸以上液晶电视）来显示优质的画面与图像，让人们获得优美的视觉感受；音频部分主要是通过多声道环绕声系统、多声道的 AV 功放及高质量的扬声器系统来重现具有方位感、环绕感及临场感的三维声场，使人们获得身临其境的听觉感受。

家庭影院的系统组成一般应包括：既有音频（Audio）又有视频（Video）的 AV 信号源、内含环绕声解码器的 AV 放大器、AV 音箱、大屏幕显示设备等。

目前流行的典型家庭影院系统，是以网络与电脑高清电视节目源或 DVD 视盘机等 AV 信号源、杜比数字环绕声（Dolby AC-3）或数字影院系统（dts）等 5.1 声道环绕系统、AV 功率放大器、以及由 5 只 AV 音箱和 1 只有源超低音音箱所组成的系统。5.1 声道家庭影院系统组成如图 7.1 所示，其中，音频终端的音箱系统包括左（L）、右（R）、中（C）、左环绕（SL）、右环绕（SR）共 5 个声道，另外再加 1 个超低音声道（Sub），因该声道的频带小于 200Hz，约为其他声道频带（20 kHz）的十分之一，故称该声道为 0.1 声道。

当然，更高级的家庭影院系统则可以采用高清晰度投影仪及 6.1～9.1 声道的环绕声系统组成。例如，音频部分由左、右、中、前左环绕、前右环绕、后左环绕、后右环绕以及 1

个超低音声道，则可以组成一个 7.1 声道的家庭影院系统。

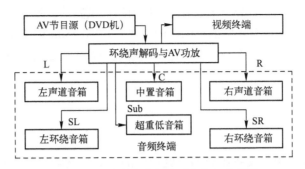

图 7.1　5.1 声道家庭影院系统的组成框图

在家庭影院系统中，AV 信号源用来提供既有高清视频、又有环绕立体声的音频信号。

环绕声解码和 AV 功放是家庭影院的核心，用来从输入的两路环绕立体声音频信号（L_T、R_T）中分离出各声道的信号，并对各声道的音频信号进行环绕声的音效处理，以便获得如电影院、音乐厅、体育场等场所的听音效果，最后再对各声道的音频信号进行功率放大，以推动各声道的音箱发出声音。

AV 音箱是在家庭影院中使用的音箱，5.1 声道的有 6 只音箱，用来还原环绕立体声的听音声场。AV 音箱系统中的各声道的音箱要与环绕立体声听音声场分布的特点相适应，不同的声道有不同的要求，其中左、右两个主声道音箱的听音要求最高。

大屏幕显示器主要是为了获得良好的视觉效果，屏幕过小会使人感觉到音响大而画面小的不平衡感，从而影响到家庭影院的视觉与听觉的感受。

7.1.2　家庭影院系统中的音频接口

在家庭影院系统中，通常 AV 功放的音频输入、输出接口的种类和数目的多少，在一定程度上标志了 AV 放大器功能的完善程度，功能越多，相应的接口也就越多。对于高、中档的 AV 功率放大器，其音频信号的输入与输出接口的种类与数目都比较繁多。

音频输入接口，是功放前置放大电路中前端的信号选择器的输入接口，由信号选择器对输入信号进行选择后馈入内部放大处理电路中。输入接口按照 AV 功放的功能的不同，可以有多种，如音频转盘式唱机输入（PHONO）、激光唱机输入（CD）、调谐器输入（TUNER）、微型磁光盘唱机（MD）输入、磁带录音机输入（TAPE）、主声道输入（MAIN IN）等，还包括 AV 输入端子的音频输入接口，如 LD、VCD，电视机/卫星调谐器（TV/DBS）、VCR、DVD、VEDIO AUX IN 等。不同的输入接口，对输入信号的电平范围有一定的要求。通常，CD、TUNER、MD、TAPE、LD、TV、DBS、VCR、DVD、VIDEO AUX IN 等输入端的最低电平为 150～200mV，最高不超过 2V；PHONO 输入端最低电平为 2.5mV，最高不超过 150mV。MAIN IN 的输入最低电平一般为 1V，最大为 3V 左右。各输入端的输入阻抗一般为 47kΩ。

音频输出接口包括录音输出（REC OUT）、前级输出（PRE OUT）、主声道输出（MAIN OUT）、中置声道输出（CENTER OUT）、后环绕声道输出（REAR OUT）、前环绕声道输出（FRONT OUT）、超重低音输出（SUB WOOFER OUT）、视频辅助输出（VEDIO

AUX OUT)、耳机插孔等。有些机种的 TAPE 包括 PLAY 和 REC，供外接磁带录音座或 MD 录音机使用；PRE OUT 和 MAIN IN 是为外接均衡器而设置的，没有外接均衡器时应短接。音频输出接口的输出电平也有一定的范围，REC OUT 为 150mV 左右，PRE OUT 为 1～3V，耳机插孔的输出电平为 0.2V 左右。输出端阻抗一般为 1.2kΩ或 1.5kΩ，耳机插孔的输出阻抗在 100Ω左右。

7.2 环绕声系统

环绕声系统是现代影音设备组成的家庭影院的核心。它与传统双声道立体声的主要区别在于声源的录制和重放都采用了多声道技术。

家庭影院中环绕声系统的作用，就是将经编码处理过的双声道立体声通过环绕声解码器的处理后，在视听者周围营造起三维立体声场，使人们获得强烈的空间感和临场感。

环绕声系统的种类很多，从信号处理的方式来分，有模拟环绕声系统和数字环绕声系统。模拟环绕声系统常见的有杜比定向逻辑环绕声系统（Dolby Pro-logic Surround）和 THX 环绕声系统；数字环绕声系统常见的有杜比数字环绕声系统（Dolby Digital AC-3）、数字家庭影院系统（DTS）和雅马哈的数字声场处理系统（DSP）。由于数字环绕声具有比模拟环绕声更出色的环绕效果，故现代家庭影院中已基本不再使用模拟环绕声系统，而数字环绕声系统中应用最为广泛是杜比 AC-3。另外还有一种用 2 声道重放系统来虚拟三维环绕声的虚拟环绕声系统，其中的 SRS 系统（Sound Retrieval System，声音恢复系统）的应用也比较多见。下面只对杜比 AC-3 和 SRS 分别进行介绍，要了解其他的环绕声系统可参考相关书籍。

7.2.1 杜比数字 AC-3 系统

杜比数字 AC-3（Dolby Digital AC-3），也称为杜比数字环绕声，是美国杜比公司开发的家庭影院多声道数字音频系统，AC（Audio Coding）指的是数字音频编码。AC-3 是在 AC-1 和 AC-2 基础上发展起来的多通道数字音频压缩编码技术。

1. 杜比 AC-3 特点

（1）具有完全独立的 6 个声道。杜比数字 AC-3 提供的环绕声系统由 5 个全频域声道加一个超低音声道组成，被称为 5.1 个声道，各声道完全独立。5 个声道包括前置的"左声道"、"中置声道"、"右声道"、后置的"左环绕声道"和"右环绕声道"，这些声道的频率范围均为全频域响应 20Hz～20 kHz。第 6 个声道为超低音声道，规定该声道的频率响应为 20～120 Hz，不到其他声道频响的十分之一，所以称为"1"声道。另外，规定该声道的音量比其他全频带声道大 10dB，可使一些场景如爆炸、撞击声等得到震撼力非凡的重低音效果。

（2）具有高效率的音频编码压缩性能。AC-3 的编码过程与解码过程都是全数字音频信号，它的核心技术，是将 6 个独立声道的音频信号数字化后的庞大数据量进行编码压缩处理，用最少的数据量来高质量地记录与重放 6 个声道的信息。对音频数据的编码压缩方法，采用的是基于先进的感觉编码（Perceptual Coding）和数字压缩编码技术，它将每一种声音的频率根据人耳的听觉特性区分为许多窄小频段，在编码过程中再根据音响心理学的原理进行分析，保留有效的音频，删除多余的信号和各种噪声频率，使重现的声音更加纯净，各声道的分离度极高。因此，杜比 AC-3 系统能以较低的码率支持全音频多声道，并具有优良的回放音质和效果。

（3）具有逼真的环绕立体声音场效果。杜比数字 AC-3 系统可用前置的左、右音箱，中置音箱产生极有深度感和定位明确的音场，用两个后置或侧置的环绕音箱和超低音箱表现宽广壮阔的音场，而 6 个声道的信息在制作和还原过程中全部数字化，信息损失很少。全频段的细节表现十分丰富，声像定位准确，具有逼真的立体声听音效果。

（4）具有与模拟环绕声的良好兼容性。杜比数字 AC-3 除了可执行自身的解码外，还可以为先前的杜比定向逻辑环绕声（Dolby Pro-logic Surround）解码服务，早期的杜比定向逻辑影视软件都可以使用杜比数字 AC-3 系统重现。

由于杜比数字 AC-3 系统的编码非常灵活，所以它的格式很多。在美国，杜比 AC-3 被确定为高清晰电视（HDTV）的音频系统标准。在欧洲，杜比 AC-3 是数字电视系统的音频格式推荐标准。各国生产的 DVD 机，也统一采用杜比数字 AC-3 作为音频编/解码的标准。杜比 AC-3 环绕声系统的应用十分广泛。

2．杜比 AC-3 编码

在杜比 AC-3 编码压缩技术中，音频数据的编码压缩过程是一个非常复杂的过程，主要采用了感知型编码方案，所谓感知型编码就是根据人耳听觉的阈值特性和掩蔽特性（包括频域掩蔽和时域掩蔽），只记录那些被人的听觉感知的声音信号，而忽略那些被掩蔽的信号，从而使所要记录的数据量大大减少。AC-3 编码系统在英文中的全称为 Audio Perceptual Cord System。

杜比 AC-3 在编码时，首先将各声道的音频信号经模/数变换成为数字音频信号（PCM），然后对各路数字音频信号进行时域－频域变换、比特分配、量化等压缩处理，最后打包成杜比 AC-3 数据帧格式的码流。杜比 AC-3 编码器方框图如图 7.2 所示。

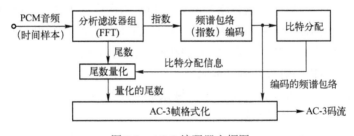

图 7.2　AC-3 编码器方框图

杜比 AC-3 编码器包括以下几个部分。

（1）分析滤波器组。分析滤波器组主要用来将时域内的音频 PCM 取样数据变换为频域内的数据。这种变换编码采用时间域混叠抵消变换（TDAC）方式，TDAC 变换输出的是每一信道的一组频率系数，每个变换系数编码以二进制指数形式表示，分为指数和尾数两部分。指数集反应了音频信号的频谱包络，对其编码后可粗略地代表信号的频谱。同时，用此频谱包络决定分配给每个尾数多少比特数。

采用这种变换可以 100％地去除由于块处理引入的冗余度。输入的 PCM 音频信号以

512 个样值为单位分成许多块，由于是重叠分块的，所以每块有 256 个样值是新的，另外 256 个样值是上一块已取样过的。这样，每个音频样值均会出现在两个块中，可以防止听得见的块效应。

对 512 个样值的块进行 TDAC 变换后，得到 256 个单值的频率域变换系数，然后将频率域变换系数全部转换成浮点表示。所有变换的值都定标为小于 1.0。例如 16 bit 精度的二进制数 0.00000000 10101100，系数的前导零的个数（这里为 8）称为原始指数，该数的小数点右移 8 位，小数点右面的数值位 10101100 成为粗量化的归一化尾数。各系数的指数及粗量化的尾数都编码成数据码流。

（2）频谱包络（指数）编码。对系数的原始指数进行编码有两种方法，一是对指数进行差分编码。256 个系数中，第一个系数的指数总是用 4 bit 编码（0～15），这个值说明第一个变换系数（直流项）先导零的个数。后面的系数指数均按差分编码。二是争取在一个帧内的 6 个数据块（6 个声道）共用一个指数集（各块指数相差不大时才可用），编码时，第 0 块传送该指数集，其余 5 块共享第 0 块的数据集。这样使指数集编码的码率减少为原来的 1/6。运用上述两种方法可使指数编码效率达到 0.396/指数（即 0.396/样值）。

AC-3 在上述两种方法基础上，将差分指数在音频块中联合成组。共有 3 种联合方式：4 个差分指数联合成一组的叫 D4S 模式，2 个差分指数联合成一组的叫 D2S 模式，单独一个差分指数的叫 D1S 模式。这三种模式统称为 AC-3 的指数策略；D1S 模式得到最精细的频率分辨率，D4S 模式所需数据量最少。

对指数编码的结果是根据频率分辨率的要求选择一种谱包络。D1S 模式时为高分辨率谱包络，D4S 模式时为低分辨率谱包络。

（3）比特分配和尾数量化。AC-3 使用混合的正向/反向自适应算法，将可分配的比特按最佳方案分配给各个尾数。分配给各个不同尾数的比特数决定于比特分配程序。在编码器和解码器中运行同样的核心程序，可产生相同的比特分配。

编码器将信号的指数集（频谱包络）映射为功率谱密度（PSD），然后利用声心理学模型将 PSD 分成 50 个半临界频带，再根据一个基于人耳听觉系统的掩蔽模型计算掩蔽曲线，它表明可以听不见的量化器电平。从 PSD 曲线减去掩蔽曲线就是各个变换系数的尾数所需要的 SNR，然后将 SNR 映射成合适的量化器。

编码器根据比特分配方案，对每一个频域系数的尾数进行量化和编码，尾数量化并打包后加入到 AC-3 码流中，传输给解码器。

（4）信道组合。当对多声道音频节目进行编码时，利用信道组合技术可进一步节省码率。人耳对高频区域的声音是依据信号的包络而不是依据特定的信号波形来确定方向的，因此利用人耳对高频相位不敏感的特性，将几个信道的高频部分的频域系数加以平均，各个被组合的信道有一个特有的组合系数集合，它用来标识原始信道的高频包络。解码器用这些组合系数来恢复各个声道原来的信号功率电平，重建各个声道。

（5）重组矩阵。对于具有高相关性的声道，如左、右声道，AC-3 不对原始声道本身进行编码，而是对原始声道的和与差进行编码。

若原始声道很相近，则和信号较大，差信号近似为零，这样可以用较少的比特对声道进行编码，而对声道编码时增加量化精度，从而提高了音频质量。

3．杜比 AC-3 解码

AC-3 解码是编码的逆过程。AC-3 解码器方框图如图 7.3 所示。编码的 AC-3 码流进入解码器首先进行缓存、帧头匹配、CRC 纠错检验，然后解开 AC-3 码流的帧信号，将编码的频谱包络和量化尾数解格式化。编码的频谱包络数据再经频谱包络解码器解出频谱包络（指数）及经比特分配进行简单的比特分配格式计算，得到比特分配方案。由尾数逆量化器根据比特分配方案，从量化的尾数码流中进一步解开尾数的数据包和解出量化的尾数，进行尾数逆量化，恢复尾数。然后再由尾数和指数恢复频域系数，频域系数经综合滤波器组的反频率变换得到时间域信号，再通过加窗和重叠相加，最后产生解码后的 PCM 音频信号，恢复原始的音频 PCM 数据。

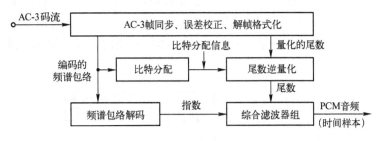

图 7.3　AC-3 解码器方框图

上述 AC-3 的解码过程是一个复杂的数字信号处理过程，既涉及到硬件，又涉及到软件，通常都由一块专用的 AC-3 解码芯片来完成，这种解码芯片内部都包含一个 32 位微处理器芯片组成的数字信号处理器（DSP）来实现。

4．杜比 AC-3 系统的兼容

考虑到 AC-3 系统与其他录放音系统的兼容，以便音响设备可以从单声道放音、双声道立体声系统、4 声道环绕声系统向 AC-3 的 5.1 环绕声系统过渡，因而将 AC-3 各路声音经一定压缩（编码）后以"打包"形式编成一条数码流（又称为比特流），录制在影音软件上。重放时，先经过专门的数字解码器（AC-3 解码器）对数码流解码，并得出 A 型、B 型、C 型、D 型共 4 种解码结果，如图 7.4 所示。

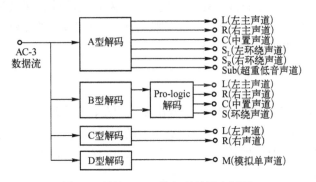

图 7.4　杜比 AC-3 的解码结果方框图

从图 7.4 中可以看出，各解码器的任务是：A 解码器直接还原出独立的 5.1 声道信号，以适应 AC-3 系统的标准配置；B 解码器解码后形成两路 L_T、R_T 声道信号与杜比定向逻辑解码模式兼容；C 解码器和 D 解码器分别输出双声道和单声道信号；可与单声道、传统双声道立体声兼容。

应当说明的是，AC-3 环绕声放音系统，必须播放录制有 AC-3 的编码软件，才能显出 AC-3 环绕立体声效果。

5. 杜比 AC-3 家庭影院的配置

杜比 AC-3 家庭影院的配置如图 7.5 所示，从图中可以看出，它是影音信号源（如 DVD 影碟机），杜比 AC-3 解码器，一体化 5 声道功放和 5 个声道的音箱及与解码器直接相连的超低音箱组成。在 AC-3 系统中，要求各声道的功放性能一致，即除前置主声道外，中置声道（C），后置左、右环绕声道（S_L）、（S_R）不仅应具有很宽的频响，而且增益、输出功率等参数也应与主声道相同，因此 AC-3 系统的中置音箱和环绕音箱也应与主声道音箱性能一致。

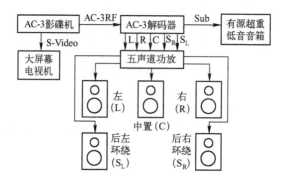

图 7.5　杜比 AC-3 家庭影院配置图

7.2.2　SRS 系统

SRS 是英文 Sound Retrieval System 的缩写，即声音恢复系统。它是一种双声道的虚拟环绕声系统，由美国加州大学工程师阿诺·凯尔曼研制并取得成功。这种系统只有两个独立声道，通过对 L/R 两路信号的特殊处理，使之只需双声道功放和两只音箱就可以虚拟出三维空间的 3D 环绕立体声效果。SRS 系统特别适合听音空间较小的家庭使用，且系统的构建要比杜比环绕声系统的构建价格低得多。

1. SRS 系统的结构

SRS 系统结构如图 7.6 所示，中置信号由输入的左、右声道信号混合并经放大器放大 n 倍得到 $n(L+R)$，两个环绕声信号由左、右信号的互差信号并进行频率提升获得 $f(L-R)$ 和 $f(R-L)$。最后分别将对应的输入左右声道信号、中置信号和环绕声信号混合，得到 SRS 系统输出的携带 SRS 信息的左、右声道信号：

$$L\,out=L+n(L+R)+f(L-R)=(n+1)L+nR+f(L-R)$$
$$R\,out=R+n(L+R)+f(R-L)=(n+1)R+nL+f(R-L)$$

当携带 SRS 信息的 Lout 和 Rout 信号从普通的双声道功放与音箱中重放出来时，人耳就能听到三维环绕立体声场。通过调整放大倍数 n 可以改变"声像"在前方声场的位置，通过调整 f（L-R）和 f（R-L）的频率补偿特性，就可以改变环绕声场的三维效果。

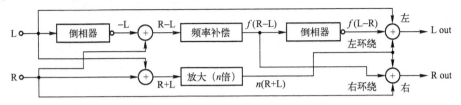

图 7.6　SRS 系统方框图

从图中可以看出，SRS 处理的都是模拟音频信号，系统仅包括反相器、混合器（加法器）、放大器、频率补偿器几个基本电路，用大规模集成电路实现起来十分方便。

SRS 技术的基本原理是根据声音中各频率信号在人体头部的传递特性（HRTF，Head Related Transfer Function）来对音频信号进行处理的，即重放时无论音箱在何位置，人耳总是感觉到声音来自与该频率响应相对应的空间方向，与音箱实际位置无关。

在电路处理上，SRS 技术的核心电路是由多路滤波器构成的"频率补偿"电路。SRS 系统利用频率补偿电路对重放声的频率结构进行修改，以此获得环绕声信息，完成录音话筒的频率响应与人耳听觉的频率响应之间的特性差异的补偿，即补偿了重放声频响与人耳听觉频响之间的差异，最终使重放声在听音者的心理和主观感觉上形成一个完整的、虚幻的三维环绕声场。

2．SRS 系统的特点

作为声音恢复立体声系统的 SRS 技术与杜比立体声相比，其特点如下。

（1）只要两只音箱即可实现三维立体声场。这样既降低了成本，又简化了设备，促进了家庭影院的普及。

（2）听音范围大。传统双声道立体声只能在两只音箱形成听音区的中间位（所谓皇帝位）时，听音才有立体声效果，而 SRS 系统在任何位置听音效果均好。

（3）不受听音环境约束。既可在大影剧院欣赏，也可在家庭欣赏或轿车内聆听，同时对音箱放置位置也无严格要求。

（4）对节目源提供的音频信号无任何要求。可对单声道、立体声、杜比编码等信号进行处理，不论是听音乐、看电影，都可获得三维立体声较好的效果。

（5）可充分利用现有的音响设备和软件，不需另外添置和改造音响设备。

（6）提高了 Hi-Fi 系统性能，恢复了原始声源的各种成分，改善了声源信噪比和清晰度。

SRS 系统的这些特点，使其在音响系统中得到快速推广，目前已大量运用于大屏幕彩色电视机、DVD 机、汽车音响和家庭影院中。

与杜比 AC-3 环绕声系统、数码声场处理系统 DSP 相似，SRS 产品必须通过 SRS 实验室认证和许可，才能使用它的产品标记"SRS（·）"进行生产和销售。

7.3　AV 功率放大器

"AV"是英文"Audio & Video"的缩写，家庭影院中的 AV 系统就是指"视频与音频"的视听系统，家庭影院中的放大器被冠以"AV 放大器"，又称 AV 功放。

7.3.1　AV 功放的特点

AV 功放是家庭影院的核心设备，也是信号源的音频与视频的切换控制中心。AV 功放与高保真（Hi-Fi）功放的主要区别在于它除了对音频信号进行功率放大外，还要对输入的多种信号源进行切换和环绕声解码，而且还要对视频信号同步增强，以获得标准的、声像一致的、清晰度足够的视频信号。另外，它的功率放大器有多路，以推动各路音箱发声，还原出多声道环绕声场，营造家庭影院气氛，其中含有环绕声解码器是 AV 功放的一个基本特征。

具体来说，AV 功放与双声道立体声功放相比有如下特点。

1．AV 功放的功能多、电路结构复杂

AV 功放在结构和性能上要比一般的双声道立体声功放复杂得多。AV 放大器除了具有普通放大器的作用外，另外的功能还有：

（1）用音频/视频信号选择器来选择不同的节目源。

（2）用环绕声解码器对 AV 节目源中的音频信号进行解码，以产生环绕声效果。

（3）用 DSP 处理器来模拟出各种声场的音响效果。

（4）用多路功率放大器推动多只音箱产生具有空间包围感的环绕声效果。

（5）用多功能显示屏来显示不同的工作状态，使用户的操作清晰直观。

2．AV 功放的使用场合是家庭影院系统

AV 放大器主要用于家庭影院的多声道功率放大，它以 AV 信号为节目源，用于观赏电影等视听节目。双声道立体声放大器主要用于家庭歌剧院，它主要以双声道音频信号（如 CD 光盘、MP3 曲目等）为节目源，用于欣赏音乐。

AV 放大器与立体声放大器在音质和音色要求上也有较大的差异，前者要求音质强劲，动态敏捷，以表现电影中惊天动地的爆棚音响效果，营造出电影院的包围感和现场气氛；后者要求音质流畅逼真，音色优美柔和，强调原汁原味，以表现音乐的优美意境。

3．AV 功放要使用 AV 信号源及推动多个音箱

用于家庭影院中的 AV 功放的输入信号，是既有图像信息（视频）又有音频信息（环绕立体声信息）的 AV 信号源。普通的双声道立体声音频信号中没有图像信息，也没有环绕声信息。为营造多路环绕立体声效果，AV 放大器要推动的音箱数目与环绕立体声的声道数是相同的。对于 5.1 声道系统，其功放部分通常包含了前方的左、中、右及后方的左、右环绕等 5 个声道，以推动相应的 5 只音箱，也有一些多声道功放将超低音声道也做在功放中，可以直接推动超低音的音箱。

7.3.2　AV 功放的电路结构

典型 AV 功放的内部电路结构如图 7.7 所示，主要包括 AV 信号选择器、环绕声解码器、DSP 声场处理器、信号处理器、视频同步增强电路、控制和显示电路、多路功率放大器等。AV 功放的电路结构较为复杂，其他一些附属电路，如 FM/AM 调谐器、保护电路、信号输出电路、遥控音量电路等在图中没有画出。

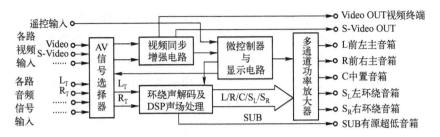

图 7.7　AV 功放的内部电路结构框图

AV 信号选择器主要用来对输入的各路音、视频信号进行选择，环绕声解码器用来将 L_T 和 R_T 信号处理成 5.1 声道的环绕立体声信号；DSP 声场处理器用于针对不同的音源和不同的听音环境来对音频信号进行加工修饰，以便获得更好的听音效果；视频同步增强电路是为了使播放的影视图像能与声音更好地同步；微控制器与显示电路用于对输入信号、输出信号和环绕声解码方式与 DSP 声场处理模式等进行选择、控制与多功能显示；多通道功率放大器用于对各路音频信号进行功率放大，使各路音箱获得足够的功率。

7.3.3　AV 功放的声道分布与作用

1. AV 功放的声道分布

AV 放大器通常为 4～9 声道输出。由于超低音的频响范围是 20～120Hz，作为 0.1 声道，故声道总数记为 X.1。所以 5、6、7、8、9 声道可分别称做 4.1、5.1、6.1（或 5.2）、7.1（或 6.2）、8.1（或 7.2）声道。图 7.8 所示为常用的几种 AV 音箱分布图。其中，图 7.8（a）所示为标准 6（5.1）声道音箱布局图，图 7.8（b）所示为 8.1 声道模式，具有两个中置声道（C_L 和 C_R）以及前方左、右环绕声道（F_L 和 F_R），图 7.8（c）所示为 7.2 声道模式，具有两个重低音声道。若为 4.1、4.2、6.1、6.2 声道音箱的布局，则由图 7.8 中去掉相应的音箱即可得到。

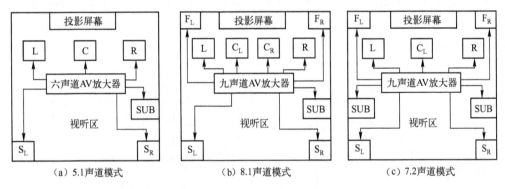

图 7.8　AV 放大器音箱分布图

2. 各声道的主要作用

左（L）、右（R）主声道用于播放主体音乐、人物对白和效果声信号，烘托画面的主体气氛和场景的乐曲背景音响效果，它决定了前方音场的规模大小、深度感、声像定位、实体感和层次感等。

中置（C）声道用来传递人物对白及发声体的移动等，使声像定位和屏幕上的移动画面紧密地结合为一体，表现出声像合一的临场感效果。中置声道承担着总的重放声学能量的一定比例，尤其是多人一起欣赏节目时，可保证所有观众都能听到从画面人物发出的对白声，在表现大场面的音效时，又使人感到身临其境。在电影音响中，对白是主角，背景音乐和效果声信号为配角，有的机型将中置（C）声道再分为左中置（C_L）和右中置（C_R），其目的是要进一步增强环绕效果和屏幕上人物对话的定位感。人物对白若不能准确实在地定位于屏幕，并与移动画面相呼应，中央部分为虚像，则无法展现家庭影院的真正魅力。

环绕声道（S_L 和 S_R）用来提供环境方面的暗示（通过声反射、回波及环境噪声）和效果声（重放一些比较响亮的间断性声响）。通过两个后环绕声道，尽可能营造均匀扩散的闭合环绕声场，强化前方音响的定位感与空间感，产生环绕空间位置的指向效果，使视听者有仿佛置身于现场的感觉，却又无法确定声源来自哪只音箱。环绕声道在编码时，信号内容较前置和中置声道少，不是什么时候都有声音输出。

超重低音（SUB）主要用来渲染环境气氛，产生爆棚效果，它与音乐重放时听觉上的低音不同，它是一种真正的低音域声音。充实丰满的重低音，对增强家庭影院系统的临场效果有重要作用。杜比模拟环绕声系统的超重低音是对解码后各声道信号进行低通滤波并求和后获取的，杜比 AC-3 环绕声系统中的超重低音声道为单独设置的声道，它将常规声道不能再现的重低音用专用声道记录和重放。该声道所记录的信息并不多，不分配数据位，只是在一些特定的场景（如闪电劈雷、火车轰鸣、飞机坠落、炮弹爆炸和嘈杂的声音等）才记录信号，在进行比特分配时，属于该声道的信号不进入其他声道。

7.3.4 AV 功放实例

广东大众电业有限公司生产的索普 SSP8800K/8600K 杜比数码（AC-3）放大器，是一款性价比高、功能完备、性能优良的机种。下面以该 AV 功放为例进行简介。

图 7.9 是索普 SSP8800K/8600K 杜比数码（AC-3）放大器内部结构框图。该机由影音切换电路、音频解码电路、A/D 转换电路、卡拉 OK、音量与音调调节电路、6 路功放电路以及电源与系统控制电路等组成。

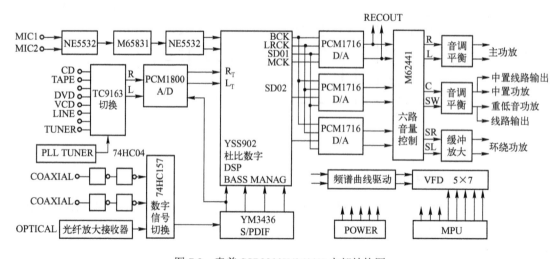

图 7.9　索普 SSP8800K/8600K 内部结构图

1．影音切换电路

SSP8800K/8600K 具有 8 组模拟音频信号输入、4 组视频信号输入、3 组超级视频 S 端子切换选择。另外它还备有同轴（COAXIAL），光纤（OPTICAL）输入端子。模拟音频信号经 TC9163 进行 8 选 1 切换后送入 A/D 转换器 PCM1800。TC9163 系日本东芝公司生产的专用音频切换集成电路，它具有大动态、低失真、低串音等特点，比传统的 400 系列要优越得多。PCM1800 系美国 BB 公司推出的 20bit A/D 转换器，它将输入的模拟信号转换成数字信号，再送到解码器 YSS902 中进行杜比专业逻辑解码和 DSP 声场效果处理。由于采用了 20bit A/D 转换器，使解码精度大大提高。

同轴端口输入的数字信号经 74HC04 缓冲后进入 74HC157，与来自光纤输入信号进行切换后进入 S/PDIF 接口电路 YM3436。经 YM3436 去同步后再送入解码器 YSS902。YM3436 同时还提供位时钟、左右时钟及系统时钟等给 D/A 转换器 PCM1716、A/D 转换器 PCM1800 以及解码器 YSS902，作为同步信号。

2．音频解码电路

SSP8800K/8600K 采用了 YAMAHA 解码芯片 YSS902。该芯片集杜比 AC-3 杜比专业逻辑解码以及数字声场处理（DSP）于一体，采用双 DSP 结构，即主（Main）DSP 和子（Sub）DSP，能完成杜比数字及杜比专业逻辑解码的称为主 DSP；完成低音处理（BASS MANAGE，MENT）及数字声场效果处理的称为 DSP。主 DSP 为 24bit 杜比 A 级解码，这也是目前最高位数的杜比数字解码器。子 DSP 具有外部 RAM 接口，可连接 1 Mbit RAM。在 DSP 声场效果时最长延迟时间为 1.36 秒。

在杜比数字方式下设有中置声场延时（0～5ms 可调，1ms/步）及环绕声场延时（0～15ms 可调，1 ms/步）。而在杜比专业逻辑下为环绕延时（15～30ms 可调，1 ms/步）。在播放杜比数字 5.1 声道信号源时，可根据需要将解码的动态范围设定为"最大"、"标准"和"最小"三种模式，其中"最小"模式又称为"午夜影院"模式。

YSS902 具有十种 DSP 数字声场效果。其中低音处理是杜比数字（AC-3）解码器的要求，目的是使用户可以根据自己现有的音箱系统而选择相应的配置，以达到最佳的聆听效果。

3．24bit/96kHz A/D 转换

经 YSS902 的 DSP 处理后，输出的数字信号分别送到 R（右）、L（左）、C（中置）、SW（重低音）、SR（右环绕）、SL（左环绕）六路 D/A 转换器。该机采用三片 24bit、采样频率为 96kHz 的 D/A 转换器 PCM1716，完成 5.1 声道的 D/A 转换。PCM1716 是一种增强△-Σ转换，内含 8 级幅度量化、四级噪音变形电路及 8 倍过采样数字滤波。PCM1716 的"零检测"功能是一大特点，因为一些 DVD 机在停机状态下，其数字输出口输出的是 PCM 信号，而不管机内碟片是 PCM 还是杜比数字信号。当机内碟片是杜比数字时，从停机状态（PCM）转换到播放杜比数字状态时，许多解码功放在解码时就会产生较大的"吱、吱"噪音。索普 SSP8800K/8600K 利用该"零检测"功能而特别设计的静噪电路，有效地减少了这种噪音。

4．卡拉 OK 电路

该机卡拉 OK 电路采用了三菱公司 M65831 数码混响芯片，这是一款性能优异的专业数码卡拉 OK 机的芯片。M65831 的信噪比达-90dB，失真仅为 0.3％，延迟时间高达 196.6ms。同时它还具有 48Kbit 的 SRAM，在 250kHz 的取样频率可存储 300ms 的数字音频信号。在电路上设有两路话筒音量调节、混响深度调节以及话音调节等功能，而且电路中还设有人声均衡调节电路，能随个人喜好而调节。

5．音量、音调调节电路

D/A 转换后的模拟音频信号由 NE5532 缓冲后进入总音量控制电路。该机的主音量控制及电平微调均采用三菱公司专用 IC：M62441。它为三线串行数据方式（LATCH、DATA、CLK）。主音量调节范围为 0～79dB；电平微调范围是-10dB～10dB。该芯片具有 6 路音频信号电子音量调节，两路直通，受控于 CPU，6 路音频信号经同步调节后，中置、环绕、超重低音信号经 NE5532 缓冲后直接进入各自的功放电路。L、R 主音频信号还要经高、低音及平衡控制电路，再进入主功率放大电路。

6．功放电路

SSP8800K/8600K 功放电路为全分立元件结构，超重低音由线路输出，用以接驳有源低音炮。功放部分电压放大为双端输入、单端输出结构。推动管采用东芝专用低噪声互补对管 TIP41C/TIP42C。末级电流放大采用了东芝著名对管 3SC5200/2SA1943，功率 150W。中置，环绕声道同样采用全分立元件设计，具有较高的频响和较大的动态范围，这也是该机的独到之处。同时，它还具有过流保护及中点电压保护等功能，由微处理器（MPU）检测控制、大功率继电器切换。

7．电源及系统控制

索普 SSP8800K/8600K 电源部分为传统的线性稳压电源。主电源一路经两只 10000µF/63V 大电容滤波后给功放供电，另一路低压供运放及其他 IC，副电源也分两组，一组为+5V 供 MPU，另一组供显示屏。该机电源变压器制作工艺相当考究，采用了优质铁芯，功率达 500W，且漏磁少、温升低，比普通同样尺寸的变压器效率高 40％以上，而且有利于降低成本，在实际使用中各种指标均令人满意。

该机系统控制由 MPU 完成，MPU 同时还驱动荧屏 5×7 点阵显示、5 段电平频谱显示、各种字符显示等，具有全功能红外遥控功能。

7.4 家庭影院的系统配置

7.4.1 AV 系统的配置方案

家庭影院包括节目源、节目播放设备、AV 放大器、扬声系统及视频显示器几部分。目前市场上品种齐全，功能有简有繁，为用户提供了很大的选择余地。为此，家庭影院 AV 系统的配置并无严格规定可循。根据音乐爱好者的多年实践，在确定家庭影院的配置方案时应考虑如下几点因素。

1. 根据家庭经济实力

家庭影院器材，因档次不同，价格差异很大。通常高、中、低档之间有几倍乃至几十倍的差距。经济实力雄厚，可以选用带杜比 AC-3、DTS、雅马哈 DSP 和 THX 的多功能、高性能 AV 放大器，质地和音响效果好的扬声系统及超大屏幕液晶电视。经济实力不强的可选用带有杜比定向逻辑解码、SRS 或 DSP 的 AV 放大器，与之配套的价格不高的国产扬声系统及屏幕尺寸稍小些的液晶电视。

2. 注意选择器材的功能和性能

由于音响器材品种繁多、功能、性能、价格各异，再加上厂家的市场竞争，特别是价格竞争，给用户花较少的钱购置一套功能较多、性能较好的音响产品带来了可能。但须注意的是，必须懂得音响器材的有关知识和具备一定的鉴别能力，方能实现上述目的。当前少数生产厂家和销售店铺为了推销产品，对产品质量、性能、功能夸大其词，甚至滥用不实之词做广告，购置时不要轻信，必须进行认真鉴别。此外在购置电视和音响器材时，还要注意各器材间的协调和性能参数的配合，否则达不到理想的影音效果。

3. 从家庭视听环境考虑

家庭影院系统通常放置于客厅中。按现实的住房条件，客厅不可能有专门的隔音和吸音设施。配置音响设备时，应根据房间大小，隔音和吸音条件以及对周围邻居可能造成的影响等因素选择 AV 放大器的输出功率、音箱大小、电视机屏幕尺寸等。

4. 根据已有器材和实际需求考虑

对已经具备部分影音器材的家庭，在升级为家庭影院时，不一定重新全套购置。可在尽可能利用原有设备的基础上，适当添置急需部分。如果将家庭影院升格到更高档次，与 DVD 影碟机配套，可配置带杜比 AC-3 的解码器，因 DVD 机的音频技术选用了 AC-3 系统。这种解码器在处理低频方面性能更好，即使在无超重低音音箱的情况下，也可将超重低音分配在前置左、右主声道放送。当然如果要领略高品位的 AC-3 效果，还是应全新配置符合要求的 AV 放大器和扬声系统。

5. 根据个人爱好考虑

家庭影院功能主要有影视节目的观看、音乐欣赏和卡拉 OK 演唱等。其中音乐欣赏又有古典音乐、流行歌曲、现代歌曲之分。而使用者的喜好与他的年龄、文化素养、欣赏水平、性格、爱好等有关。在选配器材时应根据使用者的爱好考虑，保证重点，兼顾其他。因不同品牌、不同厂家的产品都有各自的特点，有的擅长放映影视节目，有的擅长演唱卡拉 OK，有的又特别适于音乐欣赏，所以在选配音响器材时，应熟悉有关产品特点，合理搭配。

7.4.2 AV 系统的选配

1. 信号源的选配

信号源向家庭影院提供包括故事片、音乐电视、立体声音乐、卡拉 OK 以及各种教育内容的音、视频节目，目前的信号源通常都以超清或高清 AV 信号源为主，存储在移动硬盘、U 盘、SD 卡等，具有信息容量大，图像质量高，音响效果好，功能强大等特性而独领风骚。

2. AV 功率放大器的选配

AV 功率放大器是家庭影院的核心，若选择不当，会影响整个家庭影院的水平，选择时应考虑如下几个方面。

（1）品牌选择。目前市场上 AV 功率放大器的品牌繁多，性能参差不齐，应尽量选择技术指标高、性能优良、有一定品牌知名度的产品，这样质量相对有保障。国产品牌的最大优势是性价比高，部分产品的技术指标已达到或超过了进口产品，但长期稳定性欠佳。进口 AV 放大器工艺先进、质量可靠，已形成了完善的系列，但价格相对较贵。

（2）放大器功率的选择。AV 放大器功率的选择可根据使用房间的面积大小来确定。一般一间 $15m^2$ 的房间，听新闻广播节目需要 1W 的额定功率就够用了，但对欣赏音乐则需要有足够的功率储备。从对高保真放音的要求来说，总希望放大器的功率储备量越大越好，但随着功率储备量的增加，机器成本、体积与质量也随之增加。通常用于家庭影院的 AV 放大器的功率储备量在 20～100 倍之间就足够用了。由此看来，AV 放大器的功率选择应使每路的额定功率在 50W 左右较为适宜。

（3）放大器解码性能的选择。AV 放大器的核心技术之一是数字环绕声解码技术，按解码器的种类有杜比定向逻辑环绕声解码器、杜比 AC-3 解码器、DTS 解码器等。不同的解码器反映了 AV 功放的不同档次。

（4）AV 放大器款式的选择。AV 放大器有前后级分体式放大器和前后级一体式放大器两种。分体式的好处是前后级相互分离屏蔽，避免了相互间的干扰，性能指标高，但价格较贵，前后级需外接连线而多了一些麻烦；前后级一体式放大器结构简单，价格较低，安装方便，占用空间小，但它的电声指标一般没有同类型的分体式放大器高。选用时可根据个人的经济情况、对音质要求的程度及信号源的性能来通盘考虑。

（5）注意与音箱的匹配。AV 放大器与音箱匹配需注意阻抗匹配和功率匹配等。

（6）兼顾整个家庭影院的投资比例。在选购 AV 放大器时除了要考虑上述诸多因素外，还要兼顾整个家庭影院的投资比重。加上大屏幕电视机在内，整套设备对视听效果影响的程度为：音箱 30%～50%，节目源 15%～25%，放大器 15%～20%，彩电 20%～30%，上述比例不是投资比例，只说明各设备在系统中所占的地位，选购时注意根据其地位来控制投资比例。把投资重点用于音箱，其次是节目源，对音质的改善很有帮助。

3. 音箱的选配

选好音箱是保证整个家庭影院音响系统性能能否正常发挥的关键。下面介绍有关选购音箱的一些要点。

（1）确定好投资比例。由于音箱在家庭影院音响系统中所处的重要地位，它的投资比例应占整个家庭影院音响系统投资比例的 30%～50%，这样才能有效地保证整个家庭影院音响系统具有良好的效果。

（2）选好音箱的种类和音色。音箱的种类很多，进口音箱也不少，各国音箱的音色特点也不相同。一般来说，欧美音箱的音色和音质较好，日本音箱与之相比要逊色些。具体来说，英国音箱感染力强，如 B＆W 音箱音色质朴、淳厚，天朗音箱擅长表现人声，猛牌音箱以优美、宽松的声音见长，著名的 Rogers 公司畅销世界的 LS 3/5A 监听音箱以小而好取胜，这些英国音箱的音质都是其他音箱所无法替代的。德国音箱注意音响与音乐的兼容性，美国音箱强调音响性，瞬态感强，音色凌厉，其 JBL 音箱在这点上尤为突出。日本音箱以低价格取悦于人，其外观比较华贵，近年来为提高音质也做了不少努力。国产音箱中有一些名牌产品的质量也不错，如惠威、银笛、南鲸等厂家的音箱也称得上物美价廉。

音箱承受输出功率较大时，很容易产生振动，特别是前方主音箱，因此音箱的牢固度和质量是选购时一个重要的参考因素。有报道，为了增加主音箱的牢固度和质量，已经有采用水泥浇涛方式制作音箱的先例，可见音箱质量的重要。选购中一定要注意音箱板材的质量。一般而言，采用敲、听、搬的方式就可以鉴别出板材材质和结构工艺的好坏，材质结实的音箱敲击时发声墩实，搬动沉重。选购音箱一定要选结实、沉重的。

（3）性能指标选择。音箱的功率要根据家庭听音空间大小和应具有一定的功率储备来确定，可在 50～100W 之间选择。音箱阻抗应与所接放大器匹配，过大、过小都不好，特别是不能过小，以防损坏设备。音箱灵敏度不宜太高，选 90dB 左右的比较合适。音箱的频响主要选其下限，因为高音一般都可达标，而低音达标较难，应选 50Hz 以下作为下限标准。

（4）音箱一致性的选择。家庭影院音响系统内各声道音箱应尽量选用同一厂家的产品，系统内音箱的颜色要一致，这样才能保证整个系统的协调统一。

（5）仔细检查外观。音箱是家庭装饰的一部分，其外观应庄重大方，不宜太花哨。选定型号后，应仔细检查外观有无划伤或开裂，接线插口是否牢固，防尘网罩有无松动等。

（6）认真试听。试听是选购音箱重要的一步。再好的外观，再昂贵的价格，没有好的试听效果也是白搭。试听时最好用准备与之搭配的放大器推动试听，尽量播放自己熟悉的乐曲，音乐乐器品种尽量多一些，如管弦乐、声乐、电子乐等，看其对哪类音乐效果好些。

4. 显示器的选配

作为家庭影院视频终端显示设备的大屏幕电视，它的画质直接决定着家庭影院的放映效果。在选配时需注意以下几点。

① 根据自己的财力尽量选择屏幕大的。LED 液晶电视的屏幕现在可以做得很大，屏幕大些，更有利于表现图像精细环节和声像合一。

② 必须有完善的音频/视频输入端子，特别注意要有 Y/Cr/Cb 或 S-Video 输入端子，以便获得高画质图像。

③ 选用多制式电视机，至少应具备 PAL、PAL60、NTSC4.43、NTSC3.58 等多制式自动识别与兼容的功能，以便适应多制式节目源软件的要求，省去不必要的调试和选择节目源软件方面的麻烦。

④ 对与画质无关的其他特殊功能不必过于强求。特别是在音质方面，因已有音响系统保证，用不着刻意追求。数字画中画功能在家庭影院中也并不重要，反而增大购置成本。但对于提高画质的特殊功能倒要认真考虑。

5. 音响线材的选配

音响线材用来连接各音响设备及音箱系统。在 20Hz～20kHz 的音频信号范围内，最高频是最低频的 1000 倍，要使音响设备的连接线在整个音域内具有良好的传输特性，高频段信号与低频信号的传输和衰减基本相近，就要考虑连接线的线材长度、材质纯度、线径大小、高频信号的趋肤效应、绝缘材料的介电常数与介质损耗等因素，否则就会对重放声音的音质与音色带来影响，特别是引起高频信号的失真。为了兼顾高、低频段的平衡性，有些厂商采用纯度很高的线材，或者在电缆中心填充以介质软棉线，在软棉线与外保护层之间设置多股绞合导线等措施，以此改善高音段音质变坏的问题。

使用者在选配音箱线时可根据各种导线的特点进行选择，如果导线的芯线是由多股细软铜丝绞合而成的，这种音箱线一般属温和型，其音色柔和，声音醇厚；如果芯线是由粗硬线绞合而成的，这种音箱线的能量感将加强；如果芯线是单根铜芯，将对中低音有较强的表现，速度感快，分析力高，低音有力但略欠厚度，属清爽冷艳型；如果芯线采用镀银工艺，则低音富有弹性，中高音亮泽，高频饱满，分析力很高，失真很小，音染色极小。欧美生产的多芯线讲究绕线、屏蔽、吸震等工艺，声音透明度增强，中高频偏亮；日本线不讲究绕线结构，而专注线径、总数及纯度，声音自然但偏暗。

在选购音响线材时，首先应对自己音响设备的性能、指标和优缺点了解清楚；其次应熟悉自己所喜欢的音乐软件的声音特征；还要熟悉各类音响线材的性能特点与行情。通过合理地搭配音箱、功放和音响线材，可以最大限度地提高整套音响系统的性价比，使整套音响系统达到最佳搭配。各种音响线材各有自己的独特风格，如果搭配合理，可以扬长避短和取长补短，使放音质量得到明显的提高；但若搭配不当，也会弄巧成拙，将重放系统的缺点、弱点暴露得更明显，降低音响设备的放音效果。

 本章小结

家庭影院的系统组成一般包括既有音频（Audio）又有视频（Video）的 AV 信号源、内含环绕声解码器的 AV 放大器、AV 音箱、大屏幕显示设备等，其中环绕声解码和 AV 功放是家庭影院的核心。

杜比数字 AC-3（Dolby Digital AC-3）是 5.1 环绕立体声系统，它具有 6 个独立的声道，采用先进的感觉编码（Perceptual Coding）和数字压缩编码技术，将 6 个独立声道的庞大音频数据进行编码压缩处理，用最少的数据量来高质量地记录与重放 6 个声道的信息。重放的音场效果逼真，声像定位准确，应用十分广泛。

杜比 AC-3 在编码压缩过程，是将每一种声音的频率根据人耳的听觉特性区分为许多窄小频段，再根据音响心理学的原理进行分析，保留有效的音频，删除多余的信号和各种噪声频率，使重现的声音更加纯净，各声道的分离度极高。杜比 AC-3 系统能以较低的码率支持全音频多声道，并具有优良的回放音质和效果。

SRS 系统（声音恢复系统）是一种双声道的虚拟环绕声系统，它只有两个独立声道，通过对 L/R 两路信号的特殊处理，使之只需双声道功放和两只音箱就可以虚拟出三维空间的 3D 环绕立体声效果。SRS 系统特别适合听音空间较小的家庭使用，且系统的构建要比杜比 AC-3 的 5.1 声道价格低得多。

SRS 技术的基本原理是根据声音中各频率信号在人体头部的传递特性（HRTF，Head Related Transfer Function）来对音频信号进行处理的。SRS 技术的核心电路是由多路滤波器组构成的"频率补偿"电路，SRS 系统利用频率补偿电路对重放声的频率结构进行修改，以此获得环绕声信息，完成录音话筒的频率响应与人耳听觉的频率响应之间的特性差异的补偿，即补偿了重放声频响与人耳听觉频响之间的差异，最终使重放声在听音者的心理和主观感觉上形成一个完整的、虚幻的三维环绕声场。

AV 功放是家庭影院的核心设备，也是信号源的音频与视频的切换控制中心，它在结构和性能上要比一般的双声道立体声功放复杂得多，除了具有普通放大器的作用外，还有音频/视频信号选择器用来选择不同的节目源；用环绕声解码器对 AV 节目源中的音频信号进行解码，以产生环绕声效果；用 DSP 处理器来模拟出各种声场的音响效果；用多路功率放大器推动多只音箱产生具有空间包围感的环绕声效果；用多功能显示屏来显示不同的工作状态，使用户的操作清晰直观。其中，含有环绕声解码器是 AV 功放的一个基本特征。

AV 功放的各路输出推动着各个音箱发声，其中，左（L）、右（R）主声道用于播放主体音乐、人物对白和效果声信号；中置（C）声道用来传递人物对白及发声体的移动等；环绕声道（SL 和 SR）用来提供环境方面的暗示（通过声反射、回波及环境噪声）和效果声；超重低音（SUB）主要用来渲染环境气氛，产生爆棚效果。由此产生具有空间包围感的环绕声效果。

家庭影院的配置包括节目源、节目播放设备、AV 放大器、扬声系统及视频显示器几部分。配置家庭影院时，应根据家庭经济实力，综合考虑已有器材和实际需求、家庭视听环境、个人爱好、设备的功能和性能，进行合理配置，从而组建一套经济合理、效果良好、功能完善的家庭影院。

 习题 7

7.1　家庭影院 AV 系统中一般有哪些设备？核心设备是什么？

7.2　画出 5.1 声道家庭影院系统组成框图，说明各部分的作用。

7.3　什么是杜比数字 AC-3 环绕立体声系统？杜比 AC-3 有哪些特点？

7.4　杜比 AC-3 为什么能用较少的数据来记录与重放 6 个声道的音频信息？

7.5　什么是杜比 AC-3 编码压缩技术中的感知型编码方案？

7.6　什么是 SRS 环绕立体声系统？SRS 技术的核心电路是什么？

7.7　SRS 环绕立体声系统的特点有哪些？

7.8　AV 功率放大器有哪些特点？

7.9　AV 功放内部主要有哪些功能电路？各功能电路的用途如何？

7.10　在 AV 功放的 5.1 声道中，各声道的作用如何？

第 8 章　MP3 播放器

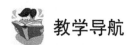 教学导航

教学目标	1. 掌握 MP3 播放器的主要特点与主要功能； 2. 懂得 MP3 播放器的电路结构组成； 3. 了解 MP3 播放器的信号处理过程； 4. 熟悉 MP3 播放器的操作使用方法。
教学重点	1. MP3 播放器的主要特点与主要功能； 2. MP3 播放器的结构组成与使用方法。
教学难点	1. MP3 播放器的结构组成与信号处理过程； 2. MP3 技术的编码与解码方法。
参考学时	6 学时

　　MP3 播放器是指可播放 MP3 格式的音频播放设备。至目前为止，MP3 技术是开发得最为成功的数字音频压缩技术之一，MP3 技术广泛应用于 MP3 播放器、MP3 卡拉 OK 点歌机、手机中的 MP3 播放、电脑中的 MP3 播放、网络传输的 MP3 数据、各种录音与录像等音频信号的录制与播放设备。而目前的 MP3 格式的播放功能，更普遍地被集成到智能手机中。

　　MP3 格式的音频是一种数字化并经压缩处理后的数字音频信号，其数据压缩率可以达到 1:10～1:12，但在人耳听起来，却并没有什么失真，因为它将超出人耳听力范围的声音从数字音频中去掉，而不改变最主要的声音。经过音频数据的压缩处理，如果是一张小小的 16GB 的存储卡，则大约可以存储 4000 首左右的歌曲或音乐节目，播放或录制 290 小时左右的双声道高保真音乐节目。因而 MP3 播放器是人们最喜爱的一种音频节目播放设备。

　　MP3 播放器除了具有移动存储功能外，还可以上传、下载其他任何格式的电脑文件。MP3 播放器其实就是一个功能特定的小型电脑，在 MP3 播放器小小的机身里，拥有 MP3 播放器中央处理器（MCU，微控制器）、MP3 播放器存储器（存储卡）、MP3 播放器显示器（LCD 显示屏）等。

　　MP3 播放器的出现，迅速淘汰了过去曾经流行的磁带录放机、CD 机等音响设备。

8.1　MP3 播放器的特点与主要功能

8.1.1　MP3 播放器的特点

1. 数据压缩率高，存储节目多

MP3 播放器最主要的特点是具有极高的数据压缩率，它可将双声道音频数据压缩到原

来的 1/10～1/12，而音质可基本接近于原汁原味的音频质量。每分钟的 MP3 文件大小约 960KB（128Kbps×60÷8=960KB），而双声道（L/R）的数字音频的原始数据（采样频率 44.1kHz，量化 16bit）约 10.1MB/分，加上所需的纠错、声道识别、时间信息等数据每分钟约 10.58MB 左右。对于一张 16GB 的 FLASH 存储卡，若以平均每首歌曲 4 分钟左右计算，则可容纳约 4000 多首歌曲。MP3 的数据传输速率一般为 128Kbps，则每小时播放的文件大小约 56.25MB，16GB 的声音文件可连续播放 290 小时左右。

2. 造型美观，体积小巧，性能可靠

MP3 播放器采用 FLASH 快闪存储芯片来存储与读取音频数据，因而 MP3 播放器不需要任何机械部件，不像过去的磁带录音机那样需要体积宏大的电机、磁头、磁带，也不像 CD 机那样需要激光读写机构、光盘等，所以 MP3 播放器可随心所欲地把它做成各种形状，使之具有极小的体积和重量、非常美观的外型，而且使用方便、便于携带、不怕振动、无机械磨损与接触不良等故障等，性能稳定可靠，使用寿命长久。

3. 节目源丰富，存录方便，可网上下载

MP3 从一开始是在网上流行起来的，最早是一些大学里的学生公布了一些 MPEG-1 第三层音频压缩和解压缩的软件，因为这些软件都是可以免费下载的，所以很快就流行起来，这些软件的使用也越来越方便，很多人用这些软件压缩制作了很多 MP3 音乐和歌曲，也把它们公布在网上，可以免费下载。你只要有一个播放的软件就可以用 PC 机来对这些用 MP3 压缩了的音乐和歌曲进行解压缩和播放，同时也可以将 MP3 播放器通过 USB 接口直接从 PC 机复制或删除 MP3 节目，操作十分方便。

4. 音质优美，操作方便，耗电很低

在很多的 MP3 存储和解码芯片中，都具有专门的音效处理功能，包括多重 EQ、3D 音效，从而提高了 MP3 播放器的听音效果。MP3 的各种播放与操作都具有自动功能，操作非常方便，除电源开关外不需任何其他机械开关。在 MP3 机中没有任何耗电的电机等部件，功能显示采用液晶显示屏，解码芯片都是微功耗，音频输出的功放电路都采用 D 类数字功放，因而 MP3 播放器的耗电很低，一小块锂电池，可连续播放相当长的时间。

8.1.2 MP3 播放器的功能

MP3 机的功能主要有 3 种：

（1）播放功能。MP3 具有多种播放选择，如顺序播放、随机播放、单曲循环播放、全部循环播放等。

（2）录音功能。包括内置/外置话筒录音、MP3/WAV 格式的数码录音转换等。

（3）USB 接口功能。MP3 机都有 USB 接口，利用 USB 接口与电脑连接，可从网上下载 MP3 音乐或其他格式的音乐；也可以将 CD 片等各种音乐格式的文件转变为 MP3 格式的文件传送到 MP3 机中；并且可利用电脑按个人的意愿进行 MP3 音乐的编辑、转录、制作等。

除此之外，有些 MP3 机还具有某些特殊功能，如 FM 收音机、日记簿、电话簿、各种 EQ 模式（如摇滚，古曲，流行，正常等）、不同语言文字显示歌名、低音和高音控制、外插存储卡、HOLD 锁定键（可使所有键盘失效，以避免在运动中或不小心引起误操作）等。

*8.2 MP3 机的工作原理

MP3 的全名为 MPEG Audio layer 3，是国际影视图像与声音的编码压缩标准 MPEG-1 的数字音频第 3 层（layer 3）数据压缩格式。MPEG（Moving Picture Experts Group）是动态图像专家组的缩写，是一种压缩比较大的图像与声音的编码标准。MPEG 音频文件是 MPEG-1 标准中的声音部分，也叫 MPEG 音频层，它根据压缩质量和编码复杂程度划分为 3 层，即 Layer-1、Layer-2、Layer-3，且分别对应 MP1、MP2、MP3 这 3 种声音文件，并根据不同的用途，使用不同层次的编码。

MPEG 音频编码的层次越高，编码器越复杂，压缩率也越高。第 1 层 MP1 的压缩比为 1:4，码率为 348 Kbps，采用简化的 MUSICAM（Masking Pattern adapted Universal Sub band Integrated Coding And Multiplexing：掩蔽模式通用子带集成编码和多路复用），是较早的感知编码算法，算法比较简单，主要用于编码较简单的数字盒式磁带录放机中；第 2 层 MP2 的压缩比为 1:6～1:8，码率为 256～192 Kbps，采用标准的 MUSICAM 算法，算法复杂程度为中等，用在 Eureka 147 DAB（数字音频广播）系统和以前的 VCD 机的音频信号处理中；第 3 层 MP3 压缩比为 1:10～1:12，码率在 128～112Kbps，常用 128Kbps（每通道为 64Kbps），采用 MUSICAM 和 ASPEC（自适应频谱感知熵编码）最佳特性的混合算法，这种音频数据的编码过程的算法较复杂，力求以最少数据获得最佳的音质，多用于互联网上高质量声音的音频数据传输。

MP3 技术中采用的 MUSICAM 和 ASPEC 最佳特性的混合算法，其编码过程及采用的具体算法很复杂，这里不作介绍，有需要了解的可参考相关书籍。下面主要介绍的是在音源 PCM 数据压缩编码与解码过程中所采用的一些主要方法与基本原理。

8.2.1 压缩音频数据的主要方法

压缩音频数据的方法，主要是根据人耳的各种听觉特性，去除声音中人耳本来就听不到的音频信息和冗余，使音频数据量大大减少，而听音的质量却能基本与原始声音接近。

（1）充分利用了人耳的听觉阈值特性。虽然人耳可以听到从 20Hz～20kHz 的频率范围，但是人耳在不同的频率范围中的听觉灵敏度是不同的。图 8.1 所示的是人耳听觉阈值特性曲线，从该曲线可见，人耳在特高频和特低范围里的灵敏度是很差的。0dB 代表人耳听觉灵敏度的极限，而 120dB 代表痛苦灵敏度的极限。人耳尤其在 700Hz 以下的听觉灵敏度要急剧降低；在 20～30Hz 时的灵敏度要比 1kHz 声音的听觉灵敏度低 60dB 左右；而在 2kHz 到 4kHz 范围内的灵敏度最高；在高于 10kHz 时，其灵敏度又逐步降低达 20dB 以上。

为此，在 MP3 中首先把输入的音频信号在频率上分成很多个小频段，称为子带。子带的数目一共有 32 个，如图 8.2 所示。输入的最高频率为 20kHz，所以每个子带的宽度为 625Hz（625Hz×32=20kHz）。在编码时根据听觉阈值来设置阈值曲线，在频域里处理音频 PCM 信号，将人耳听觉阈值（响度为 0 phon）曲线以下的声音信号滤除而不会影响听觉。

同时，在低频段和高频段，因人耳的听觉灵敏度较低，可以采用较低的量化分层，例如，在低频端，就可以采用 10bit，而用不着采用 16bit，这就达到了压缩的目的，使数据量减少。

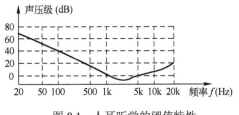

图 8.1　人耳听觉的阈值特性

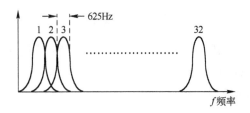

图 8.2　子带滤波器

（2）充分利用了人耳的听觉掩蔽特性（包括频谱掩蔽和时间掩蔽）。听觉过程的特点是响亮的声音会掩蔽掉相同或相近频率上较弱的声音，而且语音的音频信号中几乎都不带 4kHz 以上的基频，因此根据掩蔽特性可以去掉大量人耳听不到的频率信息，使音频数据大大减少。

频率掩蔽效应表现在强信号掩蔽邻近频率的弱信号。假如有一个 1000Hz 的强信号，在其边上有一个低 20dB 的 1100Hz 的弱信号。那么这个弱信号就被遮蔽掉。也就是说，任何一个与强信号邻近的弱信号都将会被遮蔽掉。但是假如有另一个低 18dB 的 2000Hz 弱信号，这个信号就能够被听见，根据听音的掩蔽曲线，必须要降低到 −45dB 以下，才会被遮蔽掉。也就是说，信号的频率离得越近，遮蔽效应就越严重。这意味着，我们可以提高在一个强信号的附近的噪声电平。提高噪声电平也就是减少量化的位数，从而达到压缩的目的。但是，由于强信号是随机出现的，所以减少强信号附近的量化位数必须是根据各子带中频率信号的幅度的大小自适应地进行。举例来说，假如在第 8 个子带中有一个强度为 60dB 的 4.5kHz 的信号，可以计算出在整个第 8 子带都会有遮蔽效应，其遮蔽的门限为 40dB。也就是说，在整个第 8 子带中，所有低于 40dB 的信号都将会被遮蔽掉，此时可以接受的信噪比 S/N=60-40=20dB，因而 4 位的分辨率就已经足够了。同时，这种遮蔽效应也存在于邻近的子带中。也就是说，在第 9～13 子带和第 5～7 个子带中都有遮蔽效应，都可以降低其分辨率，只是离得越远，效应越弱。

除频域掩蔽外，还有一种时域掩蔽效应，所谓时域掩蔽就是指在一个强信号之前或之后的弱信号，也会被掩蔽掉。这是因为人脑需要有一定的时间来处理声音信号的缘故。前遮蔽效应的时间比较短，大约只有 5～10ms。而后遮蔽的时间比较长，大约有 50～200ms。这种现象也可以用来进行数据压缩。只要降低强信号之前和之后的数据分辨率就可以达到压缩数据的目的。

（3）子带编码压缩处理。在将传输的音频范围（20Hz～20kHz）分割为 32 个子频带后，每个子频带根据人耳的听觉特性，在编码时采用动态比特分配技术，保证量化噪声低于掩蔽曲线。对每个子带的频率信号根据该频率信号的幅度分配与之适应的量化级数，幅度小的频率信号只分配很少的比特数，使量化的位数下降，从而使数据量大大减少。

（4）变换编码压缩处理。变换编码技术是将一段音频数据进行"时域−频域"变换，并根据心理声学模型，对所获得的变换域系数进行量化和传输的技术。通常，采用的变换算法为离散傅里叶变换（DFT）、离散余弦变换（DCT）、改进的离散余弦变换（MDCT）等。根据信号短时功率谱，对变换域系数进行合理的动态比特分配，从而可使音频数据得到压缩。

（5）联合编码处理。这种技术是利用了多声道音频系统中的冗余度，在各个声道中通常存在着大量相同的数据，因此，可以只对这些相同的数据编码一次，并通知解码器对这些数据必须在其他声道中重复，这样，音频数据的传输量得以进一步减少。

8.2.2 MP3 编码技术

MP3 编码主要由 3 大功能模块组成，包括混合滤波器组（32 子带滤波器和 MDCT），心理声学模型，量化编码（比特和比特因子分配和哈夫曼编码）。MP3 单声道编码器如图 8.3 所示。

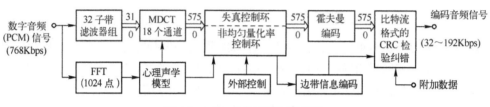

图 8.3　MP3 单声道编码器框图

1. 混合滤波器组

混合滤波器组包括 32 个子带滤波器组和改进的离散余弦变换（MDCT）两部分。经 48kHz（或 44.1kHz）取样和 16bit 量化后的 PCM 数字音频信号，首先送到子带滤波器组，由子带滤波器组完成样本信号从时域到频域的映射，并将频宽为 20kHz 的音频信号通过带通滤波器组分解成 32 个子带输出。

子带滤波器组输出的 32 个子带的频宽大小相同（每个子带宽度为 625Hz），但这 32 个子频带对音频压缩的效果并不好，而由心理声学模型得出的临界带宽则不是等带宽的，人耳对低频信号的频率分辨率较高。在 1kHz 以下的中低频端，人耳能够分辨 ±3Hz 的频率；而对 1kHz 以上的频率信号 f，人耳的频率分辨率为 $\Delta f = 0.003\,f$，例如 f=10 kHz 时，人耳的分辨率 $\Delta f = 30$Hz。所以为了使得进行编码的各个子带与临界频带相匹配，MP3 机采用了改进的离散余弦变换算法，对每个子带信号进行混合多相 MDCT 变换（Modified Discrete Cosine Transform，改进型离散余弦变换）处理。MDCT 的处理过程如图 8.4 所示。

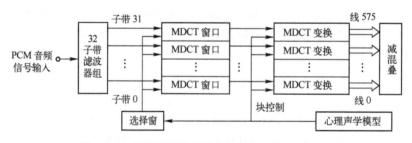

图 8.4　MP3 编码器的改进离散余弦变换（MDCT）

MDCT 有 18 个通道，将输入的 32 个子带信号进一步细分，共产生 32×18=576 条频线（即 576 个频域单元）输出。然后利用心理声学模型中计算出来的子带信号的信号掩蔽比，决定分配给 576 条谱线的比特数。

MDCT 窗口由心理声学模型来选择，窗口尺寸可变，长窗口包含 36 个样值，用于稳态信号的处理，短窗口包含 12 个样值，用于处理瞬态信号。

在 MP3 中，混合多相 MDCT 采用临界频带方式，在人耳敏感的中低频带，使用较窄的临界频带，高频带则使用较宽的临界频带。这意味着对中低频有较高频率分辨率，在高频端时则相对有较低一点的频率分辨率。这样的分配，更符合人耳的听觉灵敏度特性，可以改善对低频端压缩编码时的失真。

MDCT 的特点是即使不经量化也不会产生失真，将子带的信号进一步细分到频谱上，便于提供较好的分析和效果。在编码时，能消除子带滤波器组产生的叠频效应，增加解压后的还原效果。

2. FFT 快速傅里叶转换

PCM 数字音频信号的另一路经过 FFT（Fast Fourier Transform，快速傅里叶转换），由快速傅里叶转换将数字音频信号从时间轴转换到频率轴，即时—频映射。在 MP3 中，FFT 使用 1024 点的运算方式（在 MPEG Audio layer 1 中 FFT 是 512 点），提高了频率的分辨率，能得到原信号的更准确的瞬间频谱特性。转换到频率轴后，信号进入心理声学模型中，为其提供各频率单元的电平信息作为参考。

3. 心理声学模型

心理声学模型的作用就是求出各个子带的掩蔽域值，并以此控制量化器的量化过程。心理声学模型利用了人耳听觉系统的遮蔽效应特性，移除大量的人耳听不到的不相关信号，从而达到压缩音频数据的效果。为了精确地计算掩蔽阈值，要求信号有更好的频域解析度，因此在使用心理声学模型前，先对数字音频信号进行 1024 点的傅里叶变换，得到它的瞬间频谱特性。同时，MDCT 的每个临界频带的样值与 FFT 输出的同一频率电平同步计算，得到每个临界频带的掩蔽阈值，最后计算每个子带的最大信号强度与掩蔽阈值率的比值，即信号掩蔽比 SMR（Signal-to-Mask Radio），输入给量化器。

心理声学模型实现过程一般是先用 FFT 求出信号的频谱特性，根据频谱特性找出各频率点上的音调成分（有些称为音乐成分）和非音调成分（或称噪音成分）；根据掩蔽域曲线确定各个音调成分和非音调成分在其他频率点的掩蔽域值；最后求出各频率点的总体掩蔽域，并折算到编码子带中。对于子带滤波器组输出的谱值量化后产生的噪声，如果能够被控制在掩蔽域值以下，则最终的压缩数据被解码后的结果与原始信号可以不加区分。一个给定信号的掩蔽能力取决于它的频率和响度，所以心理声学模型的最终输出是信掩比 SMR，即信号强度与掩蔽阈值的比率。

4. 量化器（Quantization）

MDCT 输出的信号，经过失真控制环和非均量化率控制环，即量化器的处理，配合心理声学模型输出的信号掩蔽比 SMR、附加信息编码和外部控制，对信号进行量化。

量化器的量化使用一个三层迭代循环模型来实现比特分配和量化。这三层包括：帧循环、外层循环和内层循环。帧循环复位所有的迭代变量，计算能够提供给每节数据的最大比特数，然后调用外层迭代模型；外层迭代模型首先使用内层迭代模型，内层迭代模型对输入矢量进行量化，通过递增量化步长使量化输出能够在一定的比特位数限制之内被编码。霍夫曼编码对量化的最大值有限制，所以需要判断所有的量化值是否超过限制，如果超过限制，则内层迭代循环需要递增量化步长，重新量化。然后确定霍夫曼编码的位数，使其所占的比特数小于由帧循环计算出的每节编码所能提供的最大比特数，否则也要增加量化步长重新量化。当量化满足要求后，存储最终的比例因子数值，跳出外层循环，并在帧循环中计算存储每节数据所用的比特位数。

5．霍夫曼编码器

量化好的数据变成一连串的系数，由霍夫曼编码（Huffman Code）做最后压缩处理。霍夫曼编码的基本过程简单地讲就是把音频信号按概率大小顺序排列好，并设法按逆顺序分配码字的长度。使用霍夫曼编码可以节约 20%的空间，我们会发现，用 Win Zip、Win RAR 等压缩的 MP3 文件，其压缩程度有限，原因就是这些软件也是用了类似霍夫曼编码的技术。

6．比特流格式化及 CRC 校验

比特流格式化（Bit-stream Formatting）及 CRC（Cyclic Redundancy Code，循环冗余码）校验是用来实现 MP3 数据流的格式化。经霍夫曼编码的数据先加入比特流同步信息，为的是在解码时，通过搜索同步字便可获得同步。再经 CRC 校验插入用于检测任意误码的校验字（差错校验码），目的是使原本无规律的二进制码流序列，变成遵循一定规则的二进制码流序列，从而便于在解码时检验二进制码流中的数据是否有误。在加入比特流同步信息和插入 CRC 校验字后，最后生成编码好的位流，即 MP3 数据流。

标准立体声编码的一帧数据构成如图 8.5 所示。一个 MP3 数据帧分为 5 个部分：帧头、CRC 校验值、边信息、主数据、附加数据。

头信息	CRC 校验	帧边信息	粒度组 1				粒度组 2				辅助数据
			左声道		右声道		左声道		右声道		
			缩放因子	Huffman 数据编码	缩放因子	Huffman 数据编码	缩放因子	Huffman 数据编码	缩放因子	Huffman 数据编码	

图 8.5　标准立体声 MP3 编码帧数据结构

MP3 的数据是以帧流的形式存储或传输的，每个帧有帧头和帧数据组成。每一帧包含的比特数可以是不定的，但是能从帧头信息中的数据计算得到。计算公式为：帧内比特数=帧内采样数×位率÷采样率。对于 MP3，帧内数据包含 2×576 个时域采样值，采样率有 44.1kHz，48kHz，32kHz 3 种，位率是从 32Kbps～320Kbps。帧头（header）包括头信息（4 个字节），CRC 校验数据（可选，2 个字节），帧边信息（也可称为附加信息。单声道为 17 个字节，双声道为 32 个字节）；帧数据（main data）包括两个粒度组的数据，这两个粒度组的数据几乎是相互独立的。每个粒度组有 576 个时域的采样值。每个粒度组的数据又包含了每个声道的数据（分单声道和双声道），而每个声道数据中具体包含了 MP3 解码所需的比例缩放因子和霍夫曼（huffman）编码的数据。最后是辅助数据。但是，用于解码的帧的主数据的起始位置并不一定在该帧边信息后，而是根据帧边信息中主数据开始的值来决定主数据起始位置的前移字节数，这种技术称为"比特池"技术。

8.2.3 MP3 解码技术

PCM 信号进行 MP3 压缩时，以 1152 个 PCM 采样值为单位，时间分辨率为 24 ms（1152 个采样值/48kHz 采样频率），封装成具有固定长度的 MP3 数据帧，"帧"是 MP3 文件的最小组成单位，由帧头、CRC 校验值、边信息、主数据、附加数据 5 个部分组成。

在解码时，利用数据帧里的这些信息就可以恢复出 1152 个 PCM 采样值。这 1152 个采样值被分为 2 个粒度组，每个粒度组包含 576 个采样值，经解码后就可以输出速率为 768Kbps（48kHz×16bit）的双声道立体声 PCM 音频数据。MP3 解码过程如图 8.6 所示，它是 MP3 编码的逆过程。

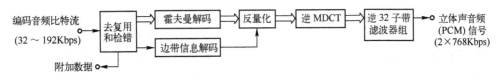

图 8.6 MP3 解码器组成框图

1．数据流的同步以及帧头信息的读取

MP3 数据流的同步以帧为单位，每一帧的帧头都包含同步信息。这个同步信息是连续的 12 比特的"1"组成。MP3 音频解码过程中的第一步就是使解码器与输入数据流同步。在启动解码器后，可以通过搜索数据流中的 12 比特长的同步字来完成。在取得同步字以后跟着的数据就是帧头信息，包括采样率、填充位、比特率等信息。

2．主数据的读取

在 MP3 编码过程中使用了"比特池"技术，所以当前帧的主数据不一定全部都在当前帧中，在解码过程中，必须结合主数据开始指针的值来确定主数据的开始位置。主数据包含的数据有缩放因子、霍夫曼数据及附加数据。这些字段在主数据中有固定的格式。

3．霍夫曼解码和反量化

在 MP3 编码过程中，根据心理声学模型的输出，对改进离散余弦变换（MDCT）的输出样本以粒度为单位进行量化和分配，再对量化的结果进行霍夫曼编码。量化和编码主要是通过循环迭代完成的，循环模块分为三层来描述，最高层为帧循环，它调用外层迭代循环，而外层迭代循环又调用内层迭代循环。但在解码过程中，霍夫曼解码和反量化过程是分开实现的。编码时每个粒度组的频率线都是用不同的霍夫曼表来进行编码的，因此在解码过程中，需要采用不同的解码方法。反量化频谱过程就是基于所得到的霍夫曼解码数据，根据逆量化全缩放公式和帧边信息，对于不同的窗类型采用不同的公式以恢复 576 个频率线的真实值。

4．重排序和反混叠

反量化过程中得出的频谱值不是按相同顺序排列的。在编码的 MDCT 过程中，对于长窗产生的频谱值先按子带然后按频率排列；对于短窗，产生的频谱值按子带、窗、频率的顺序排列。为了提高霍夫曼编码效率，短窗中的数据被重新排列，按照子带、频率、窗的顺序排列。解码时，重排序及时将短窗中的频谱值重新排列。同样，在编码的 MDCT 过程中，为了得到更好的频域特性，对长窗对应每个子带进行了去混叠处理，为了得到正确的音频信号，在解码时必须对长窗对应的子带进行混叠重建。

5. 逆向离散余弦变换 IMDCT

逆向离散余弦变换主要是使用逆向离散余弦变换的公式，对反量化得出的信号进行变换。逆向离散余弦变换的计算十分复杂，为了提高效率，可以对计算做一些优化。

6. 频率反转和子带合成

频率反转是对逆向离散余弦变换的输出值中的奇数号子带（0 到 31 号子带中的 1，3，5，…，31）中的奇数号样本值（每个子带中的 0 到 17 号样本值的 1，3，5，…，17 号样本值）进行反相处理，用来补偿编码时为提高离散余弦变换效率而进行的频率反转。

子带合成滤波器将 32 个带宽相等的子带中的频域信号反变换成时域信号。子带合成是逆向离散余弦变换后的一个通道中 32 个子带的样值，经过一系列的计算还原出 32 个 PCM 数字音频信号的过程。子带合成过程先将 32 个子带样值进行逆向离散余弦变换，生成 64 个中间值，将这 64 个中间值转入到一个长为 1024 点的类似先进先出 FIFO 的缓存，再在这 1024 个值中抽取一半，构成一个 512 个值的矢量，再进行加窗运算，最后将加窗结果进行叠加生成 32 个时域输出。

8.3 MP3 播放器

8.3.1 MP3 播放器概述

1. MP3 播放器的组成

MP3 播放器的组成框图如图 8.7 所示，其核心是一片 MP3 解码芯片与中央处理控制器，还有用与存储数据的 FLASH 芯片，此外就是一些数据接口、控制键盘、LCD 显示及音频输出接口等辅助部分。

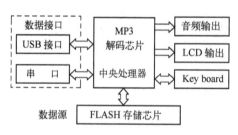

图 8.7　MP3 播放器组成框图

2. MP3 播放器的工作过程

不管是 MP3 随身听还是能够播放 MP3 的 VCD、DVD 机，其工作原理都是基本相同的，采用 FLASH 存储器的 MP3 播放器原理框图如图 8.8 所示，其内部由 1 块 DSP（数字信号处理器）芯片用以解压缩 MP3 文件，由相应的 D/A 转换器将数字解压缩文件还原为模拟声音信号，键盘控制 CPU 处理器用来控制 DSP、FLASH 或 RAM 以及液晶屏 LCD 显示。与光盘机相比，所不同的是 MP3 随身听没有体积宏大的电机、磁头、激光读写机构，所以可以随心所欲地把它做成各种形状；而光盘机只不过是在 DSP 或软件上做了一些文章，即可进行 MP3 格式的解码。

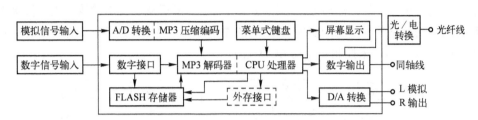

图 8.8　MP3 播放器原理框图

图 8.8 中模拟信号输入是指利用内置式或外置式话筒进行录音。模拟信号经过 PCM 编码以及 MP3 压缩编码后存储在 FLASH 存储器中以备播放时调用。数字信号输入有几种常用接口，早期使用计算机的串口或并口进行输入，现在都采用 USB 接口输入，有的还具有光纤接口用于和一些带有光纤输出的数字音响设备之间的连接。数字信号输入时，如果是 MP3 文件，则可以直接转存到 FLASH 存储器中，如果是其他格式的文件，则可以利用电脑 MP3 转录软件进行转录，如果是网上下载 MP3 文件，则可以利用电脑 MP3 搜索转录软件进行下载。

播放时只需按播放键就可以将存储在 FLASH 存储器中的 MP3 文件通过 MP3 解压缩（DSP）、D/A 转换变为模拟音频信号输出。

8.3.2　MP3 播放器实例

MP3 播放器的电路组成方案有多种，常见的有华邦（Winbond）方案 MP3 播放机，飞利浦（Philips）方案 MP3 播放器，凌阳方案 MP3 播放器，ATMEL 方案 MP3 播放器，珠海炬力方案 MP3 播放器等。各方案的电路组成与结构基本相同，主要是使用的控制与解码主芯片的区别，控制与解码所用的主芯片是 MP3 播放器的核心，采用不同的芯片方案，对 MP3 播放器的性能（尤其是音质）和功能的影响很大，下面以华邦方案的 MP3 播放器为例进行介绍。

1．整机电路组成

华邦方案 MP3 播放器基本组成框图如图 8.9 所示。主要由 MCU、存储器和存储卡、音频编解码器、音频功率放大器、电源控制管理电路、录音输入电路、USB 接口电路、LCD 驱动及显示电路、按键电路等组成。其中起主导控制和解码作用的是主芯片。

MCU 是 MP3 播放器的核心器件，好像一个人的大脑，是一个指挥中心。存储器也叫 MP3 播放器的内存，即 MP3 整机内部的 Memory。一般 MP3 播放器有两片内存，一片是 EPROM，它是用来存储程序的；另一片是 Flash 或 E^2PROM，用来储存 MP3 曲目、录音等内容。存储卡也叫 MP3 的外存，它是用来扩大 MP3 容量用的，使用比较灵活，容量的大小可以根据用户的需要来选择。USB 是通用串行总线的意思，它是连接 MP3 与计算机的通信桥梁。

电源电路的作用是提供各部分电路的电源；音频输出电路由音频解码器和功率放大电路等组成，音频解码器内含 ADC 和 DAC。ADC 的作用是将来自传声器的模拟信号转化为数字信号，然后送存储系统储存起来，目的是为了录音。DAC 的作用是将来自存储系统的数据信息转化为模拟信号，然后通过耳机放大器放大，最后从耳机中播放出来。按键电路的作用是为了手动控制各种功能的实现，LCD 的作用是显示 MP3 的工作状态、内容、功能、容量等，LCD 驱动器用来控制和驱动 LCD 显示。

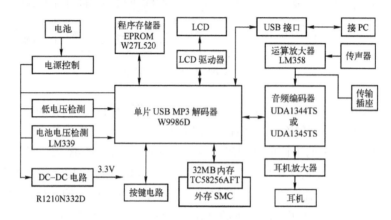

图 8.9 华邦方案 MP3 播放器基本组成框图

2. 解码芯片 W9986D

目前，大多数 MP3 采用的解码芯片，是美国 SIGMATEL 公司的 STMP35 系列，该系列的解码芯片采用高集成单芯片，外围结构比较简单。而处于高端地位的是飞利浦公司的 SAA7750、SAA7751 等芯片，品质较佳但价格高，并且必须采用其他的控制芯片配合才能使用，所以采用该公司芯片的 MP3 播放器产品价格也较高。品质与之相近的，是韩国 TELECHIPS 公司的 TCC730、TCC731 解码芯片，虽然和飞利浦公司的芯片一样需要外围元件的配合，但其成本比飞利浦公司的芯片要低一些。

W9986D 是一款内嵌数字音频录音功能的高集成度 USB MP3 解码芯片。在芯片内部，包含 DSP 内核、微控制器和 W78C58（带内部 64KB ROM 的 8052）。DSP 用于 MPEG 音频解码 / DVR（专用的录音格式）功能，微控制器用于系统控制，W9986D 还集成了许多周边控制器，以至它可以直接与音频编解码器、FLASH 存储器、USB 接口等连接，因此 PCB 印制板可以做到很小，系统成本低。

MPEG 第三层音频解码器具有解码第三层符合 MPEG1 和 MPEG2 ISO 规定标准的压缩位流的能力，它也支持解码低取样速率，符合 MPEG 2.5 标准的基本压缩位流。此外，音频解码器 W9986D 也具有内建 DVR 功能。它可以按 5.3～6.3 Kbps 位率编码和解码数据。DVR 取样频率是 8 kHz，带 16 位分辨率。为了满足其他音乐和语音算法规则，W9986D 已备用 DSP ROM 和 SRAM。

在双频率模式下，为了控制整个芯片的功能和系统，内部 W78C58 具有内建 64 KB ROM。按相同的时钟频率，它具有普通 80C52 双倍的功能，最大时钟频率高达 48 MHz。为了使用外部程序 ROM 或 E²PROM，内建 ROM 可以被取消。当内部 ROM 被取消的时候，W9986D 可以输出 16 位微控制器（μC）地址，直接与外部 ROM 或 E²PROM 相连。为了在 ICE 上作程序开发，内部 W78C58 也可以被取消，或者使用一个外部控制器，这个控制器可以是与 8051 兼容的 μC，或者是其他种类的 8 位 μC。W9986D 输出所有 W78C58 I/O 引脚，并且使其容易与 ICE 或外部控制器相连接。当内部 W78C58 被取消的时候，W9986D 通过 W78C58 I/O 引脚可以与其他类型的控制器相连。

W9986D 要求双电源，2.5V 电源用于内核，3.3V 电源用于带输入容限为 5V 的输入/输出口。

W9986D 共有 128 个引脚，其中微控制器接口 35 个（P0、P1、P2、P3 口各 8 个及 PSEN/XCS、EA、ALE 口），音频编解码器接口 9 个，FLASH 存储器接口 24 个，USB 接口 3 个，GPIO（通用输入/输出）接口 24 个，其余为振荡电路输入输出、时钟、电源与地等接口。W9986D 有两种封装形式，因此也有两种引脚图，这两种图的引脚数相同，且引脚序号与名称都是对应的，只是形状不同，一种是长形的，另一种是方形的。

从图 8.9 可以看出，该例 MP3 播放器的核心芯片 W9986D 与各部分电路都是有联系的。它由电源电路供电，同时又对电源电路进行控制，电池电压的检测信息传送到 W9986D，经过处理后，通过 LCD 显示出电池电压的高低，大于 2.7V 显示满格（即 3 格），大于 2.4V 又小于 2.7V 显示 2 格，大于 2.2V 又小于 2.4V 显示 1 格，大于 1.9V 而小于 2.2V 显示空格。当电池电压低于 2.2V 时，它就发出欠电压指示信号，提示用户更换电池。当电池电压低于 1.9V 时，它就发出关断电源的信号，使整机处于关断状态。通过开关的作用，按键电路将 W9986D 的输出指令信号送回到相应的输入口，从而实现各种功能。存储器和 W9986D 之间进行双向通信。图 8.9 中包含以下三个存储器：

（1）程序存储器 EPROM，其型号为 W27L520。如果程序是成熟的，也可以掩膜到 W9986D 内，因为 MP3 的程序容量不大，只有几十千字节，这样，外置 EPROM 就可以省掉。

（2）32MB 内存 TC58256AFT。

（3）外存 SMC 卡，其容量有 1GB、2GB、4GB、8GB 等，可由用户自己选择。

音频编解码器与 W9986D 进行双向通信，音频编解码器的型号为 UDA1344TS 或 UDA1345TS。音频编解码器对来自传声器和传输插座的模拟信号进行 ADC 处理，再将数字信号送到 W9986D；此外，来自 W9986D 的数字信号也由它做 DAC 处理。

计算机通过 USB 接口与 W9986D 相连接，实现 MP3 与计算机的通信。W9986D 同时还控制 LCD 驱动器工作。

该例 MP3 播放器 PCB 板分 A 板和 B 板。A 板包括主芯片 W9986D、按键、LCD 驱动和 LCD、EPROM 等；B 板包括内存、外存 SMC、USB 接口、耳机放大器、电池电压检测、音频输入端的传输插座和音频输出端的耳机插座、电源滤波电路等。这两板用两对对板插座（CONA2 和 CONB3，CONB2 和 CONA3）连接起来。A 代表公座，是凸形的，B 代表母座，是凹形的，这两对插座各有 26 个针。

8.4 MP3 播放器的功能与技术指标

MP3 播放器是具有生命力的高科技数码产品，随着上网操作电脑的人日益增多以及 MP3 信源的大幅度开发，MP3 播放器的社会拥有量极大，其功能也日趋完善，尤其是现在的智能手机中的 MP3 播放功能更为普及。

8.4.1 MP3 播放器的功能按键

MP3 播放器与其他各种电子产品一样，其所具有的各种功能需要通过操作机身面板上的按键来实现，一般的 MP3 播放器均具有表 8.1 所列的功能按键。以下通过一款常见机型说明这些功能按键的操作方法。

表 8.1　MP3 播放器按键功能

功 能 符 号	功　能	功 能 符 号	功　能
STOP	停止、返回、关机	MODE	模式选择
NEXT	下一曲	EQ	音质效果
PREFIEW	上一曲	HOLD	按键锁定
REPEAT	重复放送	VOL+	音量升
REC	录音	VOL-	音量降
DEL	删除	PLAY	开机、播放、暂停

1．播放 MP3 歌曲

当 MP3 播放器在停止、暂停或待机模式时，按 PLAY（▶）键可以使它播放内存或者 SMC 卡等外存所储存的歌曲。播放歌曲或录制的节目时，显示窗口中会显示已经播放的时间。

如果 LCD 显示"NO SONG"，则说明存储器内部没有歌曲。如果 LCD 显示某首歌是"BAD SONG''，则说明所储存的这首歌已遭破坏，或者播放质量差，或者不能播放，应将此歌曲文件删除，重新下载。

2．停止和关机

（1）停止。在播放 MP3 歌曲或录音时按 STOP（■）键，将停止播放歌曲或录音，进入停止状态，再按播放键将重新播放被停止的歌曲或继续录音。

（2）关机。在不同状态下关机方法不同，例如在 STOP 状态下，再按 STOP 键，将关闭电源。如果在停止状态下按 STOP 键的时间超过 2s，也将关闭电源。在关机前，LCD 显示"POWER　OFF"信息。如果在一段时间内不做任何操作，为了防止电池消耗，大多数机型在处于待机状态时，将自动关机。这段时间的长短通过软件来设置，可根据使用者的需要选择 1min、2min、5min 等时间。

3．搜索操作与上、下曲

（1）搜索操作。在播放文件的时候，按快退（REW ◀◀）或快进（FF ▶▶）键，将从当前曲目转到上一曲或下一曲的开始处播放。如果按 REW 或 FF 键不放，将快速向后或向前播放，释放按键，MP3 播放器将按正常速度顺序播放。

（2）上、下曲。在待机或播放状态下，按上一曲（◀◀）或下一曲（▶▶）键进行上一曲或下一曲的选择，并且 LCD 的曲目号也作相应的改变。

（3）浏览模式。在停止状态下按 REW / FF 键一次，LCD 显示"浏览"或"BROWSE"，进入浏览模式。在此状态下可以顺序观察存储器上所有文件或录音，且每个曲目播放 10s。按播放／暂停（PLAY ／ PUASE）键可开始播放。

4. 随机播放和重复放送

（1）随机播放。在放音状态下，按随机键，LCD 显示"随机"或"RANDOM"，MP3 播放器将进入随机播放模式，它是将所有的文件或录音按随机的顺序播放。

如果要退出随机播放模式，再按一次随机键，LCD 显示"NO RANDOM''，播放转为普通顺序模式放送。

（2）重复放送。在放音时，按重复（REPEAT）键，将进入重复播放模式。

如果连续按 REPEAT 键，将按如下的顺序切换播放模式：普通播放（NORMAL）→重复一曲（1）→重复所有文件（ALL）→普通播放（NORMAL）。

5. 声场处理和音量控制

（1）声场处理。在待机或播放状态下按声场效果（EQ）键，将会有几种不同音效模式可供选择，如古典（CLASSIC）、摇滚（ROCK）、低音增强（BASS）、迪斯科（DISCO）、爵士（JAZZ）、流行（POP）和普通（NORMAL）等。在开机后，默认为普通模式。

（2）音量控制。在待机或播放状态下，按音量键（VOL+ / VOL-），可以增大或减小音量，如果长按可以快速调整，控制范围为 0~31，按 1 / 32 的步长变化，LCD 显示为 0~31，总共分 32 级。

6. 录音

在待机状态下，按模式（MODE）键，进入 DVR（专用的录音格式）状态。按录音键（REC），LCD 显示"RECORD…"信息后开始录音。在录音时，LCD 显示录音文件的序号和已经录音的时间。按 STOP 键结束录音，并存储录音文件。

（1）内录。内录是声源通过转录线而进行的录音，即转录线插入 LINE IN 插座，录音信号就可以从 LINE IN 插座输入。

（2）外录。外置录音是指声音通过空气传播的录音。在录音模式下，声源通过空气进入机内驻极体传声器。为了提高录音效率，声源应尽量靠近传声器。在进行长时间录音之前，应先查看电池电量是否充足，存储空间是否足够。

录音时，除 STOP 和 HOLD 键外，其他按键无功能。

播放录音：在 DVR 状态下，按播放键播放已录下的内容。如果录制了多段，可以按 REV / FF 键进行前一曲／后一曲跳曲，也可长按 REV / FF 键进行快速搜索。

7. 删除和锁定

（1）删除。在待机状态下，选定要删除的文件，按删除（DEL）键，提示"DELETE？"（确定要删除吗?）字样。

确定删除按 DEL 键，提示"DELETING…（正在删除…）"字样，删除文件后提示"DELETE OK!"字样。按停止（STOP）键可取消删除。

按 REW 或 FF 键可进行删除文件的选择。某个文件被删除后，程序会自动排序，将其后的文件序号依次前移。文件一旦被删除将无法恢复，因此要谨慎操作。

（2）锁定。在待机或播放状态下，按 HOLD 键将按键锁定，此时除 HOLD 键外，其他按键暂时失去作用，LCD 显示"HOLD ON"几秒钟后消失。再按 HOLD 键取消按键锁定，LCD 显示"HOLD OFF"几秒钟后消失。

8. 切换存储器

一般 MP3 播放器具有内置存储器和外置存储器，外置存储器是指卡，如 MMC 卡、SD 卡和 SMC 卡等，内置存储器是指 Flash Memory、E^2PROM 等。究竟要播放哪部分的内容，这需要通过切换来实现。在待机状态下，按存储器切换键可以在内置与外置存储器之间相互切换。如果当前是外置存储器，LCD 最上一行会有一个卡的符号显示，所有的操作都在当前存储器上进行。

9. 循环放送和暂停

（1）循环放送。

①A、B 两点间循环。在播放状态下，按 MODE 键选择 A 点，再按一次 MODE 键选择 B 点，则在 A、B 两点间循环放送。再按 MODE 键，取消两点间循环放送设置。

②曲目循环。在待机或播放状态下，按 REPEAT 键依次在"单曲循环播放（1），所有曲目循环放送（ALL），随机播放（SHUFFLE），曲目介绍（INTRO，即播放每首歌的前 10s）间切换。

（2）暂停。一般播放和暂停是做在同一个键上的，通过循环切换实现这个功能。在播放过程中，按播放 / 暂停（▶Ⅱ）键，MP3 播放器就暂停播放，再按播放 / 暂停键又恢复播放。

8.4.2 MP3 的技术指标

（1）频率响应。在振幅允许的范围内 MP3 能够重放的频率范围，以及在此范围内信号的变化量称为频率响应，也叫频率特性。在额定的频率范围内，以分贝数（dB）表示的输出电压幅值的最大值与最小值之比，称为不均匀度。一般 MP3 幅频响应为（20Hz～20kHz）±1dB，其中的±1dB 即为不均匀度。

（2）音频格式。目前 MP3 支持格式最常见的是 MP3 和 WMA。MP3 由于是有损压缩，因此讲求采样率，一般是 44.1kHz。另外，还有比特率，即数据流，一般为（8～320）KB/s。在 MP3 编码时，还要看它是否支持可变比特率（VBR），现在大部分 MP3 机都支持，这样可以减小有效文件的大小。WMA 格式是微软公司开发的一种数码音频格式，它在相同音质下可以比 MP3 格式的文件更小。

（3）最大输出功率。即 P_M 功率，指在额定负载电阻上，放大器能符合基本参数要求时，音频信号的最大输出功率。一般 MP3 耳机输出功率约 5mW×2。

（4）信噪比。功率放大器额定输出电压与无信号输入时实测噪声电压比称为信号噪声比，简称信噪比，通常以分贝数来表示。MP3 信噪比可达 90dB（1kHz）。

（5）传送率。传送率决定 1s 的数据处理量。该值越高，所包含的信息越多，但如果该值过高，则会失去 MP3 特征之一的高压缩率，相反，若追求高压缩率而使该值过低，将会使 MP3 的音质变差。MP3 推荐的传送率是 128Kbit/s，根据音质要求，MP3 传送率在（32～320）Kbit/s 中可选。

（6）接口类型。由于以 Flash Memory 为储存介质的播放器需要从计算机上获取 MP3 节目源，因此以何种方式与计算机进行传输连接就显得十分重要了。MP3 播放器与计算机连接的接口有两种，早期的一般是并口，现在基本都是 USB 接口了，比较而言，USB 连接比并口连接速度快 5 倍，其下载速率一般为（3～4）Mbit/s；上传速率为（5～6）Mbit/s，而且支持热插拔。

（7）存储容量。MP3 的存储容量由内置闪存（Flash Memory）的大小决定，它将直接决定可储存歌曲的数量。一分钟 CD 音质的 MP3 音乐大约需要 1MB 的存储空间，一般来说，128Kbit/s 压缩率的 MP3 音乐每首大约 3～5MB，所以具有 1GB 内存的 MP3，可以存放这样的歌曲 250 首左右。

为了扩充容量，MP3 一般可以通过扩充卡插槽配置外扩存储卡。外扩存储卡可以有 CF 卡、SM 卡、MMC 卡和 SD 卡等多种选择。CF 卡是早期 MP3 使用的，现在因为体积和耗电的原因，已经很少用到了；SM 卡是目前 MP3 上用得最多的扩充卡；MMC 卡属第二代的扩展卡，用得也比较多；SD 卡是在 MMC 卡基础上发展出来的，所以它也向下兼容，就是说如果 MP3 支持 SD 卡，那么它一般也可以支持 MMC 卡。

（8）采样频率。数字音乐文件的品质主要参考采样频率和比特率这两项指标。进行 A／D 转换时每秒钟采样的次数称为采样频率，常用的采样频率有 11.025kHz、22.05kHz 和 44.1kHz。理论上讲采样频率越高音质越好。但由于人耳听觉分辨率毕竟有限，所以大部分 MP3 播放器所能够支持的 44.1kHz 的采样频率，基本上已经能够满足要求了。

8.4.3　MP3 播放器的选购

选购 MP3 随身听时，需考虑的一些重要因素如下。

（1）存储量与存储方式。存储量决定 MP3 播放器能够存储歌曲的数目，目前的闪存容量一般有 1GB、2GB、4GB、8GB、16GB 等几种，还有外置式存储器，如移动硬盘等方式。通常每首歌曲大约有 4MB 左右的容量，1GB 的 FLASH 可以存储 250 首左右的歌曲。

（2）功能。MP3 机除有录制和播放 MP3 格式声音文件外，还有许多附加功能，如 FM 收音机、录音功能、电话簿功能、频率均衡（EQ）功能等。

（3）连接接口。MP3 机与电脑连接时应有较好的接口，如 USB 接口，因为 USB 接口小巧且传输速度快，是数据传输较理想的外设接口模式。

（4）声音质量。声音质量的好坏是 MP3 播放器的最终评判标准，影响放音质量的原因很多，如 MP3 节目的采集方式与方法、播放方式的选择（EQ 方式）、本机的信噪比、末级功放的好坏、耳机的质量等都有很大的关系，所以需要认真选取。

（5）供电方式。一般有内接电池方式和外部电源供电并带充电方式两种。

（6）软件。MP3 机所提供的软件应能够升级以便将其他格式的文件进行存储和播放。

8.4.4　MP3 播放器的使用注意事项

MP3 播放器虽然使用方便，便于携带，无机械故障，不怕震动，但使用时也应注意一些事项。

（1）禁止在潮湿的环境下使用，因为 MP3 机内大部分是 CMOS 电路，输入电阻很高，在潮湿的环境下容易发生漏电而损坏集成电路；开关触点、液晶屏这些部分也容易氧化漏电而造成无法正常工作、屏幕无显示等故障。

（2）选用机内电池时最好选用可充电锂电池。长期不用时最好将电池取出，不使用时要及时关掉电源开关。

（3）MP3 播放器上的耳机是一个易损件，使用时不要硬拉、扭曲，应抓住耳机插头根部插拔。耳机损坏更换时，应选用高质量的耳机，否则将影响听音效果。

（4）在 MP3 播放器与电脑的 USB 接口上插拔时，应避免 MP3 机或电脑接口及接口集成电路的损坏。

 ## 本章小结

MP3 机是数字音频压缩格式，压缩比为 1:10～1:12，码率为 128～112Kbps。

MP3 的特点有：数据压缩率高，存储节目多；造型美观，体积小巧，性能可靠；节目源丰富，存录方便，可网上下载；音质优美，操作方便，功耗极低。

音频信号编码压缩的主要方法是充分利用了人耳的听觉阈值特性、听觉掩蔽特性（包括频谱掩蔽和时间掩蔽），并采用了子带编码压缩处理技术、变换编码压缩处理技术和联合编码处理技术等方法。首先将音频信息分成了 32 个子带，在 32 个子带中，一是去除了人耳听觉阈值以下的听不到的成分，二是将强信号附近被人耳掩蔽的弱信号予以去除，三是根据人耳对声音的敏感特性，量化时分配不同的比例因子，这样就使得音频信号的信息量大大地减少，可以压缩到原来的 1/10～1/12 左右。音频信号的解码，则是音频信息编码的逆过程，但解码过程较编码处理来得简单，其关键是不需要动态比特分配和大量的相关运算，主要的运算集中在 32 个子带的合成上。在经过比特流分解和逆量化后，进行逆向离散余弦变换处理，再将得到的 32 个子带进行合成就可完成音频信息的解压缩处理。

在 MP3 播放器电路组成中，其核心是一片 MP3 解码芯片与中央处理控制器，还有用与存储数据的 FLASH 芯片，此外就是一些数据接口、控制键盘、LCD 显示及音频输出接　口等辅助部分。

下载 MP3 文件的操作主要有：从网上下载 MP3 音乐或其他格式的音乐；将电脑存储的各种音乐格式的文件转变为 MP3 格式的文件。

 ## 习题 8

8.1　MP3 播放器的主要特点有哪些？

8.2　MP3 播放器的主要功能有哪些？

8.3　MP3 技术的音频数据压缩比是多少？MPEG-1 的数字音频第 3 层数据压缩采用的是什么算法？

8.4 MP3 的数据码率一般是多少？1GB 的双声道音频 MP3 文件大约可以播放多长时间？

8.5 MP3 的音频数据压缩，主要运用了哪些方法？

8.6 MP3 编码技术中的 DCT、MDCT、DFT 的中文解释是什么？

8.7 简述 MP3 播放器的电路基本组成，并画出 MP3 播放器的电路组成框图。

8.8 简述 MP3 播放器有哪些常见功能的操作按键。

8.9 简述 MP3 播放器有哪些主要技术指标。

8.10 简述 MP3 播放器的使用注意事项。

第9章 音响工程

 **教学导航**

教学目标	1. 了解厅堂扩声系统的类型与厅堂声学特性的指标含义； 2. 理解扬声器系统各种布置方式的特点与使用场合； 3. 初步了解音响工程的设计过程与声场的设计方法； 4. 初步懂得如何选用扩声系统中的音响设备； 5. 掌握音响系统的组成及音箱的选择与布置； 6. 了解音响系统的音质评价内容。
教学重点	1. 扬声器系统各种布置方式的特点与使用场合； 2. 厅堂音响系统的组成及音箱的选择与布置。
教学难点	1. 音响工程的设计过程与声场的设计方法； 2. 音响系统的音质评价。
参考学时	8 学时

音响工程是音响技术的一个分支，而音响技术几乎触及到人类生活实践的各个方面。音响工程是紧密结合建筑声学，对厅堂的音响系统进行设计、安装和调试的电声工程，是建筑声学、电声学和音乐艺术相结合的复合型学科。

9.1 音响工程概述

专业的音响工程主要是组建厅堂的扩声系统，厅堂扩声系统的建声设计应该遵循让音响设备在相应的环境下表现出最佳效果，这项工作的意义非常重大，如果设计不当，无论多么优良的设备，也肯定不可能达到好的效果。建声效果好的厅堂扩声系统，应该是混响合理，声音扩散性好，没有声聚焦，没有可闻的振动噪声，没有声阴影等。所以音响工程的设计要根据不同的使用要求以及不同的厅堂类型进行有针对性的声场设计。

9.1.1 厅堂扩声系统的类型

厅堂也称大厅，包括音乐厅、影剧院、会场、礼堂、体育馆、多功能厅和大型歌舞厅等。厅堂的扩声系统主要用来进行演讲与会议、演奏交响乐与轻音乐、供歌舞与戏曲演出及放映电影等。

1. 扩声系统的分类

扩声系统的类型可按工作环境、使用场所和工作原理等方面进行分类。

（1）按工作环境分类。可分为室外扩声系统和室内扩声系统两大类。

室外扩声系统的特点是反射声少，有回声干扰，扩声区域大，条件复杂，干扰声强，音质受气候条件影响比较严重等。

室内扩声系统的特点是对音质要求高，有混响干扰，扩声质量受房间的建筑声学条件影响较大。

（2）按使用场所分类。可分为语言厅堂扩声系统、音乐厅堂扩声系统、多功能厅堂扩声系统三类。

语言厅堂扩声系统：主要供演讲、会议使用。

音乐厅堂扩声系统：主要供演奏交响乐、轻音乐等使用。

多功能厅堂扩声系统（语言和音乐兼用）：供歌舞、戏曲、音乐演出，并兼作会议和放映电影等使用。

（3）按工作原理分类。可分为单通道系统、双通道立体声系统、多通道（环绕声）扩声系统等。

2．扬声器系统的布置方式

（1）扬声器系统的布置要求。扬声器系统的布置是厅堂扩声的重要内容之一，对厅堂扩声扬声器布置的要求是：

① 声压分布均匀。扬声器系统的布置能使全部观众席上的声压分布均匀。

② 视听一致性好。多数观众席上的声源方向感良好，即观众听到的扬声器的声音与看到的讲演者、演员在方向上一致，即声像一致性好。

③ 控制声反馈和避免产生回声干扰。

（2）扬声器系统的布置方式。一般可分为：集中式、分散式、混合并用式 3 种，应根据厅堂等扩声场所的使用要求和实际条件而定。表 9.1 列出了扬声器这 3 种布置方式的特点和设计注意事项。

表 9.1 扬声器各种布置方式的特点和设计注意事项

布置方式	扬声器的指向性	优缺点	适宜使用场合	设计注意事项
集中布置	较宽	① 声音清晰度好 ② 声音方向感也好，且自然 ③ 有引起啸叫的可能性	① 设置舞台并要求视听效果一致者，如剧场、音乐厅等 ② 受建筑规格、形状限制不宜分散布置者	应使听众区的直达声较均匀，并尽量减少声反馈
分散布置	较尖锐	① 易使声压分布均匀 ② 容易防止啸叫 ③ 声音清晰度容易变坏 ④ 声音从旁边或后面传来，有不自然感觉	① 大厅净高较低、纵向距离或大厅可能被分隔成几部分使用者 ② 厅内混响时间长，不宜集中布置者 ③ 用于语言扩声的会议厅、公共广播等场所	应控制靠近讲台第一排扬声器的功率，尽量减少声反馈；应防止听众区产生双重声现象，必要时采取延时措施
混合布置	主扬声器应较宽；辅助扬声器应较尖锐	① 大部分座位的声音清晰度好 ② 声压分布较均匀，没有低声压级的地方 ③ 有的座位会同时听到主、辅扬声器两方向来的声音	① 眺台过深或设有楼座的剧院等 ② 对大型或纵向距离较长的大厅堂 ③ 四面均有观众的视听大厅如体育馆等	应解决控制声程差和限制声级的问题；必要时应加延时措施以避免双重声现象

在扬声器的布置方式中，混合布置式是将集中式与分散式混合并用，这种方式适用于下列三种情况：

① 集中式布置时，扬声器在台口上部，由于台口较高，靠近舞台的观众感到声音是来自头顶，方向感不佳；在这种情况下，常在舞台两侧低处或舞台的前缘布置扬声器，叫做"拉声像扬声器"。

② 厅堂的规模较大，前面的扬声器不能使厅堂的后部有足够的音量，特别是由于有较深的眺台遮挡，下部得不到台口上部扬声器的直达声；在这种情况下，常在眺台下顶棚上分散布置辅助扬声器，为了维持正常的方向感，应在辅助扬声器前加延时器。

③ 在集中式布置之外，在观众厅顶棚、侧墙以至地面上分散布置扬声器；这些扬声器用于提供电影、戏剧演出时的效果声，或接混响器以增加厅内的混响感。

9.1.2 厅堂扩声系统的声学特性

1. 专业音响工程的有关国家标准

因为专业音响工程涉及的相关技术较多，而且工程的质量可以通过必要的检测手段来衡量，所以国家有关部门先后制定了多项国家级或部级的标准，这些标准是针对不同使用要求的厅堂、场所而制定的各类扩声系统的声学指标标准。如关于厅堂扩声系统的工程设计、施工、测试的标准有：GYJ25—厅堂扩声系统声学特性指标，GB50371—厅堂扩声系统设计规范，GB4959—厅堂扩声特性测量方法，GBJ76—厅堂混响时间测量规范等。此外，还有关于体育馆、演出场所、歌舞厅、剧场等场所的扩声系统的相关设计规范与声学特性指标的标准等。作为从事专业音响工程的技术人员应该深入了解这些标准，并根据不同的使用要求来选取相关的标准和规范作为工程的参考，特别是对一些电声质量要求较高的音响工程就更应该严格按照标准执行。各标准与规范的具体内容可查阅相关资料。

2. 扩声系统技术指标的物理意义

（1）最大声压级。定义：厅内空场稳态时的最大声压级。

物理意义：最大声压级大，说明系统能提供的声能量大，这除了系统配得功率大或扬声器系统效率高外，还与房间声学处理得好，系统设计和调试得好，不易产生声反馈、自激和啸叫有关。

（2）传声增益。定义：扩声系统达最高可用增益时，厅堂内各测点处稳态声压级平均值与扩声系统传声器处声压级的差值。

物理意义：传声增益大，说明系统对声信号的放大能力强，在正常工作时不容易产生啸叫，工作就比较稳定。

（3）传输频率特性。定义：厅内各测点处稳态声压的平均值相对于扩声系统传声器处声压或扩声设备输入端电压的幅频响应。

物理意义：传输频率特性好，则说明系统对从低音到高音的放大能力一致性好，有效工作频率范围就宽。

（4）声场不均匀度。定义：有扩声时，厅内各测点得到的稳态声压级的极大值和极小值的差值，以分贝表示。

物理意义：声场不均匀度小，则说明厅内各点声音大小的差别小。

（5）总噪声。定义：扩声系统达到最高可用增益但无有用声信号输入时，厅内各测点处噪声声压级的平均值。关闭扩声系统后测得的室内噪声称为背景噪声。

物理意义：总噪声小，则干扰小，信号最低声压级时信噪比高，可用的动态范围就大，从另一面看，总噪声小说明系统器材好、配接好、调试好、环境好，安装的工艺也好。

（6）失真度。定义：扩声系统由输入声信号到输出声信号全过程中产生的非线性畸变度。

物理意义：失真度小，则表明信号传送过程中保真度高。说明系统的质量和工作状态好。

（7）混响时间（T_{60}）。定义：某频率的混响时间是室内声音达到稳定状态，当声源停止发声后的残余声波在室内被四壁多次反射及反复吸收后，其声压级衰减 60dB（即衰减为百万分之一）时所需时间。

物理意义：混响时间以室内建筑声学设计为主。混响时间的大小与室内的平均吸声系数成反比，厅堂室内的平均吸声系数越大，混响时间越短；此外，混响时间也与频率有关，频率越高，吸收越多，声波的衰减越快，混响时间则越短。通常以 500Hz～1kHz 的频率进行测量或估算。混响时间太长则显得"混"，太短则显得"干"。

9.2 音响工程设计要点

音响工程设计包括建筑声学设计和扩声声场设计。建筑声学设计包括房间结构设计、尺寸的设计、形状设计、装修设计等，这些主要应该由建筑设计师来完成；扩声声场设计主要是扬声器系统放置位置、角度的选择，扬声器系统型号、数量的选择，目的是使厅堂中的声场尽量均匀、直达声达到一定比例，以保证清晰度、可懂度达到要求，并且重放音质好，而这些应该由音响工程设计者负责。

9.2.1 声学设计中需注意的几个问题

一个音响工程，其厅堂音响系统的设计首先就是声场的设计，因为如果声场情况很糟糕，那么即使所采用的设备再先进、再高级、再全面也不能使重放的音质达到优美的程度。

1. 常见的房间平面形状及声学特性

为了减少小室的房间共振或声染色对室内音质的影响，在房间声学设计上，一是设计合理的房间体型或房间尺寸，使共振频率均匀分布，避免出现突出的孤立振动模式。图 9.1 列出常见的房间平面形状，其中图（a）、（b）、（c）、（d）、（e）的形状不好，容易产生声染色、回声或其他异常声现象；而图（f）、（g）、（h）、（i）的形状比较好。不过，现在卡拉OK 厅、KTV 包房或歌舞厅一般呈矩形，为此它的长、宽、高的尺寸应避免彼此相等或成整数倍。二是增加墙面的界面阻尼，即合理进行吸声布置，使共振的强度降低，将共振波峰拉平、拉宽，使它们连成一片而不产生声染色。使用吸声材料时，要特别注意选择对低频有较大吸声能力的结构和材料，例如采用背面具有空腔结构的板状材料和结构。

2. 矩形房间的壁面改装

房间的形状，应尽量采用不具有平行的壁面。对于常见的矩形房间，可采用如图 9.2 所示的壁面改装，以避免声染色，增加声扩散。其中以图 9.2（a）的效果最佳，图 9.2（b）次之，图 9.2（c）较差。通常尺寸的选取由所需扩散声的最低频率 f 决定。

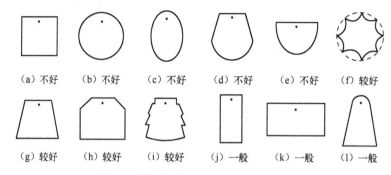

（a）不好　（b）不好　（c）不好　（d）不好　（e）不好　（f）较好

（g）较好　（h）较好　（i）较好　（j）一般　（k）一般　（l）一般

图 9.1　常见的房间平面形状及声学特性

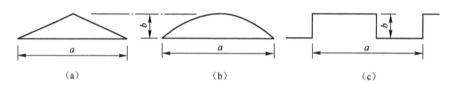

（a）　　　　　　　　　（b）　　　　　　　　　（c）

图 9.2　矩形房间的壁面改装

3．小室的声染色问题

房间共振或声染色是小室声学设计考虑的重要问题。对共振频率起决定作用的是房间的线度，也就是房间壁面长度。房间的最小线度产生一个声染色的界限频率 f_C，其值约为：

$$f_C = 3c/房间最小线度$$

式中，声速 $c = 340\text{m/s}$。

例如一些卡拉 OK 厅、KTV 包房的高度常在 3m 左右，则由上式可得界限频率 f_C 为 340Hz。这种小室房间中，在高于 340Hz 的声波经墙壁反射后会互相融合在一起，不会产生共振叠加，因而没有什么声染色的危害；但低于 340Hz 的声波经 3m 长的壁面反射后，如果墙面的吸声性能不好，某些低频成分的声波就会出现多次共振而引起回声，从而产生声染色问题，而这种小室的染色正好出现在语言和音乐的重要频段，严重时会连歌词和讲话都听不清楚。

对于像剧院、会场等大厅，因房间最小线度在 10m 以上，即 f_C 在 100Hz 以下，也就是说起声染色作用的孤立共振模式发生在不重要的低频段，即声染色问题显得不重要了。

9.2.2　音响工程的声场设计内容

举一个相似的例子：大家都知道音箱中喇叭单元和箱体的关系，很多人将国外有名的原厂喇叭单元包括分频器买回来，可是却无论如何也做不出来一只好听的音箱，主要原因就是箱体的声学结构问题没有解决好。专业音响工程中声场的设计就好比制作音箱时的箱体设计，一个好的声场的设计就好比制作音箱时设计箱体那样重要，一个好的声场会将音响设备的优点充分发挥出来，让人听起来非常舒服，而一个不合理的声场不仅不会给人以美妙的音响感受，还会使设备的表现水平降低。

一个基本的声场设计包括室内声场的处理与计算两大部分。声场的处理包括隔声的处理，现场噪音的降低，建筑结构的要求，声场均匀度的实现，声颤动、聚焦、反馈等问题的避免等；室内声场计算包括混响时间的估算、混响半径的估算、声压级的估算、扬声器电功率的计算等。

1. 室内声场的处理

（1）隔声的处理。隔声的处理涉及到建筑与外界的隔声、建筑内各房间的隔声；隔声的部位包括：隔墙的隔声、门窗的隔声、顶部相通房间的天花顶隔声等。

（2）现场噪音的降低。对于现场背景噪声的降低问题，除前面提到的隔声处理外，还要对噪声源进行降噪处理，例如，中央空调的风口噪音是否超标；排风机的噪音、大小、安装位置是否得当等等。

（3）建筑结构的要求。首先是建筑结构部分的长、宽、高的最佳比例，墙体的形状，控制室的位置设置等是否能满足避免房间共振或声染色的要求。其次是建筑结构能否满足音响工程中的音箱吊装、管线预埋、布线施工的要求。

（4）声场均匀度的实现。要实现一个均匀的声场，首先，建筑结构中应该没有明显的缺陷，例如，房间中不能有太多的立柱，墙面不能有较大的弧形结构，扩声范围内不能出现较大的声阴影区等；其次，在听音场所的装饰施工中，应尽量采用一些简单的提高声扩散效果的方案，例如，采用墙体水泥拉毛的方法，使声波产生漫反射，从而形成均匀声场，避免声聚焦；第三，合理地布置音响系统，尤其是调整音箱的摆放位置，直到现场声场最佳为止。

（5）声颤动、聚焦、反馈的避免。对于声颤动、声聚焦、声反馈带来扩声效果不佳的问题，都应该属于声场不合理造成的。产生声颤动的原因是，声音在厅堂内相对平行墙壁间来回反射，而墙面的反射性又很强，声能很难减弱，所以要求在装饰的时候不应出现两个反射性强的大面积平行面，也不应出现太多的反射性极强的玻璃、不锈钢结构；声聚焦一般产生于弧形墙面的前方，应在声聚焦发生的弧形面放置一些大件的装饰物品或悬挂幕布、窗帘等，以降低声聚焦发生的可能性；声反馈的前期预防比较困难，它与装饰材料在不同频点的吸声系数有关，除了合理选择吸声材料外，最终还需依靠后期的设备调试来完善。一般在工程完工后，要用信号发生器及频谱分析仪对扩声区域定点进行检测，利用设备的反复调试来弥补声场的不足。

2. 室内声场计算

（1）混响时间的估算。混响时间主要由室内建筑声学设计决定，对于声场设计而言，合理的混响时间会使音响系统的声场表现非常出色，给人的感觉就是声音饱满圆润，不拖沓，不干扰。因此，设计之前须先根据厅堂的体积和用途来选取一个合理的混响时间目标值，厅堂大则混响时间取长些，厅堂小则混响时间取短些；用于语言扩声的混响时间则取短些，用于音乐扩声的则混响时间取长些。

通常情况下，根据厅堂的大小及功能的不同，混响时间的推荐值（频率 500～1000Hz）可在 0.5s 至 2.0s 不等，厅堂越大，混响时间越长。厅堂容积为 1000m³ 的约 1.0s 左右，200m³ 的约 0.5s 左右。此外，用于语言扩声的混响时间应短些（如取 0.3～0.4s），可使语言的清晰度提高；用于音乐的混响时间可略长些（如取 1.5～1.8s），以增加音质的丰满度；多功能厅堂的最佳混响时间介于二者之间，可取 1.0～1.5s。

混响时间大小的估算，主要根据厅堂的结构尺寸及室内装饰材料的平均吸声系数来决定。简要的混响时间估算可按赛宾（Sabine）公式进行，其计算式为：

$$T_{60} = K \cdot V / A, \quad A = \bar{\alpha} \cdot S$$

式中，T_{60} 为声音衰减 60dB 的混响时间（s）；

K 是混响时间的一个统计学常数，它与湿度有关，一般情况下取值为 $K = 0.161$s/m；

V 为厅堂的容积（m³）；

A 为厅堂的总吸声量（赛宾）；

S 为厅堂的室内总表面积（m²）；

$\bar{\alpha}$ 为厅堂的平均吸声系数。

若室内各块内表面的材料不同，则总吸声量及平均吸声系数分别为：

$$A = \alpha_1 \cdot S_1 + \alpha_2 \cdot S_2 + \cdots + \alpha_n \cdot S_n$$

$$\bar{\alpha} = \frac{\alpha_1 \cdot S_1 + \alpha_2 \cdot S_2 + \cdots + \alpha_n \cdot S_n}{S_1 + S_2 + \cdots + S_n}$$

赛宾公式揭示了混响时间的客观规律，是一个高度简化的声学模型，现在一般用它来估算闭室的混响时间。

混响时间也可按艾润（Eyring）公式进行计算，其计算公式为：

$$T_{60} = 0.161 \cdot V / \left[-S \cdot \ln(1 - \bar{\alpha}) \right]$$

艾润公式适用于平均吸声系数 $\bar{\alpha} \geq 0.2$，体积不太大，声学性能较好的闭室。

厅堂内所用的各种装饰材料的吸声系数 α 可查阅《建筑声学设计手册》等相关书籍。计算中还应该考虑观众多少对混响时间的影响，空场的混响时间比满场的混响时间要长。

另外，在混响时间的具体取值上，还应与系统中接入延迟混响器的人工调控的情况兼顾，不应因为配备了延迟混响器而对厅堂本身的混响时间取值过小。因为实际中的声场混响声指的是声源产生的自然混响声，它是靠衬托直达声来显示其特殊性的，是为了使厅堂拥有恰当的"堂音"，这种"堂音"并不能完全依靠延迟混响器的人工调控来重现。

（2）混响半径的估算。室内某点的总声场大小由声源发出声波的直达声场及由周围墙壁、地板、天花板等界面反射的混响声场两部分决定，而直达声场的声压级是与距离的平方成反比，距离声源越远，直达声场越小，在声源的声中心轴线上的直达声场的声压级与混响声场的声压级相等的点的距离称为混响半径，又叫临界距离，用 R_C 表示，R_C 可用下式进行计算：

$$R_C = \sqrt{\frac{QR}{16\pi}} = 0.14\sqrt{QR}, \quad R = \frac{S \cdot \bar{\alpha}}{1 - \bar{\alpha}}$$

式中，R_C 为混响半径或临界距离（m）；

Q 为声源指向性因数（音箱的 Q 值由厂家提供）；

R 为反映该厅堂的大小与吸声情况的一个数值，称为房间常数；

S 为室内总表面积（m^2）；

$\bar{\alpha}$ 为厅堂的平均吸声系数。

在混响半径 R_C 位置，直达声压级与混响声压级相等；在小于 R_C 处，直达声压级大于混响声压级，是以直达声场为主；在大于 R_C 处，直达声压级小于混响声压级，是以混响声场为主。

（3）声压级的计算。声场设计的最后，还应该考虑声压级的计算，其目的不光是为了创造一个舒适健康的听音环境，同时还是为了给音响工程中的电气设计提供依据，为设备的选型提供参考。

基准声压选取的依据是使声压达到足够的声压级。通常，用于语言扩声的音响工程，基准声压级可以取 $70 \sim 80$dB；用于一般音乐重放的音响工程，其基准声压级可以取 $85 \sim 90$dB 作为计算的依据；同时为系统的扩声留下 $12 \sim 18$dB 的峰值余量及 $1 \sim 3$dB 的环境噪声余量，那么在平均的听音距离上，设计的额定扩声声压级应该是：$L_P = (85 \sim 90)$dB$+ (1 \sim 3)$dB。然后根据厅堂的实际扩声范围确定平均的听音距离 X，额定的声压级就应该是在此位置的实际声压级。

厅堂中的直达声压级由扬声器的灵敏度及加在扬声器上的电功率决定。扬声器的灵敏度单位是 dB/（m·W），即扬声器在得到 1W 的输入功率时，在其前方轴向 1m 处产生的声压级，所以，当加在扬声器上的功率为 P_L 瓦时，在其前方 1m 处产生的直达声场的声压级 L 分贝值为：

$$L = L_0 + 10\lg P_L$$

式中，L_0 为扬声器的灵敏度（dB/m·W）；

P_L 为加到扬声器上的电功率（W）。

当听音距离增加时，其直达声压级将减小。根据声压级与距离的平方成反比的定律，即距离增加 1 倍，声压级减少 6dB。则在距扬声器的听音距离为 X（m）处的直达声压级 L_X 为：

$$L_X = L - 20\lg X$$

式中，L_X 为在 X 处的声压级（dB）；

L 为距扬声器系统 1m 处的声压级；

X 为距离（m）。

根据上述两式可以得出如下重要结论：

① 若扬声器的电功率增加一倍，则声压级 L 增加 3dB，即 $10\lg (2P_L) = 3$dB$+ 10\lg P_L$。也可按如下粗略估算：P_L 为 2W 则 L 增加 3dB（即 $2 = 10^{0.3}$），P_L 为 5W 则 L 增加 7dB（即 $5 = 10^{0.7}$），P_L 为 10W 则 L 增加 10dB（即 $10 = 10^1$），P_L 为 20W 则 L 增加 13dB，P_L 为 50W 则 L 增加 17dB，P_L 为 100W 则 L 增加 20dB，P_L 为 1000W 则 L 增加 30dB。

② 若听音距离增加一倍，则声压级 L_X 减少 6dB。即 $20\lg(2X) = 6$dB$+ 20\lg X$。

例如，在轴向灵敏度为 92dB 的扬声器上加上 32W 电功率，则在距离扬声器 8m 处的声压级为：$L_X = L - 20\lg X = L_0 + 10\lg P_L - 20\lg X = 92 + 10\lg 32 - 20\lg 8 = 92dB+ 5 \times 3dB- 3 \times 6dB= 89$dB。

这里需要注意，根据上述计算所得的是直达声压级，不是室内该处的实际测量出的声压级。由于室内存在混响声场，因此实际测量出的声压级应该是直达声的声压级与混响声场的声压级的合成（两者能量的叠加）。在直达声场与混响声场相等的临界距离处，直达声压级与混响声压级相等，总声压级比直达声场或混响声场单独产生的声压级大一倍（3dB），当大于这一临界距离时，则是以混响声场为主，因而实际测量的总声压级总是大于计算出来的直达声压级。

在声压级的计算中，由扬声器的灵敏度 L_0、加在扬声器上的电功率 P_L 及听音距离 X 所计算的直达声压级 L_X，应达到该厅堂的所要求的额定声压级 L_P 并留有一定余量。

（4）扬声器电功率的计算。根据最大声压级要求（最大声压级要求比额定声压级要求增加约 15dB 左右）和扩声距离计算出离扬声器 1m 处应有的声压级。然后选定扬声器系统，根据扬声器系统（音箱）的灵敏度算出要求的电功率，看扬声器系统的额定电功率是否满足所计算出的电功率要求，再选择相应的功率放大器。

例如，要求某厅堂中距离扬声器系统（即音箱）8m 处的最大声压级为 104dB（即额定声压级可取 104dB-15dB=89dB），所选扬声器系统的灵敏度为 92dB/(mW)，试求扬声器系统上应加多少功率才能满足声压级要求？

首先，根据 $L_X = L - 20\lg X$ 可知：在 8m 处要达到 89dB 的额定声压级，则距扬声器系统 1m 处的声压级应为 $L = L_X + 20\lg X = 89\text{dB} + 20\lg 8 = 89\text{dB} + 18\text{dB} = 107\text{dB}$。

然后，根据 $L = L_0 + 10\lg P_L$ 及扬声器系统的灵敏度 L_0 可求得：需要加在扬声器系统上的电功率为 $P_L = 10^{(L-L_0)/10} = 10^{(107-92)/10} \approx 32 \text{W}$。也可以按下面的方法计算：由于距音箱 1m 处的额定声压值与音箱灵敏度的差值为：$L-L_0=107\text{dB}-92\text{dB}=15\text{dB}$，而与此有关的概念是：输入功率增大一倍，则音箱在其前方 1m 处产生的声压级提高 3dB。所以要求加在音箱上的电功率为：$P_L = 2^N$ (W)，而 N=（额定声压级分贝值 L-音箱灵敏度的分贝值 L_0)/3dB=5，则 $P_L = 2^N = 2^5 = 32\text{W}$。

根据上述计算可知，当选用灵敏度为 92dB 的音箱时，若在音箱上输入 32W 的电功率，则可使该厅堂中距音箱 8m 处的直达声场的额定声压级达到 89dB 的要求。但要注意的是，在实际使用中，音箱输入的音频节目信号幅度变化的动态范围是相当大的，当音箱输入平均电功率为 32W 的音频节目信号时，音箱的额定功率不能就选用 32W 的，考虑到实际音频信号中的瞬态峰值大信号，应当再增加到 8～10 倍左右（注：如果音响系统只是背景音乐的扩声，可以只增加到 4.5 倍左右），即音箱的额定功率应选用 250W～350W 为宜，这样可使音箱的输出声压级再增加 9～10dB，以保证音频节目信号中的瞬间峰值信号不失真，达到高保真的要求。

当然，在上例中若要使声压级再增加 15dB（即 $L-L_0$=30dB），使之达到最大声压级（音箱 1m 处的 L=107+15=122dB）要求，则输入的电功率就得再增加 2^5 倍，即 P_L=1000W。不过，在需要的额定功率过大时，通常的单只音箱是难以达到的，需用多只音箱组合使用。

至此，声扬的设计便基本结束，其后的工作就是与建筑装饰单位密切配合将设计要求付诸实施。

9.2.3 音响设备的选择

在音响工程的设计过程中，应该对国内外主要专业音响产品和有名的音响公司有一定的了解，然后根据实际工程的要求加以选择。近年来，国内专业音响设备有了很大的发展，但与进口名牌产品相比尚有一定的差距。在专业音响领域，特别是有一定档次的专业音响系统中，国外名牌产品设备在国内市场上占有很大的份额。下面从工程设计角度着重叙述主要音响设备的选择。

1．调音台

调音台是专业音响系统的控制中心和心脏。调音台的种类繁多，性能各异，功能和售价也有较大的差别，因此在设计时要视工程实际情况加以选择。一般来说，设计时主要考虑如下几个方面：

（1）根据工程规模与功能要求，确定使用节目源的数量和种类，以便选择相应输入路数的调音台，并留 2～3 路备用即可。然后根据系统要求，看看需要多少个输出端口，是否需用辅助输出和编组输出方式。

（2）根据用途和演出的要求，是否选用带功放的调音台。一般带功放的调音台价格便宜，接线简单，使用方便，既可作固定使用，又便于流动演出。但带功放的调音台（往往还内设混响器和图示均衡器）的性能指标要比专用调音台低些。

（3）根据投资规模和性能价格比，确定选用什么厂家、什么型号的产品。这一条难度较大，它要求设计人员对国内外各种调音台的技术性能、质量好坏和价格情况有充分的了解。

对于以扩声为主的专业音响而言，英国声艺（SOUNDCRAFT）公司的调音台是性价比高，特别适合现场演出用的名牌调音台之一，而且该公司调音台产品种类很多，例如有录音用、现场演出用、歌舞厅用、卡拉 OK 厅用、大型演出用、音乐厅和剧场用等各类调音台可供选用。

此外生产扩声用的调音台的知名厂家还有：SOUNDTRACK（声迹）、SOUNDTECH（声技）、YAMAHA（雅马哈）、MACKIE（美奇）、MONTARBO（蒙特宝）、BELL（贝尔）、MASTER（玛斯特）、EV（电声）、SONY（索尼）等。

（4）根据厅堂的大小与使用功能，确定调音台的输入路数。对于输入路数的考虑，以音响工程中最常见的歌舞厅为例，一般中、小型规模歌舞厅（100～300m²）可采用 8～16路；而大、中型歌舞厅（300m² 以上）采用 16～24 路；至于 32 路以上的大型调音台，多用于专业文艺录音制作或电视台等专业场合，以适合小型乐队演奏和歌手演唱等需要。如果是迪斯科舞厅，对于中小型迪斯科舞厅通常选用 4～6 路的小型迪斯科调音台（又称 DJ 调音台），这类调音台还专门配有"交叉电位器"功能，主持人只用一只手即能使两路输入到调音台的音频信号一路由强渐弱，而另一路由弱渐强，从而使伴舞音乐自然地不间断地连续播放。如果歌舞厅兼作卡拉 OK 厅，则原有的调音台也可以身兼两职，只需把音频播放设备的音频输出（Audio out）信号接至调音台的线路输入（Line in）端即可。至于单一功能的卡拉OK 厅，往往不设调音台，只设 AV 放大器或卡拉 OK 放大器即可，因为卡拉 OK 演唱通常只需 1～2 路传声器输入，再加一个播放伴奏音乐立体声线路输入。

2．传声器（话筒）

传声器的选择，通常以使用场合、使用目的以及传声器的性能指标和音质音色等为选择原则。一般而言，在需要高质量的播音和录音时，可选用电容式传声器；在作一般语言扩声时，可用动圈式传声器。在环境噪声较大时，可选用方向性强的传声器。为了减少声反馈，卡拉 OK、歌舞厅大多采用心形、超心形的指向性传声器。

3．功率放大器

专业音响设备与家用音响设备在设计思想上有较大的不同，因此家用功放（包括 Hi-Fi 功放）是不适用于专业音响系统的。歌舞厅音响系统的一个重要特点是要求强劲的输出功率，特别是在播放迪斯科音乐时需要有相当大的音量，其浑厚的低音足以振动跳舞者的身体内脏，所以面积为几十至一、二百平方米的迪斯科舞厅，通常都采用几百瓦甚至上千瓦的大功率专业功率放大器。所以，对于歌舞厅等厅堂，都应有充分的功率储备，用以确保乐音的高峰信号不致被削波。通常要求功放的功率余量（即功率储备量），在语言扩声时为 5 倍以上，音乐扩声时为 10 倍以上，亦即需给出 10dB 左右的安全余量。某些高档歌舞厅或夜总会的音响系统最大输出功率甚至十几倍或数十倍地高于正常扩声所需的功率。

至于功能单一的卡拉 OK 歌厅，则对功率放大器的要求有所不同。由于卡拉 OK 歌厅通常面积不很大（约 $40 \sim 60m^2$），而且作为歌曲欣赏并不适宜过大的音量，所以功率放大器的功率仅用 100W 至数百瓦左右就足够了，主要是对保真度、频响和信噪比等指标的要求要高。

4．音箱（扬声器系统）

音箱（扬声器系统）是音响系统中最关键的设备之一，它的质量好坏，直接影响音质的好坏。许多歌舞厅经营者在宣传自己音响设备的档次时，也往往以所用音箱的品牌为主。目前，专业音箱以美国的产品最为有名。其中著名品牌有 JBL、EV、BOSE（博士）、ALTEC（阿尔塔克）、MEYERSOUND（美亚）、Community（C 牌）、APOGEE（爱宝奇）、EAW 及法国的 NEXO（力素）等。

歌舞厅为了获得较大功率和强劲低音，多数采用 380mm（15in）或 450mm（18in）的大口径低音纸盆扬声器，其高音单元则多选用号筒式高音扬声器或大功率高音纸盆扬声器。家用音箱用的球顶高音扬声器虽然音质甚佳，但功率太小，很容易烧毁，不适用于歌舞厅。

至于单一功能的卡拉 OK 歌厅，由于面积较小和需要的音量比歌舞厅小，故一般不选用高声级、高灵敏度的大口径娱乐级音箱，而适宜选用声音较柔和而逼真的专业级监听音箱。

5．音频节目源设备和信号处理设备

除了传声器以外，音频节目源设备有光盘唱机和调谐器等，现在更多的是采用 MP3 播放器及电脑中下载的音乐与歌曲。实际上，高质量的家用音响设备的信号源一般也可以用于专业系统。当然，对于要求指标（主要是频响、动态范围、谐波失真和信噪比）特别高的专业系统，则须精心选择优质的专业用信号源设备，但在选配时应注意各设备的性能指标在同一档次，并且功能相互配合。

信号处理设备，即图示均衡器、压限器、激励器、反馈抑制器、混响器、延迟器、数字信号处理（DSP）效果器等。这些处理设备以美国和日本的产品著名，如美国的 LEXICON（莱思康）、RANE（莱恩）、dBX、DOD、APHEX（爱普士）、SYMETRIX（思美），日本的 YAMAHA（雅马哈）、VESTA（威斯特），还有德国的 EMT 公司等。信号处理

设备的选择，视系统规模和功能要求而定。

9.2.4　音箱的布置及其对音质的影响

1．音箱布置的一般原则

现代音响系统有单声道、双声道立体声和多声道环绕声等。纯语言扩声系统可以采用单声道，但现代节目源如 CD 机、DVD 机、录音座等普遍采用立体声，因此在卡拉 OK、歌舞厅中的音箱布局往往是以双声道立体声为基础发展而来，这样可以放送立体声，即使放送单声道，其效果也很好。应该指出，音箱的布局应与厅室结构和室内条件统一考虑，由于房间情况各不相同，音箱布置方式也不尽相同，主要以实际放音效果为准，不必强求一律。

（1）要求音箱左右两侧在声学上对称。这里是指两侧声学性能的对称，而不是视觉上的对称。例如，一面是砖墙，另一面是关闭的玻璃窗，尽管看上去两侧不对称，但就声反射的声学性能而言两者还是相近的；但若一面为砖墙，另一面为透声材料如薄木板或打开的窗，那就不对称了。此时应在木板一面尽可能减少声音走失，或在砖墙一面铺设吸声材料，使两面的吸声性能尽量平衡。

（2）音箱的布置不能太靠近两边侧墙。一对音箱是放在房间长边还是短边，并无定论，主要视房间布置方便而定，两个音箱之间的距离视房间的大小而定。但为了减小侧墙反射对节目音质的影响，音箱不能太靠近两边侧墙，一般要求距离侧墙在 0.5m 以上。如果音箱距离侧墙足够远，则侧墙的影响可以忽略不计，即可以不管两侧声学性能是否对称。

（3）正方形房间的音箱布置是以角为中心的对称布置为好。正方形或接近正方形的房间在声学上是不理想形状的房间，容易引起声染色效应，这时比较好的音箱布置是以角为中心的对称布置，并且最好在墙壁上铺以吸声材料。

（4）音箱的布置要考虑它的最佳听音区域。一般来说，最佳听音位置是在与一对音箱分别处于等边三角形的一个顶点，即与两音箱的距离相等、张角成 60°的位置，如图 9.3 所示，图中 A 点与两音箱张角为 60°。一般听音点与音箱的张角在 50°以上为好。但听音者若离音箱太近，则声像群难以正确地展开，不过也不能离得太远，否则两组音箱等于合并成一组，变成了单声道听音。

（5）音箱的布置要与室内吸声条件相适应。为了利用早期反射声，通常听者房间在声源（音箱）一端的墙面（即听者面对的前墙面）不设置强吸声材料而形成反射壁，以保持足够的反射声能，而后墙则做成高度吸声。这种布置有利于立体声声像展宽和响度感，但对声像定位和避免声染色有不利的影响，故也有人提出采用前墙和前侧墙都吸声而后墙铺以幕布的方式。利用幕布进行吸声处理是卡拉 OK、歌舞厅常用的简便方法，幕布应尽可能厚实些，其面积可以调节，一般幕布皱褶越多，吸声效果越强。幕布不要贴墙挂，应与墙壁间距 10～20cm。

2．音箱摆法及其对音质的影响

（1）音箱的指向性。音箱的指向性是描述扬声器把声波散布到空间各个方向去的能力，通常用声压级随声波辐射方向变化的指向性图表示，图 9.4 表示了音箱的垂直指向性，而图 9.5 表示了音箱的水平指向性。

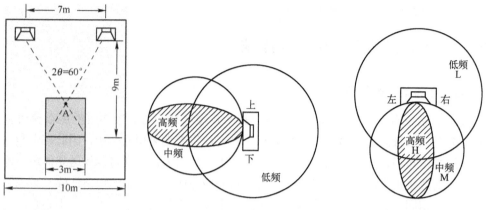

图 9.3 音箱布置与最佳听音位置　　图 9.4 音箱的垂直指向性　　图 9.5 音箱的水平指向性

　　音箱的指向性与频率密切相关，频率越高，声压分布越窄，指向性越强；频率越低，声压分布越宽，指向性越弱。一般频率在 300Hz 以下无明显的指向性，在 1.5kHz 以上指向性比较明显起来。频率越高，声波束越窄，在扬声器偏旁听到的就越少。低频的指向性几乎是以音箱为中心的一个圆，表示各方向的声音一样响；中频的指向性比较明显，呈宽波束。当人们围绕音箱走动，正面轴向的声音最大，到达背面时声音的响度就逐渐降低；高频的声波辐射仅是正面轴向一宽束（见图 9.4 和图 9.5 中的阴影区）。音箱的水平指向性和垂直指向性大致都是这样。

　　（2）音箱与地面和墙面的距离对低音的影响。音箱摆位的不同会使音箱与地面及墙面的距离不等。由于音箱发出的低音无明显的指向性，因而当音箱距地面和墙面较近时，地面和墙面对低音的能量反射就较大，所以音箱与地面、墙面的距离大小主要影响低音，音箱与墙、地面越靠近，低音增强越大。

　　下面以常见的放在地上的情况进行说明，地板和墙壁通常为混凝土结构。如图 9.6（a）所示，如果将音箱直接放在地上，则由于低频声能量受地面、墙壁的大量反射而使低频声过强，从而不自然地加重了低音而引起轰鸣声。图 9.6（b）所示是离地面和墙壁都比较远的放法，这时由于低频声的能量反射弱而感到低音不足。因此上述两种放法不妥，且还会使高频声不能有效地到达人耳。图 9.6（c）是比较适中的高度和位置，此时高频、中频、低频的能量相接近，而且考虑到背后墙壁和侧墙的反射，使中频和低频的能量比较适当。适当的高度大致是音箱的高频单元与聆听者的耳朵齐平，或者说音箱的台脚高度大致是低频单元的口径的 1～2 倍。音箱与背后墙壁的间距对一般厅堂来说约为 10～20cm。

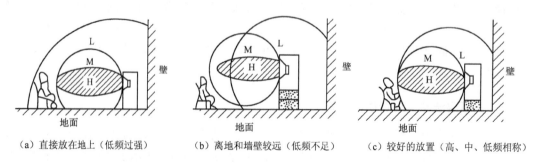

（a）直接放在地上（低频过强）　　（b）离地和墙壁较远（低频不足）　　（c）较好的放置（高、中、低频相称）

图 9.6　音箱与地面和墙面的距离对低音的影响

（3）音箱的各种摆法对低音的影响。音箱的摆法有多种，可以放在地上、台架上、桌上或挂在墙上。由于不同的摆法会使音箱与地面及墙面的距离不同，因此音箱的摆法不同则对低音的影响也不相同。

表 9.2 表示音箱的各种摆法对低音的影响。表 9.2 中（1）为音箱孤立悬空在房间中央，离地板、墙壁、天花板都有较大的距离；（2）为音箱挂在墙上或埋在墙中，且离侧墙有一定距离，此时低音比（1）增强了一倍，即 6dB；（3）中的 a 与（2）的情况相似，低音增强了一倍，而 b 是音箱放在贴近后墙的地面上，低音将比（1）增强为 4 倍，即 12dB；（4）是音箱放在贴墙的架或立柜中的情况，它与（3）情况类似；（5）是音箱放在地面的墙角处，低音将比（1）增强为 8 倍，即 18dB。低音之所以会增强的原因是因为原来（1）向 360°空间发射的声能，在（2）～（5）中分别被集中在 180°、90°、45°的窄小空间内，因此低音的声能被增强了；低音增强起始频率与低音单元的口径大小有关，一般从 100Hz 或几百赫兹开始。

表9.2　音箱的摆法对低音的影响

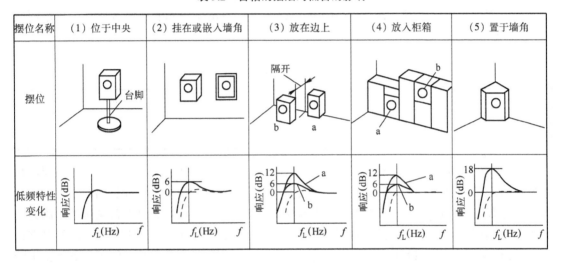

因此，要想在听音房间中获得最佳的低音效果，必须进行多次尝试，变更音箱的摆法，这对容易引起低音"轰鸣"的房间尤为重要。有时音箱适当升高或稍离侧墙、后墙就会获得明显的改善，例如，若听音感觉明亮度差，声音含糊不清，这主要是由于低音过多，缺乏中高频等造成的，如果不是扬声器本身特性造成，则房间的驻波效应引起的轰鸣声是一个重要原因，特别是听音者背后墙壁的强反射所致。为此，可以把音箱面稍微向上，而且在背后墙壁放置吸声较好的书架和厚帘布。此外，还要注意靠近音箱的天花板上的荧光灯或室内物体是否有共振产生，并防止音箱本身的振动传至地板。

为了使音箱有适当的高度，通常在音箱下面设置台脚。台脚的材料有水泥、木材和铁材等，不论何种材料，应以重而结实的为宜。不要使用中空的箱体作台脚，否则容易引起箱共鸣而造成中低音的轰鸣声。也可以用混凝土块作台脚，简单实用。台脚下的地板必须坚实，否则地板（如木板）就成了振动板，会把音箱传来的低频振动增强，使音质变得混浊或含糊不清。如果地板是不坚实的木板，则应在台脚下放一块坚实的水泥板，并在音箱四角与台脚之间加橡胶垫等减振措施。

9.3　音响工程设计举例

本节以一个机关礼堂的音响工程为例说明其音响工程的设计。该机关礼堂平时作为会议厅用，有时也用来文艺演出，实际上可以看作多功能厅。观众厅的长 25m，宽 25m，平均高 7.5m，无眺台。还有一个镜框式舞台，会议时作为主席台用，演出时作为舞台用，没有乐池。观众厅设 936 个座位，容积 V 为 4670m³，室内总表面积 S 为 1950m²。

9.3.1　室内声场设计

1. 混响时间的估算

根据室内各部分装修所用的吸声材料与吸声结构、布置，结合吊顶、舞台口，墙面、走道地面、门、玻璃窗、座椅等具体情况，由简单混响时间计算公式 $T_{60} = 0.161 \cdot V / A$ 和总吸声量计算公式 $A = \alpha_1 \cdot S_1 + \alpha_2 \cdot S_2 + \cdots + \alpha_n \cdot S_n$，可估算出空场和满场时各频率的混响时间 T_{60} 如表 9.3 所示。

表 9.3　混响时间计算值

频率/Hz	125Hz	250Hz	500Hz	1kHz	2kHz	4kHz
空场混响时间 T_{60}	2.4	2.8	1.8	2.1	2.6	2.3
满场混响时间 T_{60}	2.2	1.7	1.6	1.8	1.6	1.5

需要说明的是各种吸声材料的吸声系数并不是非常精确的，因为生产厂家的不同，材料性质可能有差异，另外还有吸声结构的安装上也会有差异，所以最后计算出的参数供设计参考。还有用来计算混响时间的计算公式本身并没有保证计算的结果是非常精确的，因为公式本身是利用统计方法建立的，如果各种参数都是比较准确的，那么计算结果误差也许在10％以内。事实上建声设计的结果，在最后完成装修后，各频率的混响时间还要靠测试来验证，必要时还要适当调整才能达到预定要求。所以计算过程中不必选取太多有效位数值，那种为了数据精确，计算过程中保留小数点后很多位的作法只增加计算的工作量，对工程设计毫无贡献。

对照多功能厅堂混响时间的要求，由表 9.3 所列计算结果中可以看出，空场混响时间比较长，但是满场混响时间不算太长，属于多功能厅混响时间的上限。由于这是一个机关的礼堂，装修上没有花很多费用，所以满场混响时间能做成这样也算可行了。当然这些数据都属于理论计算数据，最后还要根据实际测量结果来判断，如果实际测量结果比理论计算值大很多的话，则需要在装修上作适当调整，以期达到使用要求，如果与理论计算结果相近，则不必再花时间和费用去调整了。

关于混响半径 R_C 的估算，可以根据厅堂的总表面积 S，平均吸声系数 $\bar{\alpha}$，以及音箱的指向性因数 Q，由 $R_C = 0.14\sqrt{QR}$ 和 $R = S \cdot \bar{\alpha} / (1 - \bar{\alpha})$ 来估算该厅堂的混响半径 R_C，在混响半径（也称临界距离）处的直达声压级与混响声压级相等。现在，该厅堂的总表面积 $S = 1950$m²，当满场 500Hz 的 $\bar{\alpha}$ 取 0.2 时，如果音箱的指向性因数 Q 取 7.5，则可求得该厅堂的混响半径 R_C 约为 8.5m；若 $\bar{\alpha}$ 取 0.2，Q 取 8.5，则可求得 R_C 约为 9m；如果 $\bar{\alpha}$ 取 0.15，Q

取 8.5，则 R_C 约为 7.6m。

从上述估算出的混响半径来看，由于没有眺台，只有一层观众席，所以在主音箱选择合理、放置位置和角度合理的情况下，即便不加后场补声音箱也完全能满足语言清晰度要求。到此，可以进行下一步的设计工作了，即选取合适的音箱型号，根据所选的音箱尺寸选择合适的放置位置和方法，以及合适的角度。

2. 声压级的计算

声压级的计算是声场设计的主要项目。声压级的计算内容主要是确定电声功率，选定扬声器系统及功率放大器。

（1）声压级标准的确定。首先根据本设计的厅堂属于机关内部礼堂，主要功能是平时开会用，有时也作为演出场所使用，所以根据多功能厅堂扩声系统声学特性指标中语言与音乐兼用厅堂的一级标准，选择最大声压级取≥98dB。当然具体取什么样的标准，还得与用户商量才能确定，如果用户要求较高，就要选用音乐一级标准，这时的最大声压级应≥103dB。

（2）音箱的选择。因为厅堂中的实际声压级的大小是由音箱的灵敏度及加在音箱上的电功率而获得的，因此在声压级的计算中首先要对音箱进行选择。

音箱的选择首先是根据厅堂功能的频响要求考虑采用全频带音箱还是采用分频方式的音箱。二分频音箱为低音音箱+中高频音箱；三分频方式的音箱为低音音箱+中音音箱+高音音箱。如果厅堂的声学特性要求不是很高，则采用全频带音箱的音响系统组成较简单，所需的功率放大器少，造价相对较低。但若厅堂的频响要求较高，如要播放迪斯科音乐等低音，就得选用超低音音箱才能对低音有出色的表现，这时就需采用超低音音箱+中高频音箱的组合方式。

① 选用全频带音箱。全频带音箱的选用主要依据其灵敏度、频率响应、额定功率、标称阻抗与指向性等参数进行选择。全频带的音箱品种很多，本设计中以某品牌的二分频全频带音箱（型号：MS112）为例来说明其声压级的设计，通过该音箱各项技术参数，可以帮助我们对一般音箱的性能指标与特性的概念有一个大概的认识。MS112 音箱的各项技术指标如下。

频率范围（-10dB）：55Hz～18kHz；

频率响应（-3dB）：78Hz～14kHz；

水平覆盖角（-6dB）：85°/500Hz～16kHz/平均；

垂直覆盖角（-6dB）：85°/500Hz～16kHz/平均；

指向性因数 Q：9.9/500Hz～16kHz/平均；

指向性指数 DI：10.0dB/500Hz～16kHz/平均；

系统灵敏度：98dB/1W/在 1m 处；

额定最大声压级：129dB/在 1m 处；

系统标称阻抗：8Ω；

系统输入功率额定：300W（IEC）/1200W（峰值）；

推荐功率放大器：400W；

分频点：1.6kHz；

换能器（扬声器单元）：低频单元为 M222-8，300mm（12in）/ 纸盆；

高频单元为 2418H，25mm（1in）喉部 / 钛膜；

输入连接器：2×NL4 Neutrik Speakon 连接器；

尺寸：586mm×387mm×403mm（23.05in×15.25in×15.87in）；

净重：22.7kg。

② 选用分频方式的音箱。如果考虑到要播放迪斯科等音乐的低音或超低音效果，则应配置超低音音箱。为简单起见，可以选择电子二分频方式，每一路音频信号用一只超低频音箱再配一只中高频音箱来播放。另外根据厅堂的声学特性指标，播放音乐时的最大声压级的要求也要高得多，达到音乐一级指标时的最大声压级应≥103dB。

此时，中高频音箱可采用 JBL 的 SR4722，其功率为 600W，阻抗 8Ω，在 1m 处最大声压级达 126dB；超低音音箱可采用 JBL 的 SR4718，下限频率为 30Hz，同样为 600W，阻抗为 4Ω，1m 处最大声压为 126dB。两只音箱配合起来其最大声压级（1m 处）为 127dB（这是因中高频音箱 SR4722 不是工作在满负荷状态，低频部分已被切除）。SR4722 具有 100°×100° 水平及垂直指向性，能使整个厅堂得到很好的覆盖。该系统的分频点定为 200Hz，使用 JBL 的 M552 双声道电子二分频器。

（3）声压级的核算与电声功率的确定。首先对声压级进行核算：当该厅堂采用一对 MS112 全频带音箱作双声道立体声放音时，根据该音箱的灵敏度与额定功率，核算该音箱能否达到语言与音乐兼用扩声系统一级指标的最大声压级（≥98dB）的要求。

从上面 MS112 全频带音箱的技术指标中可以看出，其灵敏度为 98dB，额定功率为 300W，一般实际使用时，节目信号的有效值功率应该控制在额定功率的 1/8 以内，也就是降低 9dB 使用，推荐降低 10dB 使用，以保证节目信号的峰值因数（节目信号中的瞬时峰值与有效值的比值）大于等于 4，达到高保真扩声要求。所以实际播放节目时的功率初步确定为 30W 电功率，现在计算在此电功率时，距离音箱 1m 处的直达声压级为：

$$L = L_0 + 10\lg P_L = (98 + 10\lg 30)dB = (98 + 14.77)dB = 112.77dB$$

取该厅堂的直达声压级与混响声压级相等的临界距离（混响半径）为 8.5m 时，看该处的声压级能否达到≥98dB 的要求。

在距音箱 8.5m 的混响半径处，该处的直达声压级为：

$$L_X = L - 20\lg X = (112.77 - 20 \times 0.93)dB = (112.7 - 18.6)dB = 94.17dB，$$

取整数为 94dB。考虑到扩声时主音箱不是一只，而是一对，即左声道和右声道各有一只音箱，使声压级约增加一倍（3dB），则实际的直达声压级约为 97dB。此外，该处除直达声场外还有混响声场，该处的直达声压级与混响声压级近似相等，可使总声压级再增加 3dB，所以在距音箱 8.5m 处已经满足声压级≥98dB 的要求。

在厅堂的前排，直达声场声压级大于混响声场声压级，以直达声场为主；在厅堂的后排，混响声场声压级大于直达声场声压级，以混响声场为主。所以室内的声场分布已基本符合确定的最大声压级 98dB 的要求，况且声学特性指标标准中的最大声压级指的是测量用噪声信号的峰值因数在 1.8～2.2 之间，在测量后的 RMS（有效值）声压级基础上要加上峰值因数的 dB 数，以峰值因数等于 2 计算，则要加上 6dB。所以在音箱的额定功率降低 10dB 使用时，即当音箱的额定功率为 300W，而实际播放节目时的功率确定为 30W 时，只要最大声压级达到 98-6=92dB 即满足要求，选用一对 MS112 音箱、使用电声功率为 30W 时，可以满足该厅堂的最大声压级取≥98dB 的指标要求。

如果该厅堂的低音频率特性指标要求较高而要选用分频方式的音箱时，可根据所选的中高频音箱 JBL SR4722 和超低音音箱 JBL SR4718 的技术参数，仿照上述过程进行核算。每个声道由 JBL SR4722+JBL SR4718 两只音箱配合起来的最大声压级（1m 处）为 127dB。左右声道共用 4 只音箱。已满足最大声压级及频率特性的要求。当然，如果声压级不够，还可在每个声道中增加音箱的数量。

3．功率放大器的选定

功率放大器的选型应该根据所用音箱的额定功率及标称阻抗来选择，也就是阻抗匹配与功率匹配。一般来说，对于专业扩声系统，除了两者的阻抗匹配外，推荐定阻功率放大器的额定功率比定阻音箱的额定功率大 3dB，也就是功率大一倍，即为功放与音箱之间较好的功率匹配。如果音箱的生产厂家在音箱的技术指标中推荐了功率放大器的功率时，可采用音箱技术指标中所推荐的功率。

以上面所选 MS112 全频带主音箱的额定功率为 300W 为例，则照理所选功率放大器的额定功率以 600W 为好，但在所选的 MS112 二分频全频带音箱的技术指标中，生产厂家已说明了推荐功率放大器的额定功率为 400W，所以在选择功率放大器额定功率时，可以考虑在 400～600W 之间选择功率放大器的额定输出功率。

当所选择的音箱为前述的超低频音箱＋中高频音箱的分频音箱方式时，中高频音箱为 JBL 的 SR4722，功率 600W，阻抗 8Ω；超低音音箱为 JBL 的 SR4718，功率 600W，阻抗为 4Ω。根据 SR4722 与 SR4718 的技术参数，选定 JBL 的 MPA600 功放推动中高频音箱 SR4722，该功放每个声道在 8Ω 负载下可输出 400W 额定功率，足够中、高频的重放之用；超低音音箱 SR4718 使用 JBL 的 MPA750 功放推动，它每个声道在 4Ω 负载下有 750W 额定功率输出。因为低频信号幅度很大，功放的储备功率应大一些，不容易产生削波失真。

4．音箱的摆放位置

音箱的摆放位置的不同会直接影响厅堂的声场分布。根据该使用场所的实际情况、功能要求的高低、所选音箱的情况，音箱的摆放位置有下列几种方案。在图 9.7 中画出了几种音箱摆放情况，其中图 9.7（a）是礼堂的顶视图。

（1）第一种方案。在整个厅堂中只设置音箱 A、B、C、D 四只，其中音箱 A、B 为主音箱，音箱 C、D 为给前排主音箱覆盖不到的前几排观众补直达声，并且起到拉声像的作用。主音箱 A、B 放置在台唇上方，或者说台口前上方，这种方案的前提是此位置允许放置音箱，也就是建筑结构承重有保障，有马道便于安装与维修，这种方案属于最佳方案。

主音箱的角度设置见图 9.7（b），音箱主声轴对准倒数第 4 排至第 6 排距地 1.2～1.3m 处，也就是那一排观众的耳朵高度，具体在哪一排要看观众厅的长度。这样设置角度的优点是直达声场比较均匀，因为音箱辐射的直达声场以主声轴上为最强。以上面选择的二分频全频带音箱为例，指标中垂直覆盖角为 85°，以主声轴为中心，上下的有效覆盖角均为偏离主声轴 42.5°，但是在同样半径的情况下，偏离主声轴 42.5°的位置比主声轴位置的直达声声压级要低 6dB，当如图 9.7（b）所示放置主音箱 A、B 时，前排、中排、后排听众离开主音箱的距离有差别，后排听众离开主音箱的距离远，按照直达声场的平方反比定律，直达声场声压级降低得比较多，但是处于直达声场最强的音箱主声轴附近，而前中排听众离开主音箱的距离近，直达声场声压级降低得比较少，但是处在直达声场比较小的偏离音箱主声轴的位置，并且前排比中排距离音箱近，但是前排比中排偏离主轴角度大，所以总体上前后排听众处的直达声场声压级相对比较均匀。音箱 C、D 可放置在台口两侧，显然，音箱 C、D 比主音箱 A、B 离前排观众近，所以音箱 C、D 的声音要比主音箱 A、B 的声音先到达前排观众处。根据人耳听觉特性的哈斯效应现象，听众的主观感觉会认为声音就是从拉声像的音箱 C、D 处传出来的，达到拉声像的目的。

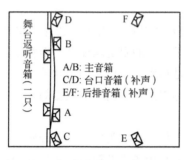

A/B: 主音箱
C/D: 台口音箱（补声）
E/F: 后排音箱（补声）

（a）厅堂顶视图与音箱分布

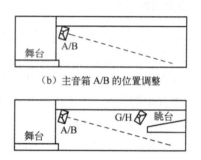

（b）主音箱 A/B 的位置调整

（c）厅堂设有眺台时的情况

图 9.7 几种音箱摆放示意图

（2）第二种方案。当台口上方不允许放置主音箱时，可以考虑将主音箱放置在台口两侧，根据第一种方案的同样原理，音箱高度应该放置在高一些的高度，以利于声场均匀，此时最好能将音箱埋置在墙面内，表面装饰钢网加音箱布，颜色最好与墙面相同，放置的俯角也要合适才行。

（3）第三种方案。如果对厅堂扩声系统的声学性能要求比较高，则无论第一种方案或第二种方案中的主音箱可以不用全频带音箱，而改用由低频音箱加中高频音箱组成，甚至由低频音箱、中频音箱加恒指向高音号筒组成，并且可以每边用两只恒指向高音号筒，一只恒指向高音号筒投向近处观众席，称为近投，另一只恒指向高音号筒投向远处观众席，称为远投，以便指向性强的高频的直达声场更均匀。但是此时组成一路扬声器系统的低频音箱、中频音箱、恒指向高音号筒必须是经过严格选择的，不是任意拿三种音箱就能组成性能良好的系统的，最好选择厂家产品目录中推荐组合的配套产品，并且根据厂家推荐的分频点来分频。这种方案应该在主音箱通路中加上电子分频器。

（4）第四种方案。假设厅堂的后面设有眺台，如图 9.7（c）所示，则应该考虑是否需要为一层的后排，也就是眺台下的观众席增加补声音箱的问题，如果主音箱辐射到后排的中高频直达声会被眺台阻挡，在后排观众席处形成缺少中高频直达声的声影区，则应该在侧墙的靠后适当位置加挂补声音箱，例如图 9.7（a）所示中的音箱 E、F，还可以考虑为眺台上观众席增加补声音箱，例如图 9.7（c）所示中的音箱 G、H。所有补声音箱由于离开相应服务的观众席的距离比较近，所以音箱辐射的声压级不必太高，可以选择额定功率相对比较小的音箱，相应地音箱的体积也会比较小，当然所有补声音箱的通路中都应该增加延时器，以便补偿主音箱（A、B）与补声音箱（E、F 或 G、H）到观众席的声程差。

所有音箱的安装必须牢固，高度不能太低，以免伤及观众，并且应该考虑相对比较美观。最后不要忘了给舞台上的演员配置返送音箱。

9.3.2 扩声系统设计

根据声场设计而确定的电声功率、音箱的型号与功率放大器的选配、音箱的摆放位置与数量，就可以设计扩声系统的组成框图，并配置系统设备。

1．扩声系统组成框图

扩声系统的组成框图见图 9.8 所示，在这张扩声系统框图中，主音箱采用由低频音箱和中高频音箱组成的扬声器系统，所以在主音箱通路中加入了相应的电子分频器，并且使用两台功率放大器，一台用来推动左、右路的低频音箱，一台用来推动左、右路的中高频音箱。

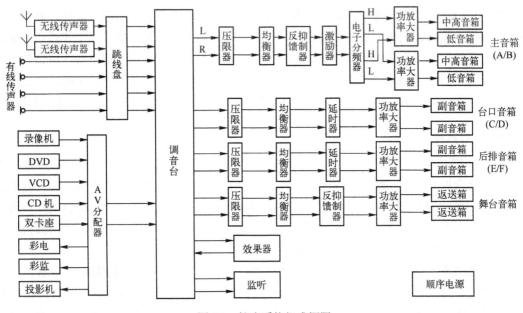

图 9.8 扩声系统组成框图

2．主音箱通路

主音箱（A、B）通路的信号取自调音台的主输出，也就是立体声 L、R 输出。由于主音箱采用了由低频音箱加中高频音箱组成，所以通路中加入双路二分频器。如果准备用低频音箱加中频音箱和恒指向高音号筒组成主扬声器系统（主音箱 A 和 B 均由低频、中频、高频 3 只音箱组成），则应选择三分频的电子分频器，分频点的频率由所选音箱的频点确定。因为大多数电子分频器是可以接成两路两分频，或一路三分频的，有的电子分频器可以接成两路三分频的。如果选用一路三分频的电子分频器，则主音箱通路要使用两台电子分频器，左、右声道各一台电子分频器；如果选用两路三分频的电子分频器，则使用一台就可以了。不论使用那种电子分频器，其功率放大器都应该改变成使用三台，一台功率放大器用来推动2 只低频音箱，一台来推动 2 只中频音箱，一台用来推动 2 只恒指向高音号筒。

系统还配置了均衡器、压限器、反馈抑制器、声音激励器。这里要说明的是反馈抑制器可以串在主音箱通道中，也可以利用调音台的编组功能，将所有传声器编在一对编组中，然后将反馈抑制器插入编组的插入口。声音激励器不是必需的，当为了提高开会时的语言清晰度、可懂度而增加声音激励器时，可以插在主音箱通路中，也可以插在会议传声器的调音台输入通道中。

3. 补声音箱通路

扩声系统框图中设计了两路补声音箱通路：一路为台口补声音箱（C、D），作为前排观众席补声兼拉声像用；另外一路为后排补声音箱（E、F），作为后排补直达声用。在实际中，可以根据厅堂有无眺台的具体情况确定是否需要厅堂后排补直达声音箱（E、F）和是否需要设置眺台上面观众席的补直达声音箱（G、H），在这两路音箱通路中都设置成使用全频带音箱，所以没有电子分频器，也没有设置声音激励器和反馈抑制器，因为补声音箱距离观众比较近，有足够的直达声，语言清晰度有保证，可以不用声音激励器。而且，补声音箱也不容易因声波反馈到传声器而引起啸叫，所以可以不插入反馈抑制器。当主音箱通路中的反馈抑制器移到调音台的输入通道或编组中去时，更不必在补声音箱通道中插入反馈抑制器了。但是在补声音箱通路中增加了延时器，为的是补偿补声音箱和主音箱到观众席的声程差。给前排观众的补声音箱（C、D）中的延时器是否需要视具体情况而定，也可以不接。

4. 舞台音箱通路

舞台音箱是为舞台上的人员或表演者听到自己的或是乐队的声音。舞台音箱可选用专门的卧式舞台返听音箱，舞台音箱的数量视舞台的大小而定，一般的可选 2 只，舞台较大时可用 4 只。舞台的返送音箱通路中加入了反馈抑制器，因为返送音箱是面向舞台的，声波容易反馈到传声器而引起啸叫。至于舞台返听音箱通路中是否需要插入延时器，可由舞台的大小而定，较大的舞台可在舞台返听音箱通路中引入 8～15ms 的延迟。

上述各音箱通路中的均衡器是用来调整房间声场、补偿房间的声缺陷和传声器、音箱系统的不足，以及声干涉造成的频响起伏，通过调整使之达到厅堂的传输频率特性指标要求。所以这些均衡器属于房间均衡器，调整过程中须以测试仪器对声场的测试标准为基准，一旦调整完成，则应用透明罩或透明胶带将均衡器的调节推子封起来，防止随意改变调整好的位置。

5. 传声器输入

声源部分设计了 2 路无线传声器，4 路有线传声器，至于具体需要多少传声器，应该根据实际情况来确定。一般礼堂作为开会的会堂用时，往往坐在主席台上的人数比较多，并且往往需要给主席台上的每位都设有传声器，这样一般可能需要 8 只传声器或者更多。

此外，由于这是一个多功能厅，舞台上除了平时开会时作主席台需要传声器外，有时还用来文艺演出，所以应该在靠近舞台口部均匀地多设置一些暗埋式传声器插座盒，以便开会、演出时演员和乐队使用传声器时能插传声器。显然那么多的传声器不会同时使用，故设置了一个跳线盘，如果选用一台 16 路输入通道、4 编组或 6 编组调音台，那么可以同时使用的传声器数量就完全能满足需要了。

6. 其他音源输入

其他声源在系统框图中设置得品种比较多，应该根据实际情况来确定，但通常的 CD

机、DVD 机总是需要的。另外，还要考虑是否需要电视机和投影仪，从一般情况看，这些视频终端设备往往也是需要配置的，可以根据用户所要求的具体功能进行设置。

7. 调音台系统的接法

在图 9.8 中，台口音箱、后排音箱、返送音箱通路的信号分别从调音台的编组 1、2，编组 3、4，编组 5、6 输出口取得（6 路），这样使用的编组就显得有些多。当然也可以从一对辅助输出中取信号，但是这对辅助输出必须是从推子后取信号才方便操作。

如果将系统框图改成图 9.9 的连接方法，将台口的补声音箱通路信号输入端改从主音箱通路的压限器后面取信号，则可以省去一对编组。

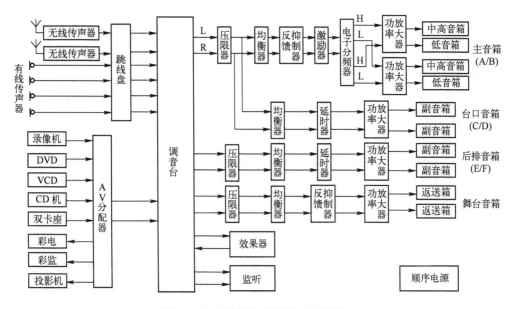

图 9.9　扩声系统组成框图（改进后）

将台口的补声音箱通路信号输入端改从主音箱通路的压限器后面取信号，这样的连接方法并没有太大的缺陷，因为压限器的输出阻抗非常低，而均衡器的输入阻抗非常高，所以一台压限器的输出供给两台均衡器的输入基本不会产生觉察得到的影响，并且各自音箱均得到各自均衡器的频率均衡，如果还有后排补声音箱（如厅堂有眺台时，除了使用的后排补声音箱 E、F，还要使用音箱 G、H）的话，调音台只要有 4 路编组输出就可以了，当不需要后排补声音箱时，只要 2 路编组输出供返送音箱通路就可以了。

8. 音频信号处理器的选择

声频处理设备的品种很多，作为一种选择方案，该系统可以配置 APHEX Ⅲ 声音激励器，RANE 2×30（用于主音箱通路中）和 RANE 2×15（用于舞台音箱通路中）房间均衡器，YAMAHA 990 专业效果器，JBL SM552 电子分频器（与选用的 JBL 分频音箱对应），JBL M712 压限器，DIG 412 延时器等声频处理设备。这些设备均为美国、日本大公司生产的著名器材，属于专业化的优质音频处理设备。当然选择适应的其他产品也能达到同样效果。

在系统框图确定后，先确定各种设备的具体品牌、型号，然后就可以列出设备采购清单，但是在清单中不要忘了相应的配件和附件，例如，音箱的安装件、传声器的立式架等，以及线材、接插件等。

最后说明一下，系统中引入了顺序电源，各功率放大器的电源插头插在顺序电源上，顺序电源可以在开机和关机时，按顺序逐一接通或切断各路设备的电源，这样可将每台设备的开机时间错开，使开机冲击电流在时间上被分散。

9.4 音响系统的音质主观评价

1．音质评价的意义

一个乐曲的音质，除了要符合一定的技术指标外，还应当通过人耳的听觉给出主观评价。这不仅是由于客观测量所得的各声学特性指标还不足以反映出乐曲的真实质量，而且还由于乐曲最终是为了让人们聆听。

对于一个乐曲的音质评价，涉及到技术与艺术等许多领域，而且主观评价因人而异，一致性较差，所以比较复杂。

对电声设备的质量也要进行主观评价。例如，对扬声器进行主观评价时，要求节目源是高质量的，并且要便于鉴别扬声器的各项指标，其他设备例如播放乐曲的放音机与功放等则要求是一流的。评价时，可以采用与一个作为标准的扬声器进行对比听声的方法来评定，它与节目的音质评价有所不同。

2．音质评价的术语

在人们的日常听觉中，音质主观评价用语有几十种，如声音的清晰与浑浊、宽（音域宽）与窄、亮与暗、实与虚、厚与薄、圆（圆润）与扁（单瘪）、软与硬、暖与冷、透（透明度）与糊（含糊不清）、湿（有水分）与干（干涩）、实与空、粗与细、荡与木（呆板）、柔与尖（刺耳）、弹（有弹性）与缩（声音缩在里面出不来）等等，还有声音的沙、炸、破、闷、哄、散、飘、抖、颤、跳、脆、窜、怪等等。但在对乐曲进行音质评价时，为了使评价人员对评价结构有共同语言，故要规定出评价的规范用语。下面的一些音质评价术语是音质评价用语的初步方案，其中第 10 条是立体声效果的评价术语，第 11 条是总体音质效果的评价术语，准确使用这些术语，对于正确评价音响系统的性能是很重要的。

（1）清晰：指语言的可懂度高，乐队层次分明。反义词为"模糊"、"浑浊"。

（2）平衡：指乐曲各声部比例协调，立体声左、右声道的一致性好。反义词为"不平衡"。

（3）丰满：指听感温暖、舒适、有弹性。反义词为"单薄"、"干瘪"。

（4）力度：指声音坚实有力。"力度好"的反义词为"力度差"。

（5）圆润：指声音优美动听，有光泽而不尖燥。反义词为"粗糙"。

（6）明亮：指声音明朗、活跃。反义词为"灰暗"。

（7）柔和：指高音不尖刺，悦耳、舒服。反义词为"尖"、"硬"。

（8）融合：指声音交织融汇，整体感好，反义词为"散"。

（9）真实：指能保持原有声音的特点。反义词为"不真实"。

（10）立体效果：指声像群构图合理，分布连续，方位明确及宽度感、纵深感适度，厅堂（房间）感真实、活跃、得体。

（11）总体音质效果：指节目处置恰如其分，总体变化流畅自如，气势、格调、动态范围等与作用相符，形成统一的整体。

3．音质评价用语与客观技术指标的关系

音质主观评价术语虽然较抽象，但与客观技术指标的声压级、频率特性、声场不均匀度、失真度、信噪比、混响时间等指标有密切关系。

（1）清晰：系统中的高音出得来，整个频带的谐波失真和互调失真小，混响适度，瞬态响应好。此时语言可懂度高，乐队层次分明，有清澈见底之感。

（2）平衡：系统的频率特性好，谐波失真和互调失真小，混响时间适当。此时节目各声部比例协调，左、右声道一致性好。

（3）丰满：声音频带宽，低音、中低音充分，低音感强，高音适度，混响声适当，听感温暖舒适，有弹性。

（4）力度：声压级大、响度足，低音、特别是中低音（100～500Hz）出得来，失真小，混响声充分。

（5）圆润：谐波失真和互调失真很小，高音与中高音适度，整个频带瞬态响应好，混响适度。

（6）明亮：中高音及高音充足，尤其在2～5kHz频段内有所提升，混响声比例适度。

（7）柔和：谐波失真和互调失真很小，低、中低音出得来，瞬态响应好，混响时间稍长。

（8）临场感：频率特性好，中高音、高音充分，谐波失真和互调失真小，瞬态响应好，混响声充分，声像方位与现场一致，形成逼真的印象。

表9.4列出了主观听音评价与音响设备的客观技术指标的关系。

表9.4　主观听音评价与客观技术指标的关系

音质评价术语	技术含义分析	有关的技术指标						
		频度特性	谐波失真	互调失真	指向性	瞬态特性	混响时间	瞬态互调失真
声音发破（劈）	严重谐波及互调失真，有"噗"声，已切削平顶，失真≥10%		√	√				
声音发硬	有谐波及互调失真，测试仪器可明显示出失真3%～5%		√	√				
声音发炸	高频或中频过多，存在谐波及互调失真	√	√	√				
声音发沙	中高频失真，有瞬态互调失真		√	√				√
声音毛躁	有失真，中高频略多，有瞬态互调失真		√	√				√
声音发闷	高频或中高频过少，或指向性太尖而偏离轴线	√			√			
声音发浑	瞬态不好，扬声器谐振峰突出，低频或中低频过多	√	√			√		
声音宽厚	频带宽，中低频和低频好，混响适度	√					√	
声音纤细	高频及中高频适度并失真小，瞬态好，无瞬态互调失真	√	√	√		√		√

音质评价术语	技术含义分析	有关的技术指标						
		频度特性	谐波失真	互调失真	指向性	瞬态特性	混响时间	瞬态互调失真
声音有层次	瞬态好，频率特性平坦，混响适度	√				√	√	
声音扎实	中低频好，混响适度，响度足够	√				√	√	
声音发散	中频欠缺，中频瞬态不好，混响过多	√				√	√	
声音狭窄	频率特性狭窄（例如只有 150～400Hz）	√						
金属声（铅皮声）	中高频个别点突出，失真严重	√	√	√				
声音圆润	频率特性及失真指标均好，混响适度，瞬态好	√	√	√			√	
声音含水分	中高频及高频好，混响足够	√					√	
声音明亮	中高频及高频足够，响应曲线平坦，混响适度	√					√	
声音尖刺	高频及中高频过多	√						
高音虚飘	缺乏中频，中高频及高频的指向性太尖锐	√			√			
声音发暗	缺乏高频及中高频	√						
声音发干	缺乏混响，缺乏中高频	√						
声音发木	有失真，中低频有突出点，混响少，瞬态差	√	√	√		√	√	
平衡或谐和	频率特性好，失真小	√	√	√				
有轰鸣声	扬声器谐振峰严重突出，失真及瞬态均不好	√	√	√		√		
清晰度好	中高频及高频好，失真小，瞬态好，混响适度	√	√	√		√	√	
有透明感	高频适度，失真小，瞬态好	√	√	√		√		
单声道有立体感	频响平坦，混响适度，失真小，瞬态好	√	√	√		√	√	
现场感或临场感	频响好，特别中高频好，失真小，瞬态好	√	√	√		√		
有丰满度	频带宽，中低频好，混响适度	√					√	
柔和（松）	低频及中低频适量，失真小	√	√	√				
有气势、力度好	响度足，混响好，低频及中低频好	√				√	√	

 本章小结

　　音响工程主要是组建厅堂的扩声系统，厅堂扩声系统的建声设计应该根据不同的使用要求以及不同的厅堂类型进行有针对性的声场设计，使音响设备在相应的环境下表现出最佳效果，达到混响合理，声音扩散性好，没有声聚焦，没有可闻的振动噪声，没有声阴影等缺陷。

　　厅堂的类型主要包括音乐厅、影剧院、会场、礼堂、体育馆、多功能厅和大型歌舞厅等。厅堂的扩声系统主要用来进行演讲与会议、演奏交响乐与轻音乐、供歌舞与戏曲演出及放映电影等用途。扬声器的布置是厅堂扩声的重要内容之一，其布置方式有集中式、分散式、混合并用式 3 种，应根据扩声场所的使用要求和实际条件合理选定，使之达到声压分布均匀、视听一致性好、控制声反馈和避免产生回声干扰等要求。

　　音响工程的设计应根据不同厅堂与使用要求来选取相关的标准和规范作为工程的参考。厅堂扩声系统的主要声学特性指标有最大声压级、传输频率特性、传声增益、声场不均匀度、总噪声级，此外还有失真度与混响时间等。这些特性指标反映了厅堂扩声系统的等级高低。

音响工程的设计首先就是声场的设计。严格来说，声场设计包括建筑声学设计和扩声声场设计：建筑声学设计包括房间结构设计、尺寸的设计、形状设计、装修设计等，这些主要应该由建筑设计师来完成；扩声声场设计主要是扬声器系统放置位置、角度的选择，扬声器系统型号、数量的选择等，目的是使厅堂中的声场尽量均匀、直达声达到一定比例，以保证清晰度、可懂度达到要求，并且重放音质好，而这些应该由音响工程设计者负责。

声场的设计是音响工程设计的重点。一个基本的声场设计包括室内声场的处理与计算两大部分。声场的处理包括隔声的处理，现场噪音的降低，建筑结构的要求，声场均匀度的实现，声颤动、聚焦、反馈等问题的避免等；室内声场计算包括混响时间的估算、混响半径的估算、声压级的估算、扬声器电功率的计算等。

混响时间的大小是以室内建筑声学设计为主，主要由厅堂的结构尺寸及室内装饰材料的平均吸声系数来决定。简要的混响时间估算式为：$T_{60} = 0.161 \cdot V / (\overline{\alpha} \cdot S)$，其中 T_{60} 为声音衰减 60dB 的混响时间（s），V 为厅堂的容积（m^3），S 为厅堂的室内总表面积（m^2），$\overline{\alpha}$ 为厅堂的平均吸声系数。

厅堂中的直达声场的声压级大小由扬声器的灵敏度及加在扬声器上的电功率决定，并与距离的平方成反比定律。当扬声器的灵敏度为 L_0(dB)，加在扬声器上的电功率为 P_L(W)时，则在其前方 X(m)处产生的直达声场的声压级 L_X 为：$L_X = L_0 + 10\lg P_L - 20\lg X$。

扬声器的电功率大小是由最大声压级的要求、扬声器的灵敏度和厅堂中的扩声距离来决定的，由此可以确定出扬声器系统的型号和数量。功率放大器则是根据所确定的扬声器系统来选择，功率放大器的额定输出功率应达到扬声器系统实际电功率的8～10倍。

在音响工程的设计过程中，应该对国内外主要专业音响产品和有名的音响公司有一定的了解，如调音台、传声器、功率放大器、音箱以及音频节目源设备和音频信号处理设备等，只有对这些设备有所了解，才能对音响系统组成的设备清单中作出正确的选择。同时，对厅堂中的吸声材料与吸声结构的吸声系数也要弄清楚，这样才能计算出较为准确的混响时间与混响半径等。

在声场设计中，音箱的放置可以放在地上、台架上、桌上或挂在墙上。但音箱的放置位置与摆法的不同会对音质有较大影响。音箱与地面、墙面的距离大小主要影响低音，音箱与墙、地面越靠近，低音增强越大。要想在听音房间中获得最佳的低音效果，必须进行多次尝试，变更音箱的摆法。

一个音响工程结束后，其系统的质量评价可以通过人耳听觉的主观感觉来反映。

 习题 9

9.1 厅堂扩声系统分为哪几类？

9.2 厅堂扬声器系统的布置有哪些要求？

9.3 厅堂扬声器系统的布置有哪些方式？各有什么特点？

9.4 厅堂扩声系统的声学特性指标有哪些？各指标是如何定义的？

9.5 音响系统中的声场处理有哪些内容？室内声场计算有哪些内容？

9.6 如何计算厅堂的混响时间？

9.7 如何计算厅堂内直达声场的声压级？

9.8 如何确定扬声器系统的电功率？

9.9 如何选择功率放大器？

9.10 音箱布置的一般原则是什么？音箱的摆法对音质有何影响？

9.11 简述常用的音质评价术语及各自含义。

第10章 实 训 指 导

实训1 音响系统的连接与操作

1．实训目的

音响设备的种类繁多，但在各类音响设备中，功率放大器是最为普及的典型音响设备。因此本实训以功率放大器为核心，由音源设备、功率放大器、音箱系统组成一套双声道立体声音响系统。通过实训，使学生在学习音响设备基础知识的基础上达到以下目的。

（1）加深了解音响系统的组成，掌握音响设备之间的连接方法。

（2）学会音源设备及功率放大器的操作使用。

2．实训器材

音源播放设备（电脑播放或 CD/DVD 播放机）1 台，Hi-Fi 功率放大器 1 台，立体声音箱 2 只，传声器（话筒）2 支，音响试听节目源（CD 试听光碟或其他 Hi-Fi 音频信号源）、音频连接线、音箱连接线等。

3．实训内容

（1）熟悉音源播放设备的操作使用方法。

（2）熟悉功率放大器的各信号输入/输出接口功能，特别是功率放大器的音频信号（L/R）输入端及（L/R）输出端。

（3）音响系统的连接。

① 用音频信号线连接音源播放设备的音频信号（L/R）输出端与功率放大器的（L/R）信号输入端，注意左、右声道各自对应。

② 用音箱连接线连接功率放大器的信号输出端与音箱的接线端，注意音箱与功放之间的阻抗匹配与功率匹配问题，此外还要特别注意音箱接线端的"＋"、"－"极性不可接反（功放的地线应与音箱的地线相连，不能与音箱的"＋"端相接），否则两音箱输出的声波相位相反而使声音削弱。

③ 将话筒的插头插入功率放大器的传声器输入插孔，将话筒音量调节钮旋至最小。

（4）音响系统的调试。播放试音节目源信号或试音碟，调试功率放大器的音量、音调、平衡等旋钮，在最佳听音位置分别试听音响在各状态下的实际听音效果，使之达到最佳状态。

用话筒拾取歌声，注意话筒不可对着音箱，以防啸叫，调节话筒音量、延时与混响效果等，使之达到最佳效果。

（5）音响系统的效果评价。音响系统的试听效果评价通常称为"音质主观评价"，主要是对声音的柔和度、丰满度、透明度、混浊度、清晰度、平衡度和声音的染色等方面的听音效果进行评价。一套好的音响系统应该是声道的分离度要高，声场的定位要准确，立体声平衡度要好，声音的解析力要清晰，重放的声音要有力度感、丰满感、层次感。声音不能发刺、不可混浊、不能发破等。

4．实训报告

仔细观察实训所用机型的前面板和后面板上有哪些按键、开关、旋钮和输入/输出接口，将观察的结果记录在表 10.1 中，并说明各按键、开关和旋钮相应的功能或用途。

表 10.1　音响系统的连接与操作实训记录表

功率放大器型号：					
按键类		开关类		旋钮类	
符号	用途/功能	符号	用途/功能	符号	用途/功能

实训 2　调频无线话筒的制作

1．实训目的

学会一种简单的调频无线话筒的制作，可在调频广播波段实现无线发射。本机可用于信号监听、转发和电化教学。由于该电路结构简单、装调容易，所以很适合初学者制作与调试。

2．实训器材

（1）调频无线话筒配件 1 套。本机套件包括电池在内共有 9 只元器件：10pF 瓷片电容 1 个、10μF 电解电容 1 个、1kΩ 1/8W 碳膜电阻 1 个、空心线圈 1 只、拨动开关 1 个、9018 高频三极管 1 个、小型驻极体话筒 1 个、1.5V 电池 1 个、印制板 1 个、导线若干。

（2）焊接工具 1 套，调频收音机 1 只（用于接收调频无线话筒输出的信号）。

3．实训内容

（1）识读调频无线话筒的电路。调频无线话筒的电路如图 10.1 所示。由晶体管 VT、电感线圈 L、电容器 C_1 及 VT 的各结电容组成电容三点式高频振荡器。驻极体话筒 BM 可以将声音转变为音频电信号，施加在晶体管的结电容 C_{be} 上，使 C_{be} 随着音频信号的变化而变化，从而形成调频信号由天线发射到空间。在 10m 范围内，由具有调频广播波段（FM 波段）的收音机接收，经扬声器还原成原来的声音，实现声音的无线传播。

（2）检测与制作相关元件。驻极体话筒 BM 的检测：用万用表的 R×100 挡测量 BM 的两只引脚，然后对着驻极体话筒吹气，可使话筒内的场效应管的漏极与源极之间的阻值变化，从而使万用表指针摆动，指针摆动越大，说明话筒的灵敏度越高，无线话筒的效果越好。

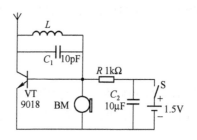

图 10.1　调频无线话筒电路

　　空心电感线圈 L 的制作：用 0.5mm 的漆包线在圆珠笔芯上密绕 10 圈，用小刀将线圈两端刮去漆皮后镀锡，可点上一些石蜡油固定线圈然后抽出圆珠笔芯，形成空心线圈。

　　（3）无线话筒电路装配与调试。

　　① 电路的焊接。

　　a．先将各元器件引脚镀锡后插入如图 10.2 所示印制电路板上的对应位置，各元器件引脚应尽量留短一些。

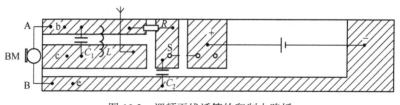

图 10.2　调频无线话筒的印制电路板

　　b．逐个焊接各元器件引脚，焊点应小而圆滑，不应有虚焊和假焊，焊接线圈时，注意不能使线圈变形。

　　c．用一根长 40～60cm 的多股塑皮软线作为天线，一端焊在印制电路板上，另一端自然伸开。

　　② 电路的调试。

　　a．先检查印制电路板和焊接情况，应无短路和虚、假焊现象，然后可接通电源。

　　b．用万用表直流电压挡测量晶体管 VT 基极发射极间电压，应为 0.7V 左右。若将线圈 L 两端短路，电压应有一定变化，说明电路已经振荡。

　　c．打开收音机，拉出收音机天线，波段开关置于 FM 波段（频率范围为 88～108MHz），将无线话筒天线搭在收音机上。

　　d．慢慢转动收音机调谐旋钮，同时对话筒讲话。调到收音机收到信号为止。若收音机在调谐范围内收不到信号，可拉伸或压缩线圈 L，改变其电感量，使调频话筒发射的频率改变，再仔细调谐收音机直至收到清晰的信号。然后逐渐拉开无线话筒和收音机间的距离，直到距离在 8～10m 时，仍能收到清晰信号为止。注意在调试中无线话筒发射频率应避开调频波段内的广播电台的频率。

　　e．将无线话筒印制板装入机壳。机壳可以自制，也可采用圆筒形的塑料包装瓶。开关拨把应露在壳外，便于使用，如图 10.3 所示。

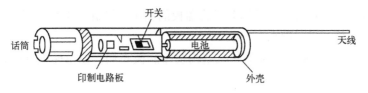

图 10.3 调频无线话筒结构示意图

4．实训报告

根据所制作的调频无线话筒电路，将数据记录在表 10.2 中。

表 10.2 无线调频话筒制作数据记录表

项　　目	数　　据
测试驻极体话筒的阻值变化情况（R×100 挡）	
调频无线话筒的发射频率（收音机接收频率 MHz）	
调频无线话筒的发射距离（m）	

实训 3　功率放大器电路读图

1．实训目的

通过电路的读图实训，更好地掌握音响设备的电路结构组成、直流供电通路、交流信号流程，提高整机电路原理图与印制电路板图的读图技巧。具体要求如下：

（1）熟悉音响设备的整机结构及电路组成，认识其主要部件、元器件的结构特征。

（2）掌握功率放大器单元电路的直流供电通路、交流信号流程及信号处理过程。

（3）学会整机电原理图与印制电路板图的阅读方法。

2．实训器材

（1）功率放大器（含电路原理图）1 部。

（2）常用拆装工具 1 套。

3．实训内容

（1）熟悉整机的电路组成。阅读整机电路原理图，按由简到繁、先粗后细的原则阅读。

① 将实训机的整机电路划分为各部分功能电路，如音频信号的处理与控制调节电路、功率放大电路、电源供电电路等几个部分。了解各部分电路的基本组成情况（主要元器件，如集成电路的型号、编号、作用等），明确功率放大器的电路形式（OTL、OCL、BTL 等）。

② 分别对各部分功能电路进行信号流程分析，熟悉各功能状态下的信号处理过程中经过的元件、开关位置、集成电路的信号输入与输出端子。若电路中有不熟悉的集成电路，应先查阅其内电路功能框图/引脚功能后，再进行电路分析。

③ 最后从直流电源出发，理清直流供电电路的走向。

（2）功率放大器的拆卸与安装。

① 拆卸盖板。观察功率放大器盖板的紧固螺钉，注意区分哪些是机内部件的紧固螺

钉，哪些是盖板的固定螺钉。然后用起子将盖板的固定螺钉拆卸下来（用一小盒子将拆下的螺钉装起来以免丢失），以便打开盖板。

② 拆卸底板。观察功放内部的整机结构及印制板布局，以及转换开关、接插件连线情况，以便将底板从机壳中拆卸下来。

③ 安装。安装在实训结束前进行，安装过程与拆卸过程相反，但要特别注意各接插件的连线不能插错，各螺钉的大小与长短不要装错。

（3）观察功放电路的结构特点。对照电路原理图、印制板图及实训机的印制电路板，观察功率放大器的内部结构、电路组成，认识主要元器件（集成电路、变压器、功率管、转换开关、插座等）的外形特征，观察其引出脚焊点排列规律，以便查找电路中各种信号的流程。

（4）印制电路读图。在印制电路板上，查找下列信号流程中信号所经过的主要电路元件、开关、焊点、连线等，并简要记录在实训报告中：

① 电源供电通路读图。对照电路原理图，查找直流电源供电输出端、各部分功能电路的供电输入端、集成电路与晶体管的工作电源供电端之间的通路。

② 交流信号流程读图。对照电路原理图，查找各功能电路中的音频信号的输入与输出通路，特别是集成电路的信号输入与输出通路，了解音频信号的处理、控制与放大过程。

4．实训报告

（1）功率放大器整机印制电路读图。在印制板上，将直流供电通路与交流信号流程所经过的主要元器件简要记录在表 10.3 中。

表 10.3　功放电路信号流程记录表

直流供电通路	
交流信号流程	

（2）功率放大器的拆卸与安装。将功率放大器拆卸和安装的过程及出现的问题记录在表 10.4 中。

表 10.4　功放拆装记录表

拆卸过程与问题	
安装过程与问题	

实训 4　AM/FM 收音机的装配与调试

1．实训目的

（1）熟悉 AM/FM 收音电路的组成及电路工作原理。
（2）掌握收音电路的装配与调试技术。

2．实训器材

（1）HX203 型 AM/FM 收音机套件 1 套。
（2）安装、焊接工具（螺丝刀、电铬铁、斜口钳、镊子等）1 套。

（3）测量与调试仪器（万用表、AM/FM 高频信号发生器、毫伏表或示波器，稳压源等）。

3．实训内容

（1）HX203 型 AM/FM 收音机技术说明。该机是以一块日本索尼公司生产的 CXA1191M/P 单片集成电路为主体，加上少量外围元件构成的微型低压收音机。CXA1191M 包含了 AM/FM 收音机从天线输入至音频功率输出的全部功能。该电路的推荐工作电源电压范围为 2～7.5V，当 V_{CC}=3V，R_L=8Ω 时的音频输出功率为 150mW。电路内部除设有调谐指示 LED 驱动器、电子音量控制器之外，还设有 FM 静噪功能，即在调谐波段未收到电台信号时，通过检出无信号时的控制电平，使音频放大器处于微放大状态，从而达到静噪。

（2）HX203 型 AM/FM 收音机电路结构与工作原理。该机主要由大规模集成电路 CXA1191 组成（同一型号有 3 种不同封闭：后缀 M 型为贴片封装，S 型为小型封装，P 型为 DIP 封闭），其内部功能如图 10.4 所示，HX203 型调频调幅收音机电原理图如图 10.5 所示。

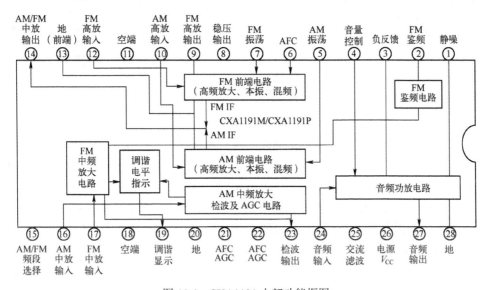

图 10.4　CXA1191 内部功能框图

① 调幅（AM）部分。中波调幅广播信号由绕在磁棒上的天线线圈 T_1 和可变电容 C_0、微调电容 C_{01} 组成的调谐回路选择，送入 IC 第 10 脚。本振信号由振荡线圈 T_2 和可变电容 C_0、微调电容 C_{04} 及与 IC 第 5 脚的内部电路组成的本机振荡器产生，并与由 IC 第 10 脚送入的中波调幅广播信号在 IC 内部进行混频，混频后产生多种频率信号从 14 脚输出，经过中频变压器 T_3 组成的中频选频网络及 465kHz 陶瓷滤波器 CF2 双重选频，得到的 465kHz 中频调幅信号耦合到 IC 第 16 脚进行中频放大，放大后的中频信号在 IC 内部的检波器中进行检波，检出的音频信号由 IC 的第 23 脚输出，进入 IC 第 24 脚进行功率放大，放大后的音频信号由 IC 第 27 脚输出，推动扬声器发声。

② 调频（FM）部分。由拉杆天线接收到的调频广播信号，经 C_1 耦合，使调频波段以内的信号顺利通过并送到 IC 的第 12 脚进行高频放大，放大后的高频信号被送到 IC 的第 9 脚，接 IC 第 9 脚的 L_1 和可变电容 C_0、微调电容 C_{02} 组成 FM 调谐选台回路，对高频电台信号进行选择并在 IC 内部送至混频器。FM 本振信号由振荡线圈 L_2 和可变电容 C_0、微调

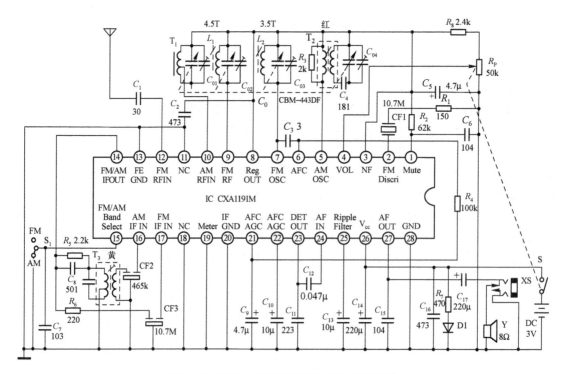

图 10.5 HX203 型调频调幅收音机电原理图

电容 C_{03} 与 IC 第 7 脚相连的内部电路组成的本机振荡器产生，在 IC 内部与高频电台信号混频后得到多种频率的合成信号由 IC 的第 14 脚输出，经 R_6 耦合至 10.7MHz 的陶瓷滤波器 CF3，选出 10.7MHz 中频调频信号送入 IC 第 17 脚 FM 中频放大器，经放大后的中频调频信号在 IC 内部进入 FM 鉴频器，IC 的第 2 脚外接 10.7MHz 鉴频滤波器 CF1。鉴频后的信号由 IC 第 23 脚输出，经 C_{11} 滤波后得到的音频信号由 C_{12} 耦合进入 IC 第 24 脚进行放大，放大后的音频信号由 IC 第 27 脚输出，推动扬声器发声。

③ 控制电路。音量控制电路。音量控制电路由电位器 R_P 50kΩ 调节 IC 第 4 脚的直流电位高低来控制收音机的音量大小。

AM / FM 波段转换电路。当 IC 第 15 脚接地时，IC 处于 AM 工作状态；当 IC 第 15 脚与地之间串接 C_7 时，IC 处于 FM 工作状态。因此，只需用一只单刀双掷开关，便可方便地进行波段转换控制。

AGC 和 AFC 控制电路。AGC（自动增益控制）电路由 IC 内部电路和接于第 21 脚、第 22 脚的电容 C_9、C_{10} 组成，控制范围可达 45dB 以上；AFC（自动频率微调控制）电路由 IC 的第 21 脚、第 22 脚所连内部电路和外接 C_3、C_9、R_4 及 IC 第 6 脚所连电路组成，它能使 FM 波段收音频率稳定。

（3）HX203 型 AM/FM 收音机的安装。

① 电路元器件判别与质量检测。对照元器件清单，清点与检测各元器件的参数是否符合要求，各电阻值可用万用表测量。通过清点检查，一方面熟悉元器件的规格、型号及结构特点，另一方面应确认元器件质量是否完好，以避免人为故障的发生。

② 印制电路板的焊接。在收音机装配过程中，印制电路板的焊接技术很重要，这是整机质量的关键。焊接过程的总要求是：元器件安装正确，不能有错插、漏插，焦点要光

滑，无虚焊、假焊和连焊。装配与焊接元器件的顺序是：先小后大，先轻后重，先低后高，先里后外。这样有利于装配顺利进行。建议安装的顺序为：集成电路，电阻，瓷片电容，中周，电解电容，陶瓷滤波器，电位器，四联可变电容器，天线线圈，电池极片，扬声器和耳机插孔的连接线。

装配与焊接过程中要特别注意：集成快的引脚排列顺序不能搞错，电解电容的极性要正确，立式安装的元器件的引脚长度要合适（一般为 2mm，引脚过长会降低元器件的稳定性，过短会在焊接时易烫坏元器件），确保焊接质量。

（4）HX203 型 AM/FM 收音机的测量与调试。安装完毕后，首先要反复核查无误后方可通电试机和试听节目。收音机能否正常工作还应通过电压测量来检查其工作状态，并通过调试使收音机达到正常收听的要求。

① 工作电压测量。集成电路 CXA1191M 各引脚直流工作电压参考值如下表 10.5 所示。

表 10.5　CXA1191M 各引脚直流工作电压参考值

引脚号	1	2	3	4	5	6	7	8	9	10	11	12	13	14
AM 电压(V)	0.5	2.6	1.4	0~1.2	1.25	0.6	1.25	1.25	1.25	1.25	0	0	0	0.2
FM 电压(V)	0.2	2.2	1.5	0~1.2	1.25	0.6	1.25	1.25	1.25	1.25	0	0.3	0	0.5
引脚号	15	16	17	18	19	20	21	22	23	24	25	26	27	28
AM 电压(V)	0	0	0	0	0	0	1.35	1.2	1.1	0	2.7	3.0	1.5	0
FM 电压(V)	0.6	0	0.6	0	0	0	1.25	0.8	0.5	0	2.7	3.0	1.5	0

② 中频调试。

a. AM 中频调试的方法是接收高频信号发生器输出的 465kHz 的 AM 已调波高频信号，示波器或毫伏表接扬声器两端，调节中频变压器 T_3（黄）使输出最大。

b. FM 中频为 10.7MHz，本机使用了两只 10.7MHz 陶瓷滤波器 CF1 和 CF3，使 FM 中频无须调试。

③ 统调。

a. AM 统调。将四联可变电容器 C_0 调到频率最低端，接收 FM/AM 高频信号发生器发送的 520kHz 信号，调 AM 振荡变压器 T_2（红），收到信号后，再将四联可变电容器调到频率最高端，接收 1620kHz 信号，调节 AM 本机振荡回路里四联微调电容的 C_{04}，使音量最大。

b. AM 刻度。调节收音机调谐旋转钮，接收 600kHz 电台信号，调节中波磁棒线圈位置（改变 T_1 的电感量），使音量最大。然后接收 1400kHz 信号，调节 AM 输入回路里四联微调电容的 C_{01}，使音量最大。反复调节 600kHz 和 1400kHz 直至两点输出均为最大为止。

c. FM 统调。接收 108MHz 调频信号，四联可变电容器置高端，调节 FM 本振回路里的四联微调电容 C_{03}，收到电台信号后再调 C_{02} 使输出为最大。然后将四联可变电容器置低端，接收 64MHz 调频信号（调频广播的低端设置为 64MHz 以覆盖校园广播），调节 FM 本振回路中的 L_2 的磁芯电感，收到信号后调 FM 高放调谐回路中的 L_1 磁芯电感，使输出最大。反复调节高端 108MHz 和低端 87MHz，直至使输出最大为止。

调试过程中应注意，输入的高频信号幅度不易过大，否则不易调到峰点。另外磁棒线圈和中周的磁芯在统调正确后应用蜡加以固封，以免松动。

（5）HX203 型 AM/FM 收音机的元器件及材料清单见表 10.6 所列。

表 10.6 HX203 型 AM/FM 收音机的元器件及材料清单

位号	名 称	规 格 型 号	用量	备注	位号	名 称	规 格 型 号	用量	备注
IC	集成电路	CXA1191M/CD1191CB	1		L_1	FM 天线	4.5T	1	
R_1	碳膜电阻	RT14 − 0.25W − 150 − ±5%	1		L_2	FM 本振	3.5T	1	
R_2	碳膜电阻	RT14 − 0.25W − 62k − ±5%	1		CF_1	10.7M 鉴频器	10.7MHz	1	
R_3	碳膜电阻	RT14 − 0.25W − 2k − ±5%	1		CF_2	滤波器	465kHz	1	
R_4	碳膜电阻	RT14 − 0.25W − 100k − ±5%	1		CF_3	滤波器	10.7MHz	1	
R_5	碳膜电阻	RT14 − 0.25W − 2.2k − ±5%	1		D_1	发光二极管	φ3	1	
R_6	碳膜电阻	RT14 − 0.25W − 220 − ±5%	1		S1	波段开关		1	
R_7	碳膜电阻	RT14 − 0.25W − 470 − ±5%	1		XS	耳机插孔	φ3.5	1	
R_8	碳膜电阻	RT14 − 0.25W − 2.4k − ±5%	1		Y	扬声器	φ57 − 8Ω	1	
R_9	碳膜电阻	RT14 − 0.25W − 15k − ±5%	1			拉杆天线		1	
R_{10}	碳膜电阻	RT14 − 0.25W − 750 − ±5%	1			磁棒	B5 × 13 × 35	1	
R_P	开关电位器	50k	1			前框		1	
C_0	四联可变电容	CBM − 443DF	1			后盖		1	
C_1	瓷片电容	CC1 − 50V − 30P − K	1			金属网罩		1	
C_2	瓷片电容	CT1 − 50V − 473P − K	1	0.047μ		周率板		1	
C_3	瓷片电容	CC1 − 50V − 3P − K	1			调谐盘		1	
C_4	瓷片电容	CC1 − 50V − 181P − K	1	180p		电位器盘		1	
C_5	电解电容	CD11 − 10V − 4.7μF − K	1			磁棒支架		1	
C_6	瓷片电容	CT1 − 50V − 104P − K	1	0.1μ		印制板		1	
C_7	瓷片电容	CT1 − 50V − 103P − K	1	0.01μ		电源正极片		2	
C_8	瓷片电容	CT1 − 50V − 501P − K	1	500p		电源负极簧		2	
C_9	电解电容	CD11 − 10V − 4.7μF − K	1			天线焊片		1	
C_{10}	电解电容	CD11 − 10V − 10μF − K	1			拎带		1	
C_{11}	瓷片电容	CT1 − 50V − 223P − K	1	0.022μ		沉头螺钉	M2.5 × 5	2	固定四联 C_0
C_{12}	瓷片电容	CT1 − 50V − 473P − K	1	0.047μ		沉头螺钉	M2.5 × 4	1	固定调谐盘
C_{13}	电解电容	CD11 − 10V − 10μF − K	1			沉头螺钉	M2.5 × 5	1	固定拉杆天线
C_{14}	电解电容	CD11 − 10V − 220μF − K	1			自攻螺钉	M2.5 × 4	1	固定机芯
C_{15}	独石电容	CS − 50 − 104P − K	1	0.01μ		小螺钉	M1.7 × 4	1	固定电位器
C_{16}	瓷片电容	CT1 − 50V − 473P − K	1	0.047μ		电源正极导线	11cm 红色	1	
C_{17}	电解电容	CD11 − 10V − 220μF − K	1			电源负 − 插孔线	5cm	2	
T_1	天线线圈		1			插孔 − 扬声器线	9cm 黑色	1	
T_2	AM 振荡变压器	红色	1			插孔 − 印制板线	9cm	1	
T_3	AM 中频变压器	黄色	1			负极 − 拉杆天线	7cm	2	

4．实训报告

（1）收音机安装。检查元器件的数量和质量，将数据记录在表 10.7 中。

表 10.7　元器件数量与质量记录表

元器件类型	集成电路	晶体二极管	中频变压器	电容器	电阻器
数量/质量					

（2）集成电路直流工作电压测量值。测量集成电路在调幅和调频波段时的直流工作电压，并将数据记录在表 10.8 中。

表 10.8　集成电路引脚电压记录表

集成电路型号：CXA1191M														
引 出 脚		1	2	3	4	5	6	7	8	9	10	11	12	13	14
实测电压(V)	AM														
	FM														
引 出 脚		15	16	17	18	19	20	21	22	23	24	25	26	27	28
实测电压(V)	AM														
	FM														

（3）将所安装的收音机在调试后的收台情况记录在表 10.9 中。

表 10.9　收音机收台情况记录表

波段 收台情况	中波（MM）	调频（FM）
调试前试机时的收台情况		
调试后的收台情况		

实训 5　调音台的操作使用

1．实训目的

（1）了解调音台上的各控制按键、旋钮的名称与功能。
（2）掌握调音台与周边设备的连接方法。
（3）学会调音台的操作要点与调控方法。
（4）懂得调音台开机和关机的顺序。

2．实训器材

调音台 1 部（附操作说明及原理框图 1 份），功率放大器 1 台，CD 机 1 台（或 DVD 机

1 台），音箱 2 只（与功放匹配），均衡器 1 台（压限器可选），混响器 1 台（激励器可选），传声器 2 只，试音碟 1 张，电源与各种信号连接线若干。

3．实训内容

（1）熟悉调音台面板的控制功能。音响系统中设备较多，各设备的控制按键和旋钮也比较多，且许多控制按键和旋钮的功能采用专用符号或英文标志，因此首先要熟悉各设备的名称和控制按键、旋钮的符号与功能。

（2）调音台与周边设备之间的连接。参考图 10.6 所示连接调音台及其周边设备，组成一套基本的扩声系统。连接方法为：

① 将传声器接入话筒输入端（2 只话筒分别接在两个输入通道）。

② 将 CD 机的左/右声道放音输出端接到调音台的立体声输入端。

③ 将混响器接到调音台的辅助输出与辅助返回端口之间。

④ 将均衡器与功率放大器连接到调音台主控立体声左/右声道输出端。

⑤ 将音箱分别接到功率放大器的左/右声道输出端。

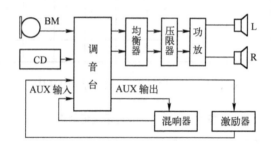

图 10.6　调音台连接示意图

（3）调音台的操作使用。

① 开机前先将调音台的各主推子、分推子置于最小位置，台上均衡器（EQ）和声像电位器（PAN）置于中央位置，输入通道增益（GAIN）和辅助电位器（如效果 ECHO、返听 FB 电位器）置最小位置。

② 接通电源。电源的开机顺序为：先开总电源，后开周边设备与调音台，最后为功率放大器。不可颠倒，否则开机的电源冲击电流过大。

③ 调音台的操作要点。

a．开机后先将音源设备（如 CD）的音量电位器开到最大不失真位置。

b．调节调音台输入通道的分推子于 70％处，调大输入增益旋钮，使其旁边的 PEAK 指示灯处于刚亮而未亮状态。

c．调节调音台输出主推子，使主输出 VU 表指针大致在 0V 附近摆动，此时主推子位置应在 50％～70％的位置内，如不在此范围，可相应调整输入增益或音源输出电平。

④ 调音台上的音色和效果的调控。

a．播放音乐，将相应通道的分路衰减器逐渐推至 1/2 处，分别调节输入通道的三段均衡器（高/中/低），感觉声音频率的变化，直到适当为止。

b．调节辅助/监听通道的各路和总控制旋钮、推子，并且改变调音台和混响效果器的参数，对比没有增加效果和增加效果后的情况。

⑤ 关闭电源。关机的顺序：先将主推子和分推子均推回最小位置，然后先关功放电源，后关调音台及其他设备电源，最后关闭总电源。

4．实训报告

（1）根据实训内容和具体使用器材，绘制由调音台组成的扩声系统连接图。

（2）将实训所用调音台的面板上输入通道与主控输出通道的主要功能和使用方法填入表 10.10 中。

表 10.10　调音台输入与输出通道各功能与使用方法记录表

通　　道	操作端口与旋钮名称	操作端口号与旋钮符号	操作功能与使用方法
输入部分	传声器输入端口	MIC IN	
	线路输入端口	LINE IN	
	增益控制旋钮	GAIN	
	音调控制旋钮	EQ（HIGH、MID、LOW）	
	衰减控制推子	FADER	
	声像定位旋钮	PAN	
输出部分	输出电平调节推子	MASTER FADER	
	输出电平指示选择	MASTER METER	

实训 6　家庭影院设备的连接与操作

1．实训目的

（1）了解组成家庭影院的几个主要部分：节目源与节目播放设备，解码器与 AV 功放，家庭影院音箱系统，视频显示器。

（2）将各设备连接起来组成家庭影院。

（3）掌握家庭影院设备的基本操作技能，提高对家庭影院播放效果的欣赏能力。

2．实训器材

DVD 机 1 台，带杜比 AC-3 解码的 AV 功放 1 台，大屏幕电视机 1 台，家庭影院音箱 1 套（包括左右主音箱、前置音箱、后置左右环绕音箱和有源超低音音箱），杜比 AC-3 效果试音光盘 1 张，连接线若干。

3．实训内容

（1）对照说明书，熟悉杜比 AC-3 解码器与 AV 功放各按键和插口的功能。

（2）对照说明书，熟悉 DVD 机、电视机各按键和插口的功能。

（3）将 DVD 机与电视机相应信号端连接起来，练习 DVD 机与电视机的操作。

（4）分别将 DVD 机与带杜比 AC-3 解码器的 AV 功放、AV 功放与家庭影院音箱连接起来，组成家庭影院系统。连接方法可根据 AV 功放的说明书进行或参考本书 7.2 节中的杜比 AC-3 家庭影院配置图（图 7.5）。

（5）接通电源，将 AV 功放设置为杜比 AC-3 模式，播放 DVD 机的杜比 AC-3 效果试音光盘。如系统不能正常工作，应对连线、操作方式及各设备的工作状态进行检查，直到系统正常工作为止。

（6）欣赏节目。在最佳听音位置，认真观测电视屏幕图像的清晰度，仔细聆听各声道音箱所发出的声音，充分体验声像分布的空间感与方位感，感受身临其境的影院效果与意境。一套品质优良的家庭影院系统，会让我们欣赏到格外清晰的图像和环绕效果的声场。随着声源位置的快速变化，你可以感觉到声音从不同的地方传过来，随着烘托气氛声音的出现，你可以感受到声音从四面八方将你包围。换一张 DVD 故事片，欣赏其中的片段。

4．实训报告

（1）画出由具体的实训设备组成的杜比 AC-3 家庭影院系统配置图。

（2）分别说明 DVD 机与电视机、带杜比 AC-3 解码的 AV 功放之间的连线方法，AV 功放与音箱系统之间的连线方法。

（3）说明带杜比 AC-3 解码的 AV 功放的正确操作方法。

实训 7　音响设备的在机测量检查

1．实训目的

（1）学会用万用表测量音响设备中的工作电压、静态电流、在路电阻的方法；

（2）通过在机测量检查法，增强音响设备故障的检测与维修技能。

2．实训器材

（1）音响设备（可选功率放大器或调谐器等）1 台。

（2）万用表等修理工具 1 套。

3．实训内容

所谓在机测量检查法，是指通过用万用表测量电路的电流、电压、电阻值，并将测量值与正常参考值加以比较，以分析和判断故障原因的一种检修方法。本实训可配合"实训三功率放大器电路读图"进行，以使学生在熟悉实训机整机电路结构和印制电路板结构特点的基础上，对实训机的印制电路板进行在机测量。

（1）测量静态工作电压。将万用表置适当量程的直流电压挡，接通实训机电源，测量其整机直流工作电压（直流电源输出电压），各集成电路的供电工作电压等。将测量数据整理、记录在表 10.11 中。

（2）测量静态工作电流。将万用表置适当量程的直流电流挡，并与相应的测量部位串联。接通实训机电源，测量其整机静态工作电流，各集成电路电源供电端的静态工作电流。将测量数据整理、记录在表 10.11 中。

（3）测量集成电路的供电电流和各引脚电压。将集成电路的 V_{CC} 或 V_{DD} 供电端的静态工作电流及各引脚的静态工作电压的测量值记录在表 10.12 中。

（4）测量集成电路各引脚的在路电阻。测量在路电阻是在不通电的情况下进行的。切断实训机的电源，将万用表置适当量程的电阻挡，分别测量各集成电路引出端的对地正、反向电阻，将测量数据整理、记录在表 10.12 中。需注意的是，数字万用表和模拟万用表在测量电路正、反向电阻时的红、黑表笔接法不同，模拟表的红表笔接地，黑表笔接测试端时为正向电阻 R_+，反之为 R_-。

（5）故障检修实训。若音响设备的电路发生了故障，其工作电流、相关引出脚的工作电压与对地电阻值将随之发生变化，所以用测量工作电流、工作电压、在路电阻的方法可查出这些变化，并根据电路结构关系分析、判断故障部位或原因。

在上述测量工作结束后，将实训机交给实训指导教师设置人为故障后再取回继续实训，进行故障机的在路测量检查，将测量的电流、电压、电阻值与前面测得的正常值进行对比，以发现故障部位。人为故障的设置举例：直流供电电路中设置开路故障；某单元电路中，电源滤波电容漏电、短路故障；集成电路的外部电路中，影响直流工作电压的电阻开路，旁路电容漏电、击穿故障。

在故障检修中，填写故障检修记录表，将实训机的故障现象、检修过程、检查结果记录在表 10.13 中。

4．实训报告

（1）整机电路的工作电压、电流测量。将所测数据记录在表 10.11 中。

表 10.11　整机电路的工作电压、电流测量数据记录表

实训机编号			实训机编号		
测量项目	电压测量		测量项目	电流测量	
	万用表挡位	实测值		万用表挡位	实测值
整机工作电压（V）			整机工作电流（A）		
集成电路（1）工作电压			集成电路（1）工作电流		
集成电路（2）工作电压			集成电路（2）工作电流		

（2）集成电路在机测量。将集成电路各引脚电压与电阻的测量数据记录在表 10.12 中，如果所选用的音响设备中有多个集成电路，请分别将所测数据记录在其他表中。

（3）故障检修记录。将实训机的故障检修过程记录在表 10.13 中。

表 10.12　集成电路在机测量

集成电路型号						静态工作电流（mA）							I_{DD} =			
引脚号	1	2	3	4	5	6	7	8	9	10	11	12	13	14	15	16
直流工作电压（V）																
在路电阻（kΩ） R_+																
R_-																
万用表测量挡位	电流挡					电压挡					电阻挡					

表 10.13　音响设备故障检修记录表

故障现象				
检查过程				
检查结果				
成绩		指导老师		检修时间

参 考 文 献

[1] 童建华. 音响设备原理与维修. 北京：电子工业出版社，2002
[2] 童建华. 音响设备原理与维修（第 2 版）. 北京：电子工业出版社，2005
[3] 童建华. 音响设备技术. 北京：电子工业出版社，2004
[4] 童建华. 音响设备技术（第 2 版）. 北京：电子工业出版社，2009
[5] 黄永定. 音响设备技术及实训（第 2 版）. 北京：机械工业出版社. 2009
[6] 张艳丰，孟惠霞. 音响设备及维修实训. 北京：机械工业出版社. 2008
[7] 高维忠，音响工程设计与音响调音技术. 北京：中国电力出版社. 2007
[8] 梁华. 新版歌舞厅音像与调音调光技术. 北京：人民邮电出版社. 2005
[9] 刘守义. 家庭影院技术. 北京：电子工业出版社，2000
[10] 李鸿宾. 音响技术调音技巧. 北京：机械工业出版社. 2006
[11] 王喜成. 音响技术. 西安：西安电子科技大学出版社，1997
[12] 杨林国. 音响设备技术. 福建：福建科学技术出版社，2003
[13] 潘瑞华. 音响的特殊电路与辅助电路. 北京：中国轻工出版社，2000
[14] 徐治乐. 音响技术及设备调测与维修. 北京：高等教育出版社，2000
[15] 钟光明. 音响设备原理与维修. 北京：中国商业出版社，2000
[16] 梅更华. 音响设备原理与维修精华. 北京：机械工业出版社，2000
[17] 宋长贵. 组合音响原理与维修. 北京：电子工业出版社，2000
[18] 曾广兴. 现代音响技术应用. 广州：广东科技出版社，1999
[19] 孙建京. 现代家庭影院. 西安：西安电子科技大学出版社，2002
[20] 彭妙颜. 专业音响设备与系统. 成都：西南交通大学出版社，2006
[21] 黄春克. 舞台灯光与音响技术. 北京：中国广播电视出版社，2005
[22] 中国录音师协会教育委员会. 高级音响师速成实用教程. 北京：人民邮电出版社，2007